国家自然科学基金资助（项目号51508194）
亚热带建筑科学国家重点实验室开放基金项目资助（项目号2014KB19）

中国城市营建史研究书系　吴庆洲　主编

近代岳阳城市转型和空间转型研究（1899—1949）
（第二版）

傅娟 著

中国建筑工业出版社

图书在版编目（CIP）数据

近代岳阳城市转型和空间转型研究（1899—1949）/ 傅娟著. —2版. —北京：中国建筑工业出版社，2016.6
（中国城市营建史研究书系）
ISBN 978-7-112-19360-8

Ⅰ.①近… Ⅱ.①傅… Ⅲ.①城市建设-城市史-岳阳市-1899~1949 Ⅳ.①TU984.264.3

中国版本图书馆CIP数据核字（2016）第081958号

责任编辑：徐晓飞 张 明
责任校对：陈晶晶 关 健

中国城市营建史研究书系
吴庆洲 主编
近代岳阳城市转型和空间转型研究（1899—1949）
（第二版）
傅 娟 著

*

中国建筑工业出版社出版、发行（北京西郊百万庄）
各地新华书店、建筑书店经销
北京锋尚制版有限公司制版
北京方嘉彩色印刷有限责任公司印刷

*

开本：787×1092毫米 1/16 印张：19¾ 字数：303千字
2016年6月第二版 2016年6月第二次印刷
定价：58.00元
ISBN 978-7-112-19360-8
（28650）

版权所有 翻印必究
如有印装质量问题，可寄本社退换
（邮政编码 100037）

中国城市营建史研究书系编辑委员会名录

顾问（按姓氏笔画为序）

　　王瑞珠　阮仪三　邹德慈　夏铸九　傅熹年

主编

　　吴庆洲

编委（按姓氏笔画为序）

　　王其亨　王贵祥　田银生　刘克成　刘临安
　　陈　薇　赵万民　赵　辰　常　青　程建军
　　傅朝卿　Palo Cecarelli（齐珂理，意大利）
　　Peter Bosselmann（鲍斯文，德国）

执行编辑

　　苏　畅　冯　江　刘　晖

总序

迎接中国城市营建史研究之春天

吴庆洲

本文是中国建筑工业出版社于2010年出版的"中国城市营建史研究书系"的总序。笔者希望借此机会,讨论中国城市营建史研究的学科特点、研究方法、研究内容和研究特色等若干问题,以推动中国城市营建史研究的进一步发展。

一、关于"营建"

"营建"是经营、建造之谓,包含了从筹划、经始到兴造、缮修、管理的完整过程,正是建筑史学中关于城市历史研究的经典范畴,故本书系以"城市营建史"称之。在古代汉语文献中,国家、城市、建筑的构建都常使用营建一词,其所指不仅是建造,也同时有形而上的涵意。

中国城市营建史研究的主要学科基础是建筑学、城市规划学、考古学和历史学,以往建筑史学中有"城市建设史"、"城市发展史"、"城市规划史"等称谓,各有关注的角度和不同的侧重。城市营建史是城市史学研究体系的子系统,不能离开城市史学的整体视野。

二、国际城市史研究及中国城市史研究概况

城市史学的形成期十分漫长。在城市史被学科化之前,已经有许多关于城市历史的研究了,无论是从历史的视角还是社会、政治、文学等其他视角,这些研究往往与城市的集中兴起、快速发展或危机有关。

古希腊的城邦和中世纪晚期意大利的城市复兴分别造就了那个时代关于城市的学术讨论,现代意义上的城市学则源自工业革命之后的城市发展高潮。一般认为,西方的城市史学最早出现于20世纪20年代的美国芝加哥等地,与城市社会学渊源颇深。[1]二次世界大战后,欧美地区的社会史、城市史、地方史等有了进一步发展。但城市史学作为现代意义上的历史学的一个分支学科,是在20世纪60年代才出现的。著名的城市

---

[1] 罗澍伟.中国城市史研究述要[J].城市史研究,1988,1.

理论家刘易斯·芒福德（Lewis Mumford，1895—1990）著《城市发展史——起源、演变和前景》即成书于1961年。现在，芒福德、本奈沃洛（Leonardo Benevolo，1923— ）、科斯托夫（Spiro Kostof，1936-1991）等城市史家的著作均已有中文译本。据统计，国外有关城市史著作20世纪60年代按每年度平均计算突破了500种，70年代中期为1000种，1982年已达到1400种。[1]此外，海外关于中国城市的研究也日益受到重视，施坚雅（G. William Skinner, 1923—2008）主编的《中华帝国晚期的城市》、罗威廉（William Rowe，1931— ）的汉口城市史研究、申茨（Alfred Schinz，1919— ）的中国古代城镇规划研究、赵冈（1929— ）经济制度史视角下的城市发展史研究、夏南悉（Nancy Shatzman-Steinhardt）的中国古代都城研究以及朱剑飞、王笛和其他学者关于北京、上海广州、佛山、成都、扬州等地的城市史研究已经逐渐为国内学界熟悉。仅据史明正著《西文中国城市史论著要目》统计，至2000年11月，以外文撰写的中国城市史有论著200多部（篇）。

中国古代建造了许多伟大的城市，在很长的时间里，辉煌的中国城市是外国人难以想象也十分向往的"光明之城"。中国古代有诸多关于城市历史的著述，形成了相应的城市理论体系。现代意义上的中国城市史研究始于20世纪30年代。刘敦桢先生的《汉长安城与未央宫》发表于1932年《中国营造学社汇刊》第3卷3期，开国内城市史研究之先河。中国城市史研究的热潮出现在20世纪80年代以后，应该说，这与中国的快速城市化进程不无关系。许多著作纷纷问世，至今已有数百种，初步建立了具有自身学术特色的中国城市史研究体系。这些研究建立在不同的学术基础上，历史学、地理学、经济学、人类学、水利学和建筑学等一级学科领域内，相当多的学者关注城市史的研究。城市史论著较为集中地来自历史地理、经济史、社会史、文化史、建筑史、考古学、水利史、人类学等学科，代表性的作者如侯仁之（1911— ）、史念海（1912—2001）、杨宽（1914—2005）、韩大成（1924— ）、隗瀛涛（1930—2007）、皮明庥（1931— ）、郭湖生（1931—2008）、马先

---

[1] 近代重庆史课题组.近代中国城市史研究的意义、内容及线索.载天津社会科学院历史研究所、天津城市科学研究会主办.城市史研究.第5辑.天津：天津教育出版社，1991.

醒（1936—）、傅崇兰（1940—）等先生。因著作数量较多，恕不一一列举。

由20世纪80年代起，到2010年，研究中国城市史的中外著作，加上各大学城市史博士学位论文，估计总量应达500部以上。一个研究中国城市史的热潮正在形成。

近年来城市史学研究中一个引人注目的现象就是对空间的日益重视——无论是形态空间还是社会空间，而空间研究正是城市营建史的传统领域，营建史学者们在空间上的长期探索已经在方法上形成了深厚的积淀。

三、中国城市营建史研究的回顾

城市营建史研究在方法和内容上不能脱离一般城市史学的基本框架，但更加偏重形式制度%城市规划与设计体系、形态原理与历史变迁、建造过程、工程技术、建设管理等方面。以往的中国城市营建史研究主要由建筑学者、考古学者和历史学者来完成，亦有较多来自社会学者、人类学者、经济史学者、地理学者和艺术史学者等的贡献，学科之间融合的趋势日渐明显。

虽然刘敦桢先生早在1932年发表了《汉长安城与未央宫》，但相对于中国传统建筑的研究而言，中国城市营建史的起步较晚。同济大学董鉴泓教授主编的《中国城市建设史》1961年完成初稿，后来补充修改成二稿、三稿，阮仪三参加了大部分资料收集及插图绘制工作，1982年由中国建筑工业出版社出版，是系统讨论中国城市营建史的填补空白之作，也是城市规划专业的教科书，我本人教过城市建设史，用的就是董先生主编的书。后来该书又不断修订、增补、内容更加丰富、完善。

郭湖生先生在城市史研究上建树颇丰，在《建筑师》上发表了中华古代都城小史系列论文，1997年结集为《中华古都——中国古代城市史论文集》(台北：空间出版社)。曹汛先生评价：

"郭先生从八十年代开始勤力于城市史研究，自己最注重地方城市制度、宫城与皇城、古代城市的工程技术等三个方面。发表的重要论文有《子城制度》、《台城考》、《魏晋南北朝至隋唐宫室制度沿革——兼论日本平城京的宫室制度》等三篇，都发表在日本的重头书刊上。"[1]

贺业钜先生于1986年发表了《中国古代城市规划史论丛》，1996年出版的《中国古代城市规划史》是另一本重要著作，对中国古代城市规划的制度进行了较深入细致的研究。

吴良镛先生一直关注中国城市史的研究，英文专著《中国古代城市史纲》1985年在联邦德国塞尔大学出版社出版，他还关注近代南通城市史的研究。

华南理工大学建筑学科对城市史的研究始于龙庆忠（非了）先生，龙先生1983年发表的《古番禺城的发展史》是广州城市历史研究的经典文献。

其实，建筑与城市规划学者关注和研究城市史的人越来越多，以上只是提到几位老一辈的著名学者。至于中青年学者，由于人数较多，难以一一列举。

华南理工大学建筑历史与理论博士点自20世纪80年代起就开始培养城市史和城市防灾研究的博士生，龙先生培养的五个博士中，有四位的博士论文为城市史研究，吴庆洲《中国古代城市防洪研究》（1987），沈亚虹《潮州古城规划设计研究》（1987），郑力鹏《福州城市发展史研究》（1991），张春阳的《肇庆古城研究》（1992），龙先生倡导在城市史研究中重视城市防灾（其实质是重视城市营建与自然地理、百姓安危的关系）、重视工程技术和管理技术在城市营建过程中的作用、重视从古代的城市营建中获取能为今日所用的经验与启迪。

龙老开创的重防灾、重技术、重古为今用的特色，为其学生们所继承和发扬。陆元鼎教授、刘管平教授、邓其生教授、肖大威教授、程建军教授和笔者所指导的博士中，不乏研究城市史者，至2010年9月，完成的有关城市营建史的博士学位论文已有20多篇。

四、中国城市营建史研究的理论与方法

诚如许多学者所注意到的，近年以来，有关中国城市营建史的研究取得了长足的进展，既有基于传统研究方法的整理和积累，也从其他学

---

[1] 曹汛. 伤悼郭湖生先生[J]. 建筑师2008，6：104-107

科和海外引入了一些新的理论、方法，一些新的技术也被引入到城市史研究中。笔者完全同意何一民先生的看法，城市史研究已经逐渐成为与历史学、社会学、经济学、地理学等学科密切联系而又具有相对独立性的一门新学科。[1]

笔者认为，中国城市营建史的研究虽然面临着方法的极大丰富，但仍应注意立足于稳固的研究基础。关于方法，笔者有如下的体会：

1. 系统学方法

系统学的研究对象是各类系统。"系统"一词来自古代希腊语"systema"，是指若干要素以一定结构形式联结构成的具有某种功能的有机整体。现代系统思想作为一种对事物整体及整体中各部分进行全面考察的思想，是由美籍奥地利生物学家贝塔朗菲（Ludwig Von Bertalanffy，1901–1972）提出的。系统论的核心思想是系统的整体观念。

钱学森在1990年提出的"开放的复杂巨系统"（Open Complex Giant System）理论中，根据组成系统的元素和元素种类的多少以及它们之间关联的复杂程度，将系统分为简单系统和巨系统两大类。还原论等传统研究方法无法处理复杂的系统关系，从定性到定量的综合集成法（meta-synthesis）才是处理开放、复杂巨系统的唯一正确的方法。这个研究方法具有以下特点：（1）把定量研究和定性研究有机结合起来；（2）把科学技术方法和经验知识结合起来；（3）把多种学科结合起来进行交叉研究；（4）把宏观研究和微观研究结合起来。[2]

城市是一个开放的复杂巨系统，不是细节的堆积。

2. 多学科交叉的方法

中国城市营建史不只是城市规划史、形态史、建筑史，其研究涉及建筑学、城市规划学、水利学、地理学、水文学、天文学、宗教学、神话学、军事学、哲学、社会学、经济学、人类学、灾害学等多种学科，只有多学科的交叉，多角度的考察，才可能取得好的成果，靠近真实的城市历史。

---

[1] 何一民主编. 近代中国衰落城市研究[M]. 成都：巴蜀书社，2007.
[2] 钱学森，于景元，戴汝为. 一个科学新领域——开放的复杂巨系统及其方法论[J]. 自然杂志，1990，1：3–10.

3. 田野与文献不能偏废，应采用实地调查与查阅历史文献相结合、考古发掘成果与历史文献的记载进行印证相结合、广泛的调查考察与深入细致的案例分析相结合的方法。

4. 比较研究

和许多领域的研究一样，比较研究在城市史中是有效的方法。诸如中西城市、沿海与内地城市、不同地域、不同时期、不同民族的城市的比较研究，往往能发现问题，显现特色。

5. 借鉴西方理论和方法应考虑是否适用中国国情

中国城市营建史的研究可以借鉴西方一些理论和方法，诸如形态学、类型学、人类学、新史学的理论和方法等。但不宜生搬硬套，应考虑其是否适用于中国国情。任放先生所言极有见地：

任何西方理论在中国问题研究领域的适用度，都必须通过实证研究加以证实或证伪，都必须置于中国本土的历史情境中予以审视，绝不能假定其代表客观真理，盲目信从，拿来就用，造成所谓以论带史的削足适履式的难堪，无形中使中国历史的实态成为西方理论的注脚。我们应通过扎实的历史研究，对西方理论的某些概念和分析工具提出修正或予以抛弃，力求创建符合中国社会情境的理论架构。

在借鉴西方诸社会科学方法时，应该保持警觉，力戒西方中心主义的魅影对研究工作造成干扰。[1]

6. 提倡研究的理论和方法的创新

依靠多学科交叉、借鉴其他学科，就有可能找到新的研究理论和方法。

比如，拙著《中国古城防洪研究》第四章第三节"古代长江流域城市水灾频繁化和严重化"中，研究表明，中国历代人口的变化与长江流域城市水灾的频率的变化有着惊人的相关性。从而得出"古代中国人口的剧增，加重了资源和环境的压力，加重了城市水灾"的结论。[2]这是从社会学的角度以人口变化的背景研究城市水灾变化的一种探索，仅仅从工程技术的角度是很难解答这一问题的。

---

[1] 任放. 中国市镇的历史研究与方法[M]. 北京：商务印书馆，2010.
[2] 吴庆洲. 中国古城防洪研究[M]. 北京：中国建筑工业出版社，2009.

五、中国城市营建史的研究要突出中国特色

类似生物有遗传基因那样，民族的传统文化（包括科学），也有控制其发育生长，决定其性状特征的"基因"，可称"文化基因"。文化基因表现为民族的传统思维方式和心理底层结构。中国传统文化作为一个整体有明显的阴性偏向，其本质性特征与一般女性的心理和思维特征相一致；而西方则有明显的阳性偏向，其特征与一般男性的心理和思维特征相一致。

在古代学术思想史上，西方学者多立足空间以视时间；中国学者多立足时间以视空间，所以西方较多地研究了整体的空间特性和空间性的整体，中国则较多地探寻了整体的时间特性和时间性的整体。[1]

世界上几乎每个民族都有自己特殊的历史、文化传统和思维方式。思维方式有极强的渗透性、继承性、守常性。从文化人类学的观点看，思维方式的考察对于说明世界历史的发展有重要的理论价值。在社会、哲学、宗教、艺术、道德、语言文字等方面，中国与欧洲鲜明显示出两种不同的体系，不同的走向，不同的格调。[2]

由于"文化基因"的不同，中国城市的营建必然具有中国特色，中国的城市是中国人在自己的哲学理念指导下，根据城市的地理环境选址，按照自己的理想和要求营建的，中国的城市体现的是中国的文化特色。中国城市营建史一定要注意中国特色、研究中国特色、突出中国特色。

我们运用现代系统论的理论，也要认识到中国古代的易经和老子哲学也是用的系统论观点，认为天、地、人三才为一个开放的宇宙大系统，天、地、人三才合一为古人追求的最高的理想境界，这些都投射到了城市营建之中。

赵冈先生从经济史的角度出发，发现中国与西方的城市发展完全不同。第一，中国城市发展的主要因素是政治力量，不待工商业之兴起，所以中国城市兴起很早。第二，政治因素远不如工商业之稳定，常常有

---

[1] 田盛颐. 中国系统思维再版序. 刘长林著. 中国系统思维——文化基因探视[M]. 北京：社会科学文献出版社，2008.
[2] 刘长林著. 中国系统思维——文化基因探视[M]. 北京：社会科学文献出版社，2008.

巨大的波动及变化，所以许多城市的兴衰变化也很大，繁华的大都市转眼化为废墟是屡见不鲜之事。此外，赵冈的研究还发现中国的城乡并不似欧洲中世纪那样对立，战国以后井田制度解体，城乡人民可以对流，基本上城乡是打成一片的。[1]赵冈先生的研究成果显现了中国城市的若干特色。

中国城市营建史中有着太多的特色等待着更多的研究者去做深入的发掘。即以笔者的研究体会为例：

中国的古城的城市水系，是多功能的统一体，被称为古城的血脉。[2]这是一大特色。

作为军事防御用的中国古代城池，同时又能防御洪水侵袭，它是军事防御和防洪工程的统一体，[3]为其一大特色。

研究城市形态，可别忘了，我国古人按照周易哲学，有"观象制器"的传统，也有"仿生象物"的营造意匠。[4]

只有关注中国特色，才能发现并突出中国特色，才能研究出真正的中国城市营建史的成果。

六、研究中国城市营建史的现实意义

中国古城有6000年以上的历史，在古代世界，中国的城市规划、设计取得了举世瞩目的成就，建设了当时最壮美、繁荣的城市。汉唐的长安城、洛阳城、六朝古都南京城、宋代东京城、南宋临安城、元大都城、明清北京城都是当时最壮丽的都市。明南京城是世界古代最大的设防城市。中国古代城市无论在规模之宏大、功能之完善、生态之良好、景观之秀丽上，都堪称"当时世界之最"。

吴良镛院士指出：

"中国古代城市是中国古代文化的重要组成部分。在封建社会时期，中国城市文化灿烂辉煌，中国可以说是当时世界上城市最发达的国家之一。其特点是：城市分布普遍而广泛，遍及黄河流域、长江流域、珠江流域等；城市体系严密规整，国都、州、府、县治体系严明；大城市繁

---

[1] 赵冈.中国城市发展史论集[M].北京：新星出版社，2006.
[2] 吴庆洲.中国古代的城市水系[J].华中建筑，1991，2：55-61.
[3] 吴庆洲.中国古城防洪研究[M].北京：中国建筑工业出版社，2009.
[4] 吴庆洲.仿生象物——传统中国营造意匠探微[J].城市与设计学报，2007，9：155-203.

荣，唐长安、宋开封、南宋临安等地区可能都拥有百万人口；城市规划制度完整，反映了不得逾越的封建等级制度等等；所有这些都在世界城市史上占有独特的重要地位。……中国古代城市有高水平的建筑文化环境。中国传统的城市建设独树一帜，'辨方正位'，'体国经野'有一套独具中国特色的规划结构、城市设计体系和建筑群布局方式，在世界城市史上也占有独特的位置。"[1]

中国古人在城市规划、城市设计上有相应的哲理、学说以及丰富的历史经验，这是一笔丰厚的文化与科学技术遗产，值得我们去挖掘、总结，并将其有生命活力的部分，应用于今天的城市规划、城市设计之中。

20世纪80年代之后，我国的城市化进程迅速加快，但城市规划的理论和实践处于较低水平，并且理论尤为滞后。正因为城市规划理论的滞后，我们国家的城市面貌出现城市无特色的"千城一面"的状况。出现这种状况有两种原因：

一是由于我们的规划师、建筑师不了解我国城市的过去，也没有结合国情来运用西方的规划理论，而是盲目效仿。正如刘太格先生所认为的："欧洲城市建设善于利用山、水和古迹，其现代化和国际化的创作都具有本土特色，在长期的城市发展中，设计者们较好地实现了新旧文明的衔接，并进而向全球推广欧洲文化。亚洲城市建设过程中缺少对山水和古迹的保护，设计者中'现代化'、'国际化'的追随者较多，设计缺少本土特色。"即亚洲的"建设者自信不足，不了解却迷信西方文化，盲目地崇拜和模仿西洋建筑，而不珍惜亚洲自己的文化。"[2]事实上，山、水在中国古代城市的营建中具有着十分重要的意义，例如广州城，便立意于"云山珠水"。只是由于当代人对城市历史的不了解，山水才在城市的蔓延和拔高中逐渐变得微不足道，以至于成为了被慢慢淡忘的"历史"了。

二是中国古城营建的哲理、学说和历史经验，尚有待总结，才能给

---

[1] 吴良镛. 建筑·城市·人居环境[M]. 石家庄：河北教育出版社，2003.
[2] 万育玲. 亚洲城乡应与欧洲争艳——刘太格先生谈亚洲的城市建设[J]. 规划师，2006，3：82-83.

城市规划师、建筑师和有关决策者、建设者和管理人员参考运用。城市营建的历史本身是一种记忆，也是一门重要而深奥的学问。中国城市营建史研究不可建立在功利性的基础之上，但城市营建的现实性决定了它也不能只发生在书斋和象牙塔之内，对于处于巨变中的中国城市来说，城市营建在观念、理论、技术和管理上的历史经验、智慧和教训完全应该也能够成为当代城市福祉的一部分。

中国城市营建史之研究，有重大的理论研究价值和指导城市规划、城市设计的实践意义。从创造和建设具有中国特色的现代化城市，以及对世界城市规划理论作出中国应有的贡献这两方面，这一研究的理论和实践意义都是重大的。

七、中国城市营建史研究的主要内容

各个学科研究城市史各有其关注的重点。笔者认为，以建筑学和城市规划学以及历史学为基础学科的中国城市营建史的研究应体现出自身学科的特色，应在城市营建的理论、学说，城市的形态、营建的科学技术以及管理等方面作更深入、细致的研究。中国城市营建史应关注：

（1）中国古代城市营建的学说；

（2）影响中国古代城市营建的主要思想体系；

（3）中国古代城市选址的学说和实践；

（4）城市的营造意匠与城市的形态格局；

（5）中国古代城池军事防御体系的营建和维护；

（6）中国古城防洪体系的营造和管理；

（7）中国古代城市水系的营建%功用及管理维护；

（8）中国古城水陆交通系统的营建与管理；

（9）中国古城的商业市街分布与发展演变；

（10）中国古代城市的公共空间与公共生活；

（11）中国古代城市的园林和生态环境；

（12）中国古代城市的灾害与城市的盛衰；

（13）中国古代的战争与城市的盛衰；

（14）城市地理环境的演变与其盛衰的关系；

（15）中国古代对城市营建有创建和贡献的历史人物；

（16）各地城市的不同特色；

（17）城市营建的驱动力；

（18）城市产生、发展、演变的过程、特点与规律；

（19）中外城市营建思想比较研究；

（20）中外城市营建史比较研究，等。

八、迎接中国城市营建史研究之春天

中国城市营建史研究书系首批出版十本，都是在各位作者所完成的博士学位论文的基础上修改补充而成的，也是亚热带建筑科学国家重点实验室和华南理工大学建筑历史文化研究中心的学术研究成果。这十本书分别是：

（1）苏畅著《〈管子〉城市思想研究》；

（2）张蓉著《先秦至五代成都古城形态变迁研究》；

（3）万谦著《江陵城池与荆州城市御灾防卫体系研究》；

（4）李炎著《南阳古城演变与清"梅花城"研究》；

（5）王茂生著《从盛京到沈阳——城市发展与空间形态研究》；

（6）刘剀著《晚清汉口城市发展与空间形态研究》；

（7）傅娟著《近代岳阳城市转型和空间转型研究（1899-1949）》；

（8）贺为才著《徽州村镇水系与营建技艺研究》；

（9）刘晖著《珠江三角洲城市边缘传统聚落的城市化》；

（10）冯江著《祖先之翼——明清广州府的开垦、聚族而居与宗族祠堂的衍变》。

这些著作研究的时间跨度从先秦至当下，以明清以来为主。研究的地域北至沈阳，南至广州，西至成都，东至山东，以长江以南为主。既有关于城市营建思想的理论探讨，也有对城市案例和村镇聚落的研究，以案例的深入分析为主。从研究特点的角度，可以看到这些研究主要集中于以下主题：城市营建理论、社会变迁与城市形态演变、城市化的社会与空间过程、城与乡。

《〈管子〉城市思想研究》是一部关于城市思想的理论著作，讨论的是我国古代的三代城市思想体系之一的管子营城思想及其对后世的影响。

有六位作者的著作是关于具体城市的案例解析,因为过往的城市营建史研究较多地集中于都城、边城和其他名城,相对于中国古代城市在层次、类型、时期和地域上的丰富性而言,营建史研究的多样性尚嫌不足,因此案例研究近年来在博士论文的选题中得到了鼓励。案例积累的过程是逐渐探索和完善城市营建史研究方法和工具的过程,仍然需要继续。

另有三位作者的论文是关于村镇甚至乡土聚落的,可能会有人认为不应属于城市史研究的范畴。在笔者看来,中国古代的城与乡在人的流动、营建理念和技术上存在着紧密的联系,区域史框架之内的聚落史是城市史研究的。

另一方面,正是因为这些著作来源于博士学位论文,因此本书系并未有意去构建一个完整的框架,而是期待更多更好的研究成果能够陆续出版,期待更多的青年学人投身于中国城市营建史的研究之中。

让我们共同努力,迎接中国城市营建史研究之春天的到来!

吴庆洲

华南理工大学建筑学院 教授

亚热带建筑科学国家重点实验室 学术委员

华南理工大学建筑历史文化研究中心 主任

再版序

吴庆洲

傅娟所著《近代岳阳城市转型和空间转型研究（1899—1949）》是我所主编的"中国城市营建史研究书系"中的一本，书系至今已经出版了两批共16本，正文前是一篇我所撰写的"总序"。本次《近代岳阳城市转型和空间转型研究（1899—1949）》再版，傅娟邀我为本书单独作序。

《近代岳阳城市转型和空间转型研究（1899—1949）》根据傅娟的博士学位论文修改成书。作为她博士论文开题以及答辩的评审专家，我见证了她博士学位论文开题及答辩的全过程。岳阳是位于长江、洞庭湖交汇处的一座历史古城，由三国至今已有两千多年的历史。岳阳作为历史文化名城，在城市史研究领域一直未引起学术界的关注。傅娟的博士论文研究填补了这一空白领域。作为青年学者，傅娟有着严谨的治学态度，博士论文写作历时五年，最终成稿。论文用近40万字的篇幅全面系统地对近代岳阳城市的发展演变及其成因作了深入的分析和探讨，得到评审专家的一致好评。在论文最终盲审的过程中，三位盲评的评审专家均给予优秀的评价。2010年，我主编的"中国城市营建史研究书系"将她的博士论文纳入书系，于中国建筑工业出版社正式出版。此书自2010年出版之后，受到读者的欢迎。第一版出版印刷的千余册书籍五年内已经售尽。受中国建筑工业出版社之邀，于2016年再版。

此次再版，傅娟在书中增加了岳阳楼建筑形态演变的内容。武汉的黄鹤楼、南昌的滕王阁、岳阳的岳阳楼，合称江南三大名楼。与黄鹤楼、滕王阁相比，岳阳楼历史最为悠久，始建于公元210年。在1700多年的发展过程中，岳阳楼的形态最为变化多端。有关岳阳楼的文字记载，多半是诗文、事件等，关于建筑形态的记载甚少。因此，历代传世的《岳阳楼图》不仅是岳阳楼文化的重要组成部分，而且是古代岳阳楼演变的重要形象参考资料。傅娟选取了宋画《岳阳楼图》、元初夏永的两幅《岳阳楼图》、安正文的界画《岳阳楼图》、清初龚贤的《岳阳楼图》，结合当代的岳阳楼照片以及岳阳楼景区的岳阳楼建筑模型照片，对岳阳楼建筑形态历史演变阶段进行划分。岳阳楼建筑形态演变部分的补充使得第一版的内容更为丰富和完善。

博士毕业之后，傅娟即进入华南理工大学建筑学院任教，正式开展学术科研工作。她以博士论文为基础，先后申请到了亚热带建筑科学国家重点实验室开放基金项目，国家自然科学基金青年项目。此书的再版受到"国家自然科学基金（项目批准号：51508194）""亚热带建筑科学国家重点实验室开放基金项目（2014KB19）"联合资助。

祝中国地方城市史的研究在青年学者的努力下不断深入，走向辉煌，以此为序。

2016年5月

目录

总序　迎接中国城市营建史研究之春天
再版序

第一章　绪　论

第一节　近代岳阳城市史的研究意义……002
一、中国近代城市史研究领域的扩展……002
二、中国近代城市空间形态研究的意义……004
三、近代在岳阳城市史上的意义……005

第二节　自开商埠城市的概念与界定……006
一、自开商埠城市的概念……006
二、空间范围和时间跨度……007

第三节　近代岳阳城市史的相关研究……009
一、近代城市史的研究成果……009
二、城市形态学的研究成果……013
三、岳阳城市史的研究成果……017

第四节　研究范畴……021
一、城市转型的概念、内容……021
二、空间转型的概念、一般特征和类型……023
三、城市形态的概念……030

第五节　研究目标、方法、框架和创新点……031
一、研究目标……031
二、研究方法……032
三、研究框架……033
四、研究创新点……034

第二章　近代岳阳城市转型的历史背景和形态基础

第一节　城市地理和建制沿革的特征……036
一、城市地理：适合人类居住的湖区自然环境……036

二、建制沿革：江湖水系对建制沿革的影响 037
第二节 古代岳阳城市发展演变 041
一、建城历史起始的断定 041
二、城市功能性质的演变 043
三、城市发展阶段的划分 047
第三节 古代岳阳城市空间形态 048
一、明代之前的岳阳城市空间形态：扁担州 048
二、明清时期的岳阳城市空间形态：城+市 053
三、岳阳楼建筑形态的演变 062

第三章 近代岳阳城市转型

第一节 自开商埠引发近代岳阳城市转型 072
一、"城堡"之称的湖南省 072
二、自开商埠：政治博弈的产物 075
第二节 近代岳阳城市主导功能的转变 078
一、城市经济主导功能的强化 078
二、城市多功能的进一步发展 080
第三节 近代岳阳城市社会结构的转变 083
一、近代岳阳的城市化水平 083
二、近代岳阳城市人口构成 085
第四节 近代岳阳城市市政建设的发展 088
一、近代岳阳市政建设的发展 088
二、近代岳阳市政建设的特征 093

第四章 近代岳阳城市空间转型的历史过程

第一节 城市空间转型的初始期（1899~1916年） 098
一、自开商埠：中国人主持的商埠建设 099
二、教会建筑：新城市空间要素的出现 102
第二节 城市空间转型的演变期（1917~1922年） 104
一、粤汉铁路：城市空间向东发展 105
二、商业街区：滨水商业区的发展 108
第三节 城市空间转型的形成期（1923~1944年） 110
一、拆除城墙：形成近代开放空间 110
二、日本侵占时期：形成殖民城市空间 113
第四节 城市空间转型的延续期（1945~1949年） 116

　　　　一、时代背景：西方城市规划思想的输入 ·········· 116
　　　　二、重建计划：岳阳现代城市空间的构想 ·········· 120

第五章　近代岳阳城市空间转型的综合特征

第一节　近代岳阳城市空间转型的空间特征 ·········· 132
　　　　一、城市区域空间结构："一城一镇" ·········· 132
　　　　二、城市用地规模扩张和城市扩展方向 ·········· 134
　　　　三、城市用地结构演替 ·········· 139
　　　　四、城市空间层次演变 ·········· 143

第二节　近代岳阳城市空间转型的演变特征 ·········· 145
　　　　一、城市空间扩展形式 ·········· 145
　　　　二、城市空间结构模式 ·········· 151

第三节　近代岳阳城市空间转型的社会文化特征 ·········· 155
　　　　一、会馆建筑：传统公共空间的发展 ·········· 156
　　　　二、宗教建筑：新型公共空间的出现 ·········· 160
　　　　三、居住建筑：传统建筑风格的延续 ·········· 165

第四节　近代岳阳、济南、南宁城市空间转型特征比较 ·········· 169
　　　　一、近代岳阳、济南、南宁城市空间转型特征比较 ·········· 170
　　　　二、近代岳阳、济南、南宁城市空间转型因素分析 ·········· 175

第六章　近代岳阳城市空间转型的影响因素

第一节　建设环境：长期影响因素 ·········· 181
　　　　一、自然环境 ·········· 181
　　　　二、人为环境 ·········· 185

第二节　政治军事：短期影响因素 ·········· 187
　　　　一、政治政策 ·········· 187
　　　　二、军事战争 ·········· 193

第三节　经济技术：根本影响因素 ·········· 196
　　　　一、经济区位和经济环境 ·········· 196
　　　　二、经济结构和经济规律 ·········· 199
　　　　三、科学技术 ·········· 204

第四节　社会文化：潜在影响因素 ·········· 207
　　　　一、商人和商会 ·········· 207
　　　　二、外来文化 ·········· 210

第五节　影响因素作用机制的综合分析 ·········· 213

第七章　岳阳近代城市历史保护的策略探讨

第一节　岳阳现代城市空间转型和历史保护……220
一、岳阳现代城市空间转型……220
二、岳阳城市历史保护现状……228

第二节　岳阳近代城市历史保护的策略探讨……233
一、岳阳近代城市空间形态要素的梳理……233
二、岳阳近代城市历史的保护策略……237

第三节　岳阳近代历史地段的保护措施……239
一、岳阳近代历史地段的概念和类型……239
二、近代教会学校区的保护措施……243
三、近代滨水商业区的保护措施……248

结　语……254
附　录……261
图表目录……281
参考文献……286
后　记……293

第一章 绪论

第一节　近代岳阳城市史的研究意义

岳阳是位于长江、洞庭湖交汇处的一座历史古城（图1-1）。自三国鲁肃建巴丘城始，岳阳历经晋巴陵县城、隋唐岳州州城、明清岳州府府城、民国岳阳县城的发展，至今已有近两千年历史。宋代岳州滕子京重修岳阳楼后，请范仲淹作名篇《岳阳楼记》。自此，楼以文闻名，城以楼闻名，岳阳比中国其他地方历史城市具有更高知名度。与《岳阳楼记》在文学史上的地位，岳阳楼在建筑史上的地位相比，岳阳在城市史研究领域一直未引起学术界的关注。直到20世纪90年代，随着近代中国自开商埠（自开通商口岸）城市研究的展开，作为清末首批自开通商口岸城市之一的岳阳始进入研究者视野。

一、中国近代城市史研究领域的扩展

1840年鸦片战争爆发，中国在西方外力冲击下，被迫开始曲折的近代化历程。长期以来，关于中国近代城市史的研究多聚焦于约开商埠城市和沿海沿江大城市。西方学界对中国近代城市史研究较早，有一批颇有影响力的研究成果，如墨菲（Rhoads Murphey）对上海的研究（《上海：近代中国的钥匙》）以及罗威廉（William T. Rowe）关于汉口的研究（《汉口：一个中国城市的商业与社会，1796—1889》、《汉口：一个

图1-1　岳阳地理位置示意图
（资料来源：《择居：永恒的文明之路——湖南岳阳城市发展剖析》）

城市内的冲突与社会，1796—1895》）[1]。中国学术界近代城市史研究始于改革开放之后。1986年，国家"七五"哲学社会科学规划小组将上海、天津、武汉、重庆四个近代新兴城市列入重点研究课题。几乎同一时期，我国台湾地区有9篇硕士论文以通商口岸城市为研究对象。

随着近代中国城市史研究的深入和展开，国内外不同学科领域的学者认识到近代中国城市的复杂性，需要对更多不同类型、不同地区、不同规模的城市进行深入研究，才可能认识中国近代城市的全貌。墨菲在对亚洲其他城市的研究中认识到：上海是上海，中国是中国，上海并不是认识近代中国的钥匙，并对其理论进行修正。四川大学何一民教授认为，虽然近代以来，大城市代表了中国城市的发展趋势，但大城市的发展代替不了中小城市的发展，中小城市有其自身发展规律，加强对中小城市发展史的研究，有其特殊意义[2]。同济大学董鉴泓教授认为"以往对中国近代城建史的关注较集中于东部沿海地区……但广大内地城市也不是没有变化，在不同程度上也受到近代工业化的影响，这正是中国近代社会经济发展不平衡的结果"，并提出对沿长江、珠江的城市进行研究，对一些内地小城市及边远少数民族地区的城镇，也应选典型研究[3]。

在此背景下，20世纪90年代以来，中国近代单个城市研究出现两种新研究趋向，一是从约开商埠城市研究扩展到自开商埠城市等其他类型城市的研究；二是从沿海沿江大城市研究扩展到内地城市或者中小城市的研究[4]。

岳阳作为早期自开商埠城市，自然也进入研究者的视野。张践在《晚清自开商埠述论》中提出"在第一批自开口岸中，以湖南岳阳最为典型，其租地章程也多为后来的自开商埠所仿效，所以对岳阳加以考察是十分必要的[5]"。然而，毕竟自开商埠的研究才刚刚开始，从目前已

---

[1] 周子峰. 二十世纪中西学界的中国近代通商口岸研究述评. http://www.nuist.edu.cn/.
[2] 何一民，曾进. 中国近代城市史研究的进展、存在问题与展望. 中华文化论坛，2000（4）：65—69.
[3] 董鉴泓. 对研究中国城市建设史的一些思考. 规划师，2000（2）.
[4] 何一民. 21世纪中国近代城市史研究展望. 史学研究，2002（3）.
[5] 张践. 晚清自开商埠述论. 近代史研究，1994（5）.

有的不多研究成果来看，主要还是对于自开商埠总体性研究，以个案为研究对象出版的论文集和专著只有《周村开埠与山东近代化》、《近代昆明城市史》、《长沙近代化启动》、《岳州长沙自主开埠与湖南近代经济》等为数不多的几部。关于近代岳阳还没有研究专著出现。其次，近代城市史学界对于岳阳的研究，在研究对象上，多集中于岳阳商埠——城陵矶——商务的发展；对于岳阳旧城区在开关之后的发展关注不够。但事实上，城陵矶商埠的发展并不等同于岳阳旧城区的发展，过于关注城陵矶商埠，可能导致对岳阳近代城市发展认识上的不够全面。再次，目前对近代岳阳的研究，研究方法上多是采用历史学方法，关注岳阳自开商埠过程中的各种历史事件；而从城市规划学、城市空间形态学、建筑学角度来审视近代岳阳的研究，目前几乎是空白。

二、中国近代城市空间形态研究的意义

鸦片战争之后，中国城市社会结构发生巨大变化，这些变化最终导致城市空间形态的转变。近代中国城市发展的地区不平衡，体现在城市空间形态上，表现为各个不同城市空间形态转变的情况不一致。既有上海那样由租界发展的大城市，具备工业区、港口、铁路以及市政设施完善的租界区；也有几乎完全保持明清城市空间格局的城市。因此，可以说，近代是中国城市空间形态发展的特殊阶段，演变情况复杂，对城市进行个案深入研究有利于掌握近代中国城市的全貌。

此外，近代是农业社会中国传统城市空间形态向工业社会近现代城市空间形态转变的重要历史阶段。中国近代城市空间形态普遍来说兼有中国古代城市空间形态要素和近现代城市空间形态要素。对中国近代城市空间形态的转变过程进行专门研究，有助于理解中国现代城市空间形态的形成。

历史发展到今天，当代许多城市空间结构中仍然保留有部分，或者是大部分近代城市空间格局，构成当前城市历史文化保护的重要组成部分。许多近代城市发展过程中遗留下来的空间布局，如铁路线、工业区，仍然影响着当代城市空间发展。因此，对近代城市空间形态进行专门研究，对于指导当前城市历史文化保护和城市规划建设有着现实指导意义。

三、近代在岳阳城市史上的意义

从岳阳纵向发展历程来看,古代岳阳如同大部分中国其他地方城市一样,经历了县城、州城、府城的发展和演变。直到近代,由于自开商埠,岳阳才遇到前所未有的发展历史机遇。对于岳阳自身发展而言,近代是岳阳城市经历剧烈转型的时期,即城市早期现代化(近代化)时期。城市发展过程中各种因素在这一时期都发生变化,包括经济上的开埠、军事上的争夺、交通条件的近代化、自然灾害的集中、城市建设和管理的近代化,以及各种社会力量在这样历史场景中的不断登场:南北各路军阀、国民党地方政府、地方商会、各国教会组织、当地私人资本家、日军占领者,以及不断改变的岳阳"市民"。这种种变革的最终结果,表现为岳阳城市空间形态由封闭的中国传统城市空间形态向开放的近代城市空间格局转变。因此,岳阳近代史是值得关注和深入研究的一个时期。对这个时间段的研究并不仅仅是为了廓清那段纷繁复杂的历史,还因为关于近代岳阳历史的研究对于全面认识岳阳城市历史,丰富岳阳历史文化名城内涵,加强近代城市历史保护具有现实指导意义。

综上所述,研究近代岳阳城市转型和空间转型的历史过程,有着如下意义:

1. 岳阳是中国近代早期自开商埠城市,通过对近代岳阳进行深入的个案研究,有助于完善中国近代通商口岸城市研究。

2. 对近代岳阳城市转型及其导致的最终结果,城市空间形态转变的研究,是对城市空间形态与社会机制之间内在关系研究的一次尝试,在理论上具有一定意义。

3. 近代是中国城市由农业社会传统城市空间形态向工业社会现代城市空间格局转变的一个特殊过渡时期。对近代岳阳这类自开商埠城市空间转型的研究,有助于理解中国现代城市空间形态的形成。

4. 近代岳阳城市历史研究,对于丰富岳阳历史文化名城的内涵,加强当前岳阳近代城市历史保护具有现实指导意义。

第二节 自开商埠城市的概念与界定

一、自开商埠城市的概念

（一）自开商埠城市是近代中国的一种城市新类型

20世纪初90年代初，中国城市史学界把类型概念引入城市史研究领域，开始近代不同类型城市研究。城市史研究中的城市类型，是一个历史范畴，是在特定历史时期、特定区域、特定历史条件下形成的，具有特定历史内涵。开埠通商城市是中国近代特定历史条件下产生的一种城市新类型。

开埠通商城市又可分为约开商埠城市和自开商埠城市。杨天宏先生的博士论文《口岸开放与社会变革——近代中国自开商埠研究》对条约口岸（约开商埠）和自开商埠进行辨析，指出"自开商埠也是一种通商口岸，其经济功能在于提供一种国际贸易互市的场所。"并且指出条约口岸（treaty ports）和自开商埠在语义学和实质上的区别："从语义学角度分析，两类口岸似乎只存在着开放者主观意愿的差异。西方学者论'自开商埠'，一般用的是词组'the ports opened voluntarily by China'，意即中国主动开放的通商口岸，这与条约口岸系被迫开放，自然不同。但体现在语义学上的区别只是表面的。两者的实质性区别在于，究竟是中国政府还是西方列强控制了口岸开放的政治决策权及所开口岸的行政管理权[1]"。张践的《晚清自开商埠述论》把自开商埠与约开商埠之间的区别更为具体化：（1）行政管理的独立自主；（2）取消土地永租制；（3）立法、司法的独立。[2] 由此可见，自开商埠城市是与约开商埠城市相对的一种开埠通商城市类型，其实质区别在于商埠的主权归属。

岳阳于1899年辟为自开商埠，由一个中国传统地方府城转变为近代自开商埠城市。

（二）自开商埠与旧城区的关系

中国近代商埠的设置与原有城市存在三种关系。一是商埠紧邻原有城市建设，商埠区自然成为城市新经济功能区，如昆明，其商埠区位于

---

[1] 杨天宏. 口岸开放与社会变革——近代中国自开商埠研究. 北京：中华书局，2002.
[2] 张践. 晚清自开商埠述论. 近代史研究，1994（5）.

紧邻城市南门和东门地段。二是商埠与原有城市有一定距离，但在日后发展过程中，商埠与城区之间的空白地带逐渐填满，城区与商埠联结起来，济南就是属于此类情形。济南商埠区位于旧城区以西，距离城墙有数里。为了加强商埠区与旧城区的联系，先后在商埠区与旧城区之间建成两条公路。商埠区在发展过程中，逐渐与旧城区连成一体。三是商埠与原有城市距离较远，商埠和旧城区几乎是各自独立发展，在相当长的历史时期内，商埠都是位于城区外的一块飞地。例如，常德商埠位于郡城对岸的善卷村沙洲，城区与商埠被大江阻隔。

以岳阳情况而言，大致属于第三种情形。商埠设于岳州府城北十五里之外的城陵矶。城陵矶与岳州府城之间除了一条原有驿道之外，别无其他陆路相连；而且城陵矶与岳州府城之间还相隔有枫桥湖、翟家湖和七里山。过于遥远的空间距离，以及地理环境的限制，使得直到岳阳解放前，城陵矶商埠与岳州府城之间的空白地带并没有得到发展。但是尽管如此，旧城区因为城陵矶的开埠而得到发展，商埠与旧城区之间存在政治和经济上的依托关系。因此，本书所指的作为近代自开商埠城市的岳阳，在空间范围上包括清末民国时期岳阳县城和设有商埠的城陵矶镇两个部分。

二、空间范围和时间跨度

（一）研究对象的空间范围

岳阳市位于洞庭湖东岸，长江与洞庭湖交汇处，是湖南省的北门户。在以往岳阳城市史研究中，涉及以下空间概念。

岳阳市：以岳阳市整个管辖范围为研究对象，如《岳阳发展简史》、《巴陵胜状》、《岳阳市情要览》以及《岳阳市城乡建设志》等新编志书以行政区划内整个地域范围为研究对象，包括岳阳、平江、湘阴、华容4县，汨罗、临湘2市，岳阳楼、云溪、君山、屈原4区，总人口530万，总面积15019平方公里的地域范围。

岳阳市城区：以岳阳市城区为研究对象。1993年出版的《岳阳市南区志》以当时岳阳市城区南区（1996年，南区与郊区合并为岳阳楼区）为研究对象，面积24平方公里，总人口20万。

岳阳古城：以古代巴陵城、民国岳阳县城城区为主要研究对象，相当于今天岳阳楼区内铁路线以西的一部分。这一地域范围在1949年新中国成立前夕，面积约2平方公里，人口约2万人。如《岳阳古城浅录》中涉及的空间范围。

基于之前的讨论，本书的"自开通商埠城市"研究范围包括清末民国时期岳阳县城城区和城陵矶镇两个部分。大致相当于20世纪60年代岳阳市城区范围（包括当时的南区、北区、城陵矶区），面积7平方公里。

（二）研究对象的时间跨度

在已有的岳阳城市史著作中，多是根据革命政治史的界限，对岳阳近代史进行界定：一是把1840年鸦片战争爆发至1919年五四运动断为近代，1919年至1949年新中国成立断为现代，1949年新中国成立之后断为当代，如《岳阳发展简史》、《岳阳纪略》；二是把1840年至1949年统称为近代，1949年后称为当代，如《岳阳市建筑志》。这种以政治史划定历史阶段的研究方法，在面对更具体的研究对象时，有其局限性，忽略了研究对象自身的内在演变规律。

目前，学术界关于通商口岸的研究在时间上下限的断定上出现"上推"与"下延"两种趋势："前者跨越以鸦片战争为近代史上限的传统习惯，后者则将晚清与民国两个时期视为不可分割的历史发展过程，学术成果之研究跨度普遍跨越'清中叶与晚清'和'晚清与民国'的政治史界限，探求近代中国长时期发展之历史趋向[1]"。针对岳阳而言，是否有必要在时间跨度上进行突破呢？纵向考察岳阳的历史，明清时期岳阳商品经济已经逐渐发展，城市布局也逐渐完善；清季随着岳阳开埠，各国教会的渗入，岳阳近代化全面展开；新中国成立后，直到改革开放之前，尽管政治体制发生了巨大变化，城市基本格局还是延续了民国时期形态，没有突破城东铁路线的界定。直到改革开放之后，巴陵大桥的修建才使岳阳跳出民国城区的框架，建立新城区。可见岳阳的近代转型总体而言是一个长时间的历程。但是，在这一长时间中，不同的研究对象并不都是同步延续发展的。本书的主要研究对象城市空间形态，其变

---

[1] 周子峰．二十世纪中西学界的中国近代通商口岸研究述评．http://www.nuist.edu.cn/．

化始于自开商埠，新中国成立之前已经基本完成转型。因此，本课题的重点时段是1899年岳阳开埠至1949年新中国成立前这五十年。为了便于在对比中明晰近代岳阳城市转型特征，具体论述中将根据需要将时间上限跨越清中叶，时间下限延续到当代。

第三节 近代岳阳城市史的相关研究

一、近代城市史的研究成果

（一）国外相关研究

国外对于中国近代城市史的研究开展较早，并已经有一批理论成果。例如，美国学者施坚雅提出的区域体系分析理论。施坚雅认为，工业化前期，以中国作为整体的全国城市化实际上毫无意义，要重新有系统地阐述这一问题，就必须从各区域出发。他依照河流系统，将中国分为九大区域。这样的划分不但打破了传统上以政治边界划分中国的方法，而且改变了自20世纪20年代以来西方学界认为中国城市化无从谈起的韦伯模式，其意义重大而且深远。1977年，施坚雅主编《中华帝国晚期的城市》一书，收录了欧美与日本等国以及中国台湾地区一些有关中国城市史研究的成果。[1] 此外，美国学者罗威廉先后出版的《汉口：一个中国城市的商业和社会，1796—1889》和《汉口：一个中国城市内的冲突与社会，1796—1895》也都是颇有影响力的理论著作。罗威廉以坚实的资料和严密的论证，证明了马克斯·韦伯所谓中国"没有形成一个成熟的城市共同体"的论断是对中国社会发展的一个极大误解。罗威廉的两本著作被认为是研究中国新城市史和社会史的代表作[2]。

（二）国内相关研究

改革开放以后，近代城市史作为一个新的研究领域受到了国内众多学科关注。不同学科从各自学科视角，采用不同理论和方法对中国近代城市各个方面进行研究，取得了一批研究成果。根据研究方法和研究内

---

[1] 定宜庄. 有关近年中国明清与近代城市史研究的几个问题//（日）中村圭尔, 辛德勇编. 中日古代城市研究. 北京：中国社会科学出版社, 2004.
[2] 王笛. 罗威廉著. 救世：陈宏谋与十八世纪中国的精英意识. 历史研究, 2002（1）.

容的不同，我们可以将近代城市史研究分为两大类，历史社会学和建筑规划学的近代城市史研究。

1. 历史社会学的相关研究

历史社会学科中关于近代城市的研究，目前已经形成四大理论体系和研究范式，包括：结构—功能学派、综合分析学派、社会学派、新城市史学派。

结构功能学派：以近代城市的结构功能演变及其近代化为主要内容和基本线索的研究模式[1]。代表著作是隗瀛涛主编的《近代重庆城市史》（四川大学出版社，1991）。他们认为城市史研究要着重探讨城市结构、功能由简单初级形式向复杂高级形式的演变。中国城市史研究虽然涉及近代社会、经济、政治、思想、文化与历史事件、历史人物，但这些必须是和城市的结构与功能演变有密切联系的，只有抓住了城市结构功能这条主线，才能清楚地确定城市史研究的领域与内涵，使城市史有别于地方史和地方志。并提出中国近代城市史可以从五个方面来揭示城市功能和结构的发展与演变：城市地域、城市经济、城市社会、城市政治、城市文化[2]。

综合分析学派：认为应该加强城市史研究的综合性。上海学者唐振常主张对城市史应该全面把握，综合研究。武汉社会科学院皮明庥、李怀军提出研究城市史从纵向上，要研究城市形成、发展的脉络和阶段性，研究不同历史时期社会中形成城市形态和发展状况及其历史特点。从横向看，要研究城市的各子系统，如地理地貌、城市自然景观、城市园林、城市工业、城市商贸和金融、城市建筑、城市公用事业、城市交通、市政工程、城市科技等，这些子系统另一方面又可以延伸出许多子系统，有其侧面和分支，可以从不同的视角切入。皮明庥还强调，城市社会和文明兴衰，是城市史研究的基本线索，重点要把握几个要素：城市的生成和盛衰荣枯，发展链条和区段，城市社会形态和社会结构，城

---

[1] 定宜庄. 有关近年中国明清与近代城市史研究的几个问题//（日）中村圭尔，辛德勇编. 中日古代城市研究. 北京：中国社会科学出版社，2004.
[2] 何一民. 20世纪后期中国近代城市史研究的理论探索. 西南交通大学学报（社会科学版），2000（01）.

市性质和功能演变，城市文化特质[1]。

社会学派：天津社会科学院学者罗澍伟认为城市史研究的重点应该放在城市社会和经济上，应将研究的触角伸向城市社会的各个侧面和深层，探讨近代城市社会的演进、城市经济结构变化、阶级、阶层、民间社团与政党、市民运动与市民心理及生活方式与社会风貌、风俗的变化、中西文明交汇和冲突、社会管理、市政交通、文教兴革等。上海学者林克等人也主张城市史重点研究城市所具有的各种社会机制的运行规律及其相互关系[2]。

新城市史学派：此派观点受到国外新城市史学的影响。20世纪60年代，美国哈佛大学的斯蒂芬·塞思托姆（Stephan Thernstrom）发表了《贫穷与进步：关于一个19世纪城市社会流动性的研究》，被认为是美国"新城市史学"诞生的标志。在研究对象上，塞思托姆首次把史学兴趣引向千百万无名大众，在研究方法上，对复杂的计量统计方法应用于史学研究进行了前所未有的尝试。新城市史学远远超出史学范围，而成为涉及社会学、人口学、人类学以及经济学、生态学甚至心理学等社会科学与自然科学的多个领域。新的城市史学研究更加体现出社会史的色彩，把城市看作一个有机社会主体，把城市化视为特定环境和历史条件下发生的一个广泛的社会运动过程[3]。

2. 建筑和规划学的相关研究

建筑和规划学科中对近代中国城市史的研究集中在三个方面，一是近代中国城市建筑史，二是近代中国城市建设和规划史，三是近代中国城市空间形态史。

近代中国城市建筑史：自20世纪80年代汪坦先生发起"中国近代建筑史研究座谈会"，经过20多年发展，中国近代建筑史研究已经形成一定规模。其研究内容包括近代建筑分期，近代建筑的功能、造型、结

---

[1] 何一民. 20世纪后期中国近代城市史研究的理论探索. 西南交通大学学报（社会科学版），2000（01）.
[2] 何一民. 20世纪后期中国近代城市史研究的理论探索. 西南交通大学学报（社会科学版），2000（01）.
[3] 定宜庄. 有关近年中国明清与近代城市史研究的几个问题//（日）中村圭尔、辛德勇编. 中日古代城市研究. 北京：中国社会科学出版社，2004.

构、构造、材料和施工技术，近代重要建筑的史实、外观、形式和社会分析，近代建筑风格描述和判断，近代建筑思想演变等。有一批博士论文以近代建筑作为研究对象，例如，清华大学赖德霖的《中国近代建筑史研究》、张复合的《北京近代建筑历史源流》，同济大学沙永杰的《中日近代建筑发展过程比较研究》，天津大学徐苏斌的《比较、交往、启示——中日近现代建筑史之研究》，以及华南理工大学林冲的《骑楼型街屋的发展与形态的研究》、唐孝祥的《近代岭南建筑美学研究》等。

近代中国城市建设和规划史：中国近代城市建设和规划研究包括南京大学罗玲的《近代南京城市建设研究》，李百浩的《日本在中国占领地的城市规划历史研究》，吴晓松的《近代东北城市建设分期与类型》等。李百浩认为，近代城市规划史的研究思想是以人为规划型城市为研究对象，以城市规划的理念、思想、内容、技术、行政、制度等方面的发展演变为主要内容，通常包括政治史、经济史、制度史以及城市规划理论史等内容。不仅研究已经实现的规划，还包括未实现的规划以及实际建设中规划的变化情况，通过对城市规划理论、思想以及规划内容、方法、技术、制度演变的认识，总结城市规划与政治、经济、社会、文化等因素的相互关系，探讨城市规划进一步发展的方向和可能性。[1]

近代中国城市空间形态史：这一部分研究在相当长时期内并没有独立展开，而是在关于某个地区或者城市的空间形态演变通史中有所涉及。近年来，随着城市空间形态研究的逐渐深入，近代作为一个特殊的历史时期，开始受到了城市空间形态研究者的关注。例如，李军的《1861—1949年——近代武汉城市空间形态的演变》一书，以近代武汉城市物质空间形态为研究对象，对近代武汉城市空间扩张、城市公共空间、城市空间肌理、城市中心、城市建筑类型进行研究，以达到对近代武汉城市空间形态的演变及其规律的认识与把握。但是，与近代中国城市建筑史、城市建设和规划史相比，近代中国城市空间形态史研究仍显得薄弱。

总体而言，中国近代城市史已经发展成为各学科广泛参与的研究领

---

[1] 李百浩，韩秀. 如何研究中国近代城市规划史. 城市规划，2000（12）.

域，研究方法上呈现出多学科交叉特征。历史社会学科的城市史研究多侧重于从城市发展和社会变迁的角度来看待近代城市演变，关注近代城市化和城市近代化中的各种问题；建筑、规划学科则更关注近代城市具体物质空间环境的变迁。

本书是在综合借鉴历史社会学科、建筑和规划学科关于近代城市史理论和个案研究成果的基础上，对近代岳阳城市空间形态的个案研究，属于近代中国城市空间形态史研究。

二、城市形态学的研究成果

（一）国外城市形态学研究

城市形态理论萌芽早在东西方古代城市建设的实践中就已出现。但作为系统理论研究，则始于近代工业革命之后的西方国家。18世纪下半叶的工业革命，促使西方城市社会经济和空间结构发生巨大变化。工业生产的需求，吸引人群涌向城市。城市中出现了工业区、交通枢纽区、工人居住区等现代城市空间元素。与此同时，城市的快速发展，带来许多前所未有的城市问题。为了解决新的城市问题，研究者对于城市空间形态进行系统的理论化探索。

我们可以将国外近现代城市空间形态理论模式研究划分为四个发展阶段：19世纪末以前的形体化发展阶段，20世纪初至50年代功能化模式发展阶段，20世纪60年代以后的人文化、连续化模式发展阶段，20世纪90年代之后的区域化、生态化、信息化的新发展阶段[1]。

国外城市形态理论在100多年的发展过程中，不同学科从各自角度提出解释城市空间形态形成的理论模式，先后涌现出众多理论学派，包括社会生态学派、经济区位学派、行为分析学派、政治经济学派、建筑学派等。

社会生态学派：20世纪20年代美国芝加哥学派运用人类生态学方法对城市空间结构进行研究。芝加哥学派结合竞争、选择、迁移、支配等

---

[1] 胡俊在《中国城市空间发展模式》中参考西德规划学者阿尔伯斯的观点，将国外近现代城市空间形态理论模式研究划分为三个发展阶段。这里，我们在胡俊划分的基础上增加了第四个发展阶段。胡俊. 中国城市：模式与演进. 北京：中国建筑工业出版社，1995.

生态学原理来研究城市内部结构，强调城市内各组成部分的有机联系，认为社会阶层的分化导致地域分化。在此基础上，芝加哥学派相继提出土地利用结构的三大经典模式：1925年伯吉斯的同心圆模式，1936年霍依特的扇形模式，1945年哈里斯和乌尔曼的多核心模式。圈层理论是对当时城市空间结构现象的描述，无法解释土地利用模式形成的原因，反映城市社会经济活动和空间结构的关系。人们逐步认识到，归纳法的一般性分析难以深入认识城市空间结构发展的内在机制。虽然圈层理论有其局限性，但在关于城市空间结构现象的描述中，还是得到了广泛应用，"同心圆"、"扇形"、"多核心"是众多城市空间研究中频频出现的字眼。

经济区位学派：经济区位学派探讨在自由市场经济的理想竞争状态下资源配置的最优化。以市场平衡理论为基础，解释市场竞争条件下，城市土地利用的区位决策和空间模式。地租理论认为地租决定了土地利用形态，不同地价导致不同的土地使用，地价是形成空间使用形态的最基本的因素。可以支付较高地租的经济产业，在城市中心有较高竞争力，可以将其他产业置换出城市中心。集聚经济效应理论认为，空间集聚是城市形成、生存和发展的重要动力和基础，可以节省交易成本、提高交易效率，规避空间区位选择中的风险。城市不同空间区位的集聚经济和集聚不经济分别决定了内部功能区和土地利用方式的置换。经济区位学派把抽象市场环境中个人行为完全理性化的假设，受到人文主义者的批评。新马克思主义者则批评经济区位学派中"城市是消费者选择的反映"这一理论基础，认为这些理论把注意力集中到消费者支配和市场过程，从根本上掩盖阶级和财产关系。

行为分析学派：行为分析学派认为已往研究对于人类行为的分析过于简单，强调人类行为的意识决定过程。行为分析学派引入环境心理学、人类学、组织形态理论，关注个人和小团体的微观研究，从个人行为角度来解释一些城市空间现象的形成。例如研究个人购物和迁居行为与大商场形象之间的关系。行为分析学派的方法过于强调个人选择行为，忽视社会结构体系对于选择产生的限制性作用，其研究也受到其他学派的质疑。

政治经济学派：政治经济学派运用政治经济学的理论和方法揭示城市土地利用的内在动力机制，演绎和解释城市土地利用的空间模式。从政治经济学的观点来看，资本主义制度下的城市在生产方面是资本主义生产方式与空间形式的结合，在消费方面是产品和服务的集体消费单位。因而包括资本主义城市空间结构在内的资本主义的全部发展形态，只能由其生产和消费模式的发展规律所支配。因此，资本主义社会的城市问题是在经济、政治上有着资本利害关系的城市矛盾现象的一种结果。政治经济学派强调建筑环境产生和变化与社会生产和再生产过程密切相关，在这一过程中，资本是主要作用因素，同时城市发展组织形式及相关社会机构所起的作用也是研究焦点。

建筑学派：从建筑学角度理解城市形态的代表人物是意大利建筑师罗西。罗西用类型学的方法研究建筑，关注建筑和开敞空间的类型分类，解释城市形态并建议未来发展方向。1966年，罗西出版《城市建筑》，将建筑与城市紧紧联系起来，提出城市是众多有意义的和被认同的事物的聚集体，与不同时代不同地点的特定生活相关联。此外，克里尔兄弟在类型学的基础上，建立一整套有关城市形态学方面的理论。

从以上各派理论中，我们可以看出，国外城市形态理论研究逐步从城市现象描述深入到城市发展内在原因的解释，从个体选址行为对城市空间现象的影响扩大到社会结构体系与城市空间结构的内在关系。同时，我们还应注意，由于城市自身的复杂性，尽管存在如此众多学派，没有哪一学派的理论能完全解释城市发展的内在机制，每一学派的理论都仅仅从一个侧面解释了城市空间形成的原因。

（二）国内城市形态学研究

1. 国内城市形态研究的内容

国内城市形态研究始于20世纪30年代我国地理学界对无锡、成都、重庆、北京、南京等城市进行的城市地理研究。但是直到改革开放之后，城市形态研究才引起众多学者关注，取得巨大进展。根据郑莘、林琳（2002）的梳理总结，20世纪90年代以来国内城市形态研究主要包括以下内容：（1）关于城市形态演变的影响因素研究，包括历史发展、地理环境、交通运输条件、经济发展与技术进步、社会文化因素、政策与规划控制，以及城市职能、城市规模及城市结构；（2）关于城市形态的驱动力和演变机制研究，包括功能-形态互适机制，影响城市空间形态变化的"政策力"、"经济力"、"社会力"三者共同作用的动力机制；（3）关于城市形态的构成要素研究，城市形态构成要素的分类是建立在广义城市形态概念的基础上，包括物质形态要素和非物质形态要素；（4）关于城市形态分析方法的探讨，包括城市空间分析方法、数理统计中的特尔菲法和层次分析法、几何学中的分形理论方法、文献分析法、系统动力学方法；（5）关于城市形态的计量方法研究[1]。

我们可以按照国内城市形态研究的研究内容，将国内城市形态研究大致分为三类：一是以区域城市或者个案城市为对象的实证研究，通过对区域城市或者单个城市形态演变历史的回顾，分析城市形态演变过程、特征、影响因素以及动力机制，如王建国的《常熟市城市形态历史特征及其演变研究》、东北师范大学邰艳丽的《东北地区城市空间形态研究》、陈泳的《苏州古城结构形态演化研究》等。二是城市形态自身理论研究，对于城市形态的构成要素，城市形态与城市化、城市设计、城市规划的关系等内容进行分析，如齐康先生的《城市环境规划设计与方法》系统介绍了城市形态研究理论，段进教授的《城市空间发展论》将经济规划、社会规划、城市规划相关理论综合，对城市空间的深层结构、外部形态、宏观结构和微观形态进行了深入探讨。三是城市形态分析方法论的研究，包括计量方法、分形方法、系统动力学方法等。

本书的研究包括第一类实证研究和第二类城市形态自身理论研究的内容：

（1）本书是关于近代岳阳城市空间转型的实证研究，近代岳阳城市空间转型的历史过程、特征、影响因素构成研究主要内容；

（2）本书对于近代城市转型和空间转型的理论概念进行界定，对于近代城市空间转型的类型划分、近代城市空间转型的一般特征和实质进行系统分析，并在近代岳阳实证研究基础上对城市转型和空间转型之间的辩证关系进行论证。

---

[1] 郑莘，林琳.1990年以来国内城市形态研究述评.城市规划，2002（7）.

2. 国内城市形态研究的不足

在梳理总结的基础上，郑莘、林琳还指出了国内城市形态研究中的不足：(1) 城市形态研究大多停留在对表面问题的研究上，有深度的研究尚不多见。(2) 关于城市形态动力机制的探讨，基本上停留在对有关影响力的罗列，而缺乏对各种影响因素如何共同作用的综合性阐述。(3) 关于未来城市形态发展趋势的文章尚不多见。(4) 城市形态分析研究方法和计量方法尚嫌不足[1]。

针对目前城市形态研究中的不足，本书除了详细探讨各种影响因素各自是如何影响近代岳阳城市空间形态之外，还尝试进一步对于各种影响因素如何共同作用进行综合性阐述。

三、岳阳城市史的研究成果

如前所述，作为近代城市史研究对象的岳阳才刚刚受到关注，目前研究成果并不多，根据研究者及其研究角度可以分为三类：一类是中国近代城市史研究者在通商口岸城市（包括约开和自开通商口岸）研究中涉及岳阳的部分；一类是湖南近代史研究者的著作中涉及近代岳阳的部分；一类是岳阳地方志史研究者在20世纪80年代改革开放之后出现的新修志书热潮下，整理的史料文集、新编地方志中涉及近代岳阳的部分。

（一）中国近代城市史研究领域

随着20世纪90年代自开通商口岸城市研究的兴起，岳阳作为清季中国首批自开通商口岸城市之一，因其重要性而纳入中国近代城市史研究者视野。其中，主要研究著作有：

杨天宏先生的博士论文《口岸开放与社会变革：近代中国自开商埠研究》[2]。该书是第一部关于近代中国自开商埠的综合论著。因为岳阳是首批自开商埠之一，书中对于岳阳有相当篇幅的论述，涉及近代岳阳城市定位、岳州商埠的开设、岳州海关建设及其岳州关的地位、开埠后岳阳商务发展及其原因分析、岳阳通商场内的建设和管理章程、岳阳近代化的发展、自开商埠与岳阳城市发展的关系、岳阳开关的历史评价等各

---

[1] 郑莘，林琳. 1990年以来国内城市形态研究述评. 城市规划，2002 (7).
[2] 杨天宏. 口岸开放与社会变革——近代中国自开商埠研究. 北京：中华书局，2002.

方面的情况。其中,对于岳阳开关后商务发展不畅旺的原因,从历史、地理、水文、城市竞争、政治军事形势、经济重心的转移多个角度进行了综合分析。岳阳城市近代化发展方面,通过对岳州进口贸易的商品结构分析,认为岳州的"近代化"生产事业已经起步,开埠之后岳州居民生活出现了"西化"特征;但是由于进口日用消费品为绝大部分,现代生产事业较少。岳阳城市化方面,根据民国期间岳阳城市人口数据,认为岳阳处于传统类型社会。在岳阳近代城市管理方面,将岳阳商埠的治安章程与条约口岸进行比较,综合其他自开通商口岸的建设和管理章程,认为自开商埠是中国人以近代方式建设城市、管理城市的尝试。在商埠与城市关系方面,认为岳州是自开商埠中商埠建设与城市发展缺乏关联的典型。

张践的论文《晚清自开商埠述论》[1]对岳州得以开关的原因除了从政治和地理角度分析外,还从经济角度进行分析,提出岳阳在开埠前商品化程度就已达到较高水平。引证岳阳商埠章程,证明自开商埠建设与管理的独立自主性,城市发展水平较高。

《长江沿江城市与中国近代化》[2]是关于近代长江沿江城市的综合研究,岳阳篇幅不多,其中有几个方面值得注意:(1)认为岳阳近代工业起步晚,不发达,城市化效应弱小,城市近代化进程缓慢。对岳阳人口年龄结构进行分析,指出由于经济不发达,就业机会有限,"壮丁"比例低。缺乏工业资源,岳阳人口发展缓慢。人口构成方面,指出晚清时期岳阳商业为外来人口把持。(2)岳阳属于长江中游汉口贸易圈内,为汉口转口口岸。(3)对近代岳阳周边农村经济作物生产、农村兼业、土地经营、农家收支情况进行分析。

(二)湖南近代史研究领域

湖南近代史研究以湖南整个区域为研究对象,涉及的岳阳章节多从岳阳在湖南省内的地位出发,目前研究成果也不多。

主要著作是台湾学者张朋园的《中国现代化的区域研究——湖南

---

[1] 张践.晚清自开商埠述论.近代史研究.1994(5).
[2] 张仲礼,熊月之,沈祖炜主编.长江沿江城市与中国近代化.上海:上海人民出版社,2002.

省》[1]。该书是对湖南省政治、经济、文化等各个方面的综合研究。其中，对近代岳阳在湖南省的等级地位、岳阳现代化发展、岳阳历史、岳阳传教情况都有涉及。该书认为开埠通商是湖南省现代化变迁的起点，对近代岳阳城市兴衰、城市经济结构、城市人口类型有简单论述。

（三）岳阳地方史研究领域

关于岳阳地方史的研究以岳阳地方志史工作者为主，目前已经有一批研究成果。

岳阳市档案馆利用档案资料和近年来的考古发掘编写了专著《岳阳发展简史（史前—近代）》。[2] 该书采用编年史体例，将史前至近代（1919）的历史分为史前文明、先秦时期、秦汉至南北朝、隋唐宋元、明清、近代六个阶段，将各历史阶段今岳阳市地域范围内的政治、经济、文化、社会方面的"重大史事和突出变化"进行了记述。其中近代部分（1840—1919）记录了战争、水灾、传教士、教育改革，岳州开关后农商贸交通的综合发展，并提出岳州开埠客观上带动了岳阳乃至湖南全省经济的对外开放与商品经济的发展。

《千年古城话岳阳》[3] 的作者邓建龙，长期从事岳阳市城区文史编撰工作，其著作按古城沧桑、老街老巷、文化史话、历史风云四个专题，以史料为依据，对岳阳城市史的相关问题进行阐述，如岳阳名称由来、城市演变、城墙史话。其中相当章节记录了清末民国期间岳阳城区古井数量及其分布、街巷及其主要建筑的演变、西方宗教传入等情况，为研究近代岳阳城市建设提供了资料。书中提到岳阳解放前城市性质为消费城市，无现代工业，城市建设与经济落后。对于九岭十八坡，三山不见山，岳阳三矶，南湖，金鹗山的论述，为研究近代岳阳城区环境变迁提供线索。

《漫话岳阳名胜》[4] 的作者陈湘源，主要从事文物管理工作，其著作对岳阳先秦城址通过考古情况和文献记载进行了考证，提出商代彭城在云溪区铜鼓山、东周麋子国城可能在岳阳楼区城陵矶的新观点。对近现

---

[1] 张朋园. 中国现代化的区域研究——湖南省.（台湾）中央研究院近代史研究所, 1983.
[2] 岳阳市档案局编. 岳阳发展简史. 2002.
[3] 邓建龙千年古城话岳阳. 北京：华文出版社, 2003.
[4] 陈湘源. 漫话岳阳名胜. 北京：华夏出版社.

代文物介绍中包括近代海关和教会学校情况,历史文化名城保护建议。

城陵矶港务局李望生等编写的《城陵矶港史》[1]是岳阳市第一本当代地方志,按时间分五章,古代的城陵矶港(远古—1839年)、海关设立及港口的兴衰(1840—1949年)、港口复兴时期(1949—1965年)、港口在动荡中求发展(1966—1976年)、逐步发展的城陵矶港(1976—1985年)。近代部分详细论述岳州开关后城陵矶港的业务税收情况,指出城陵矶作为轮船中转港口、轮船燃料供应港、物资集散转运地,是近代湖南省财政税收重要来源。政治军事局势和长江水运发展是城陵矶港发展的影响因素,体现出城陵矶港的军事和经济地位。

此外,岳阳政府各部门还编写了各行业的行业志,涉及城市建设、建筑、交通、工商、粮食、税收等各个领域,多偏重当代。关于岳阳楼的研究是岳阳地方史研究中最深入的部分,对岳阳楼的修筑历史、建筑风格、建造技术、岳阳楼文化等都有详细论述。

综述以上研究文献,总的来看,目前岳阳城市史主要研究成果在于:一是关于岳阳近代自开商埠研究;二是岳阳城市发展历史阶段的划分和纵向历史大事的梳理;三是对于岳阳楼的研究。近代岳阳城市史研究才刚刚展开,现有研究成果还存在诸多薄弱环节:

(1)现有研究多关注岳阳近代自开商埠这一历史事件及其带来的岳阳商务发展,对近代岳阳城市转型历史缺乏深入研究。

(2)由于商埠设在城陵矶,目前近代岳阳研究多集中于城陵矶,研究者对于岳阳旧城区在开埠之后的发展历史比较忽略。

(3)目前研究切入点大都从社会经济角度进行,是关于近代岳阳非物质空间形态的研究,而对于近代岳阳物质空间形态的研究比较少,尤其缺乏近代岳阳城市空间形态的专题研究。

(4)在研究方法上,目前近代岳阳城市研究多以岳阳论岳阳,缺乏与其他近代自开商埠城市的比较研究,对岳阳在近代中国城市体系中的定位也缺乏探讨。

---

[1] 岳阳市市志办. 城陵矶港史.

第四节 研究范畴

一、城市转型的概念、内容

城市转型问题是中国近代城市史研究者所关注的主要内容之一。隗瀛涛主编的《中国近代不同类型城市综合研究》，就近代城市史研究通常所关注的城市转型、近代城市化、城市近代化三个问题之间的关系进行辨析。他们认为，近代转型时期的城市化主要内容和形式就是城市类型的转换，因而近代城市转型可以视为近代城市化的同义语。城市转型（近代城市化）与城市近代化在研究内容上大体一致，都包括经济、政治、社会、文化、管理五个方面内容。然而，城市转型（近代城市化）与城市近代化在研究方法、研究目的、研究关注点上有所不同。研究方法上，城市转型以城市类型研究为基础，考察城市类型多方面的转化，而城市近代化主要研究城市各个方面的转化；研究目的上，城市转型主要从城市化的角度进行研究，实际上就是探讨"城市化的过程"，而城市近代化一直作为一个独立问题在研究，更多注意城市近代化的过程和近代化的程度；研究关注点上，城市近代化主要探讨鸦片战争之后的中国城市化，而不是中国城市化的全过程，在类型上将鸦片战争前的城市视为一类，即中国传统城市，将城市化的进程基本上看作是西方外力作用的单一进程。而城市转型研究不仅指城市近代化这一进程，而且非常关注传统与近代化的关系。

隗瀛涛等研究者还对什么是城市转型进行界定，他们指出：

1. 转型就是中国近代城市化的过程。从封建行政中心型城市到传统工商业城市类型的转换，标志着中国独立城市化的启动与发展，从传统工商业城市到近代新型工商业城市转换，则标志着近代混合型城市化的开始。

2. 转型就是城市化道路的转变。中国独立的城市化是以市镇化为主要特征，近代则是中国独立城市化与西方城市化的接轨，形成以新的城市化发展为主导，以市镇化及其变化为附属的城市化道路，形成中国城市化的新特征。

3. 转型就是中国城市化动力的转变。包括从中国传统商业化浪潮到以外贸为主的商业化浪潮的转变；从以手工业和农业为主到近代工业的直接间接介入；从以中国内部城市化动力为主到以西方的外力为主的转变。

4. 转型的结局就是一部分城市的发展和一部分城市的衰落或停滞，而发展着的那一类城市正是城市化的活力所在，代表着城市近代化的方向，并生成城市可持续发展的机制。

5. 转型的形式也是多种多样，一是新城市类型的诞生和独立发展，例如宋以后的市镇和近代新兴工业城市等。新的城市类型的产生，属于城市类型转换中"换"的一类，这在中国城市化过程中属于主要形式；二是旧城市类型向新城市类型的转变，例如封建行政中心城市类型向传统工商业城市类型的转变，传统商业城市向近代通商口岸城市转变。

6. 转型还包括城市网络和城市空间布局的变化，即随着城市类型的变化，新的交通工具的使用和商业路线的改变，从传统城市网络向近代城市网络转变[1]。

从以上论述，我们可以得知，近代城市转型研究是在"城市类型"概念基础上，研究中国传统城市体系向近代新型城市体系转变的过程。根据城市转型的概念，我们认为近代单个城市转型研究应该涉及以下问题：

1. 近代城市转型的形式：研究城市由哪一类传统城市类型向近代哪一类新城市类型转变，以及城市转型的历史脉络。

2. 近代城市转型的内容：研究城市各个方面由传统形式向近代形式转变的具体过程。城市类型的转变，实际上就是城市职能的转变，因而近代单个城市转型研究中的首要内容是城市职能的转型。其次，城市经济、政治、社会、文化、管理等各方面的近代转型，或者称为城市各方面的近代化，也是城市转型研究的主要内容。

3. 近代城市转型的动力：研究近代城市转型的动力是以内力为主，还是以外力为主。

4. 近代城市转型的结局：研究近代城市转型之后，城市是发展的，还是衰落的。

---

[1] 隗瀛涛主编. 中国近代不同类型城市综合研究. 成都：四川大学出版社，1998.

在本书研究中，以上各问题构成近代岳阳城市转型部分的研究内容。鉴于城市空间形态是本课题的主要研究对象，关于城市空间转型有相当篇幅进行专门论述，同时为了便于展开对城市空间形态和社会机制之间相互作用辩证关系的论述，本书的城市转型研究不包括城市空间形态方面的内容，而是选取与城市空间形态密切相关的城市功能、社会结构、市政建设作为具体研究对象。

二、空间转型的概念、一般特征和类型

不同历史时期，城市有与其社会形态相对应的空间形态。城市社会形态的转变，随之导致城市空间形态转变。近代鸦片战争之后，中国城市社会逐渐由传统农业社会型向近代工业社会型过渡，传统城市体系的瓦解和近代新型城市体系的建立同时进行。与这一历史过程相对应，中国城市空间形态也发生了转型。

关于近代城市空间转型，虽然目前存在着一些个案研究成果，但是关于什么是近代城市空间转型，近代城市空间转型的一般特征是什么等理论问题缺乏系统研究。为了更好地对个案进行深入研究，首先对这些问题进行初步探讨。

根据上一小节中对近代城市转型的探讨，我们认为，近代城市空间转型的实质是城市空间形态的近代化，即城市空间形态由古代农业社会型向近现代工业社会型转变。

（一）近代城市空间转型的一般特征："多区拼贴"和"多元混合"

在关于近代城市空间形态特征的研究中，"并存"、"混合"、"杂糅"、"拼贴"是使用频率最高的字眼。从词义来看，这些用词包含两层含义：（1）存在具有不同属性的事物；（2）描述具有不同属性的事物之间的存在方式。应该说，近代城市发展的复杂性造成城市空间形态的复杂性。以上这些用语描述了近代城市空间形态的复杂状态。但是，除了现象描述之外，我们还需要从现象背后的实质来进一步理解现象产生的原因。从近代城市空间形态的两个层面，宏观视角的用地形态和微观视角的建筑形态出发，我们可以将近代城市空间转型的一般特征概括为"多区拼贴"和"多元混合"。

1. 近代城市用地形态的"多区拼贴"特征

近代城市用地形态的一般特征表现为"多区拼贴",其实质是近代城市功能转变和进一步分化,导致城市用地空间的重组(表1-1)。近代城市各功能用地的分化和重组具体表现为:传统以封建衙署建筑为代表的政治中心,被市政厅、图书馆、博物馆等组成的新型行政中心区所替代;传统居住、生产、消费一体的手工业作坊被集中生产的工业区所替代;传统依附式的商住混合的商业模式被市场导向的集中新型商业中心所替代;随着社会阶层分化,居住区产生了"中心—边缘"的分异现象;传统公共休闲空间被新型公园所替代。并且,近代城市经济功能的强化,使得城市中心通常由传统政治中心移动到新发展出来的商业中心。

中国传统城市和近代城市基本功能要素比较　　　　表1-1

要素类别	传统农业社会型城市	近代工业社会型城市
政治类	官府衙署、兵营校场、官仓典狱	市政厅、办公楼、城市广场
文化类	学宫书院、寺庙祠观	教会学校、新式学校图书馆、博物馆、美术馆、教堂
社会类	官宦大族府第、私宅、平民居屋	别墅、公寓、居住区、棚户区医院、疗养院
经济类	手工业作坊、商业店肆、商务会馆	商业大厦、银行、宾馆、工厂、仓库
休闲类	楼阁亭台、茶馆	公园、影剧院、歌舞厅、体育场
基础设施类	城墙与城濠、城市道路、城市水道、城市水运码头	城市路灯、自来水、下水道、城市道路、水道、港口码头、铁路、车站、机场

资料来源:自制

2. 近代城市建筑形态的"多元混合"特征

近代城市建筑形态的一般特征表现为"多元混合",其实质是近代中西文化、传统和现代文化等多元文化交融在建筑形态上的表现(表1-2、图1-2)。

近代中国城市"多元混合"的建筑形态　　　　表1-2

建筑风格	应用的建筑类型
中国传统建筑形式	纪念性建筑、市政厅、官邸
西方古典建筑形式	银行、住宅、教堂、教会学校
西方现代建筑形式	银行、戏院、住宅、饭店、医院、工厂、仓库、车站
新中国建筑形式	银行、住宅、医院

资料来源:自制

图1-2 近代中国城市"多元混合"的建筑形态
(a)中国传统建筑形式(青岛若愚公园水族馆);(b)西方现代建筑形式(上海大光明戏院);(c)西方古典建筑形式(北京京奉铁路前门火车站);(d)新中国建筑形式(上海图书馆)
(资料来源:《中国近代建筑史话》)

从近代城市空间转型一般特征的分析,我们可以看出,近代城市空间转型是城市功能、城市文化等非物质空间形态要素的近代化在物质空间形态上的表现,也就是说,城市社会机制的近代化导致城市空间形态的近代化。

由于受到各种因素影响,中国近代城市发展存在着地区间不平衡现象,这一现象体现在城市空间形态上,表现为各个地方城市空间转型的具体特征和内在作用因素不尽相同。因此,我们有必要对近代城市空间转型进行个案研究。

（二）近代城市空间转型的类型

已有近代城市类型的划分都是从城市发展的角度出发，关于近代城市空间转型类型的划分，目前还缺乏相关研究。我们可以从不同角度，对近代城市空间转型类型进行划分：

1. 根据近代中国城市空间转型的驱动力和城市空间形态近代化的程度不同，可以将近代城市空间转型分为以下三种类型：

（1）全面近代化型：分为两类，一类由殖民资本和民族资本双重驱动，殖民资本和民族资本的驱动力都很显著，城市近代化程度高，城市空间形态"多区拼贴"和"多元混合"的近代化特征明显，如上海、广州等较早开埠通商的城市（图1-3、图1-4）。另一类是由殖民资本或者民族资本单独驱动为主，虽然是单力驱动，但是驱动力作用显著，城市近代化程度较高，城市空间形态近代化特征明显，如青岛等城市。

（2）局部近代化型：殖民资本或者民族资本对于近代城市发展有驱动力作用，但综合驱动力作用比较弱，城市近代化程度不高，城市空间形态虽然已经向近现代型转变，局部已经体现近代化特征，但是总体而言，近代化特征不明显，芜湖就属于此类城市（图1-5）。

（3）滞后近代化型：在城市近代发展过程中，只有民族资本对城市近代化起到驱动作用。而且由于地理区位等等原因，城市近代化进展很缓慢，处于相对滞后状态，城市空间形态有一定改变，但是城市用地结

图1-3　近代上海（全面近代化型）
(a) 近代上海城市空间格局；(b) 近代上海外滩景观
（资料来源：《中国近代建筑史话》）

第一章　绪　论

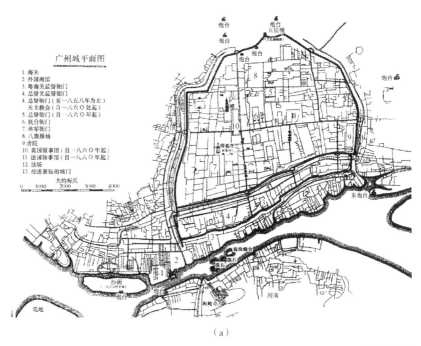

图1-4　近代广州（全面近代化型）
(a)近代广州城市空间格局；(b)清末广州十三商馆
(资料来源：《中国近代建筑史话》)

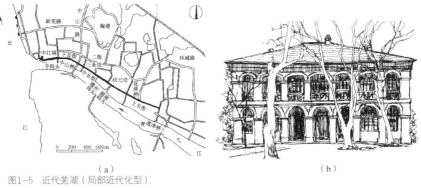

图1-5　近代芜湖（局部近代化型）
(a)近代芜湖城市空间格局；(b)近代芜湖海关建筑
(资料来源：《中国近代建筑史话》)

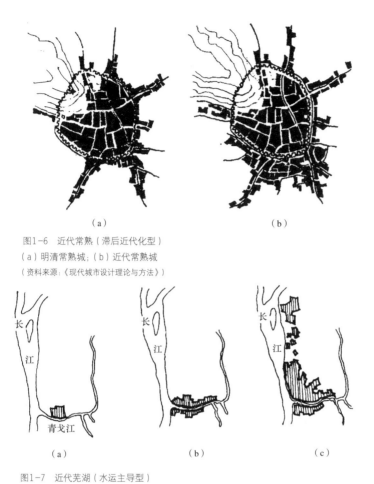

图1-6 近代常熟（滞后近代化型）
（a）明清常熟城；（b）近代常熟城
（资料来源：《现代城市设计理论与方法》）

图1-7 近代芜湖（水运主导型）
（a）明代；（b）清代；（c）近代
（资料来源：《现代城市设计理论与方法》）

构和建筑形态都以传统型为主，例如常熟（图1-6）。

2. 近代城市空间转型过程中，交通成为牵引城市空间形态发展的主要因素，决定了城市空间形态生长的方向和形式。因而，根据城市主导交通方式的不同，近代城市空间转型可以分为以下四种类型：

（1）水运主导型：对于滨江、滨河、滨湖、滨海城市而言，水运是城市交通的主要方式。鸦片战争以来，虽然铁路、公路有所发展，但对于许多滨水城市而言，水运仍然是城市对外交通主要方式，水系是近代城市空间形态的主要生长轴。例如，近代开埠通商后，芜湖城市空间形态沿长河向长江带状扩张（图1-7）。近代宁波城市空间形态由古代的团块状沿水发展，形成滨水带状生长，进而由于港口的下移，进行跳跃式生长，形成滨水非连续的带状城市空间形态。

第一章 绪 论

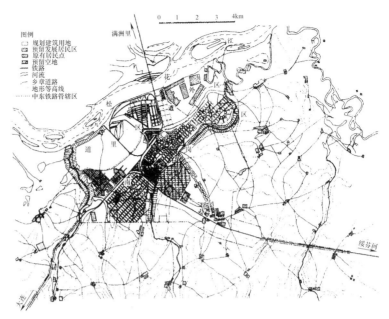

图1-8 近代哈尔滨（铁路主导型）
（资料来源：《中国近代建筑史话》）

（2）铁路主导型：这类城市由于近代铁路的兴建而发展，铁路是城市对外交通的主要方式，也是城市空间形态的主要生长轴。铁路走向划分城市用地，不同街区划分以铁路系统为主要对象，城市道路与铁路成一定关系，城市各功能区沿着铁路线生长，城市发展方向受到铁路牵引，例如哈尔滨就是近代典型的"铁路城"（图1-8）。

（3）公路主导型：近代中国公路发展相比铁路和水运而言，相对缓慢，但还是有些城市由于公路的兴建而发展起来，公路成为牵引城市空间形态生长的主要力量，例如湖州。

（4）多种交通混合型：此类城市自近代以来，交通方式逐渐多样化，从而形成多条城市生长轴，城市空间形态向多个方向生长。例如汉口，既受到水运的影响，城市空间形态由沿河转变为沿江发展；又受到铁路的影响，水陆联运的发展，使得长江沿岸、租界、铁路之间发展成为城市新区。沿多个交通轴发展改变了汉口近代以前沿江河单一扩展的空间形式（图1-9）。

3. 中国传统城乡体系中，城乡居民点可以大致分为四类：都城、府州县城、集镇、村落。自鸦片战争之后，受到各种力量的影响，中国城市旧体系逐渐瓦解、新城市体系逐渐建立。有些村落、集镇发展成为

029

图1-9 近代汉口（多种交通混合型）
(资料来源:《中国近代建筑史话》)

城市，有些县城反而衰落下来。因而，根据近代城市空间转型前的传统形态来分，又可分为村落集镇型、府州县城型、都城型。

从近代城市空间转型前的传统形态、城市空间转型的驱动力和城市空间形态近代化的程度，以及近代城市主导交通方式这三个角度，建立近代城市空间转型的类型体系，有利于我们对单个城市空间转型在近代中国城市空间形态体系中的地位进行确定。

三、城市形态的概念

"形态"的概念（morphological concepts）根植于西方古典哲学思维和由其衍生出的经验主义哲学。目前，形态概念已经广泛应用于传统历史学、人类学和生物学研究。而用形态的方法分析城市的社会和物质环境可以被称为城市形态学[1]。

关于城市形态的概念，我们要注意到两点。首先，城市形态有狭义和广义之分。狭义的城市形态是指城市实体所表现出来的具体的空间物质形态。广义的城市形态是指一种复杂的经济、文化现象和社会过程，

---

[1] 谷凯. 城市形态的理论与方法——探索全面与理性的研究框架. 城市规划, 2001 (12).

具体包括社会形态和物质环境形态两个主要方面。目前，国内外研究者通常从广义城市形态概念来理解城市，并进行城市形态研究。广义概念的城市形态研究是建立在社会关系的构成范畴和社会过程的空间属性的基础上，强调城市形态的社会属性。其次，城市形态概念中，包含着两个重要思路：一是从局部到整体的分析过程。复杂的整体被认为是由特定的简单元素构成，从局部元素到整体的分析方法是适合的，并可以达到最终的客观结论；二是强调客观事物的演变过程。事物的存在有其时间意义上的关系，历史方法可以帮助理解对象过去、现在和未来之间内在的完整序列关系。根据这两个思路，城市形态的构成要素研究，城市形态要素演变过程的历史研究，以及影响城市形态要素演变的地理环境、政治军事、社会经济等因素的研究构成城市形态研究的基本内容。

本书的研究中，为了便于阐述城市转型和空间转型之间相互作用的辩证关系，采用城市形态的狭义概念，本书研究中涉及的近代岳阳城市空间形态是指城市实体所表现出来的具体物质空间形态。

第五节 研究目标、方法、框架和创新点

一、研究目标

针对目前国内近代城市史研究、城市形态学研究、岳阳城市史研究存在的不足，提出以下具体研究目标：

（1）通过对岳阳宋明清地方志和近代档案资料的系统整理，梳理出近代岳阳城市转型和空间转型的历史脉络。

（2）运用城市转型和空间转型理论，对近代岳阳城市转型和空间转型特征进行概括和总结。

（3）运用多影响因素分析方法，针对目前影响因素罗列的不足，对近代岳阳城市空间转型的影响因素各自如何作用以及如何共同作用进行综合性论述。

（4）通过对近代岳阳的实证研究，对城市转型和空间转型如何相互作用进行探讨。

（5）以历史研究为基础，并结合现场调研，对岳阳近代城市历史保

护策略进行探讨。

二、研究方法

（一）文献分析法、田野调查法、地方专家访谈

本书首先是对于近代岳阳城市的历史研究，城市史学方法是主要方法之一。作为历史研究，第一手历史文献资料的整理和分析是基础，并通过实地调研、地方专家访谈来弥补历史文献的不足，以求得在坚实的基础上，对历史提出适当解释。

岳阳由于是军事要地，历史上多次战争对城市都进行了摧毁性的破坏。尤其近代战争频繁，岳阳城市发展和建设的成果大多毁于战争。目前岳阳仅存少数古迹和民国时期建筑和街区。因此近代岳阳城市史的研究，主要是以历史文献、地图为基础。

岳阳古代地方志方面，最早有宋代的《岳阳风土记》、《岳阳甲志》、《岳阳乙志》、《岳州图经》。明清时期的地方志比较丰富，包括明代隆庆和弘治年间的《岳州府志》；清代康熙、乾隆年间的《岳州府志》；雍正年间的《岳州府总》；顺治年间的《岳州府》；康熙、雍正和顺治年间的《岳阳县志》；清康熙、嘉庆、同治、光绪年间的《巴陵县志》；明万历年间，清康熙、雍正年间的《湖广通志》；清乾隆年的《湖南通志》等。

近代岳阳的历史资料来源有两类。一类是集中于岳阳市档案馆的各种近代档案，包括民国期间岳阳县政府留存的各种档案、民国期间岳阳部分报纸和刊物等；一类是集中于湖南省图书馆、湖南省档案馆的各种民国资料，包括地理方面的《湖南地理志要》、《湖南乡土地理教本》，建设方面的《湖南建设概要》，以及民国时期的统计年鉴，如《湖南年鉴》等。

岳阳历史地图方面，主要有岳阳明清地方志中的城池图和民国期间测绘的岳阳城厢图。

以上资料为研究近代岳阳城市转型和空间转型提供了较好的第一手资料。

（二）城市形态学为主的多学科交叉方法

本书研究切入点是城市空间形态，城市形态学方法是主要方法。当

前形态学理论的发展，方法研究上由城市空间的物质属性向社会属性扩展；理论研究上从个体选址行为发展到社会结构体系。本书关于城市空间形态的分析更侧重于物质空间形态演变与社会机制之间内在关系的探讨。

此外，城市规划学、建筑学分析方法，以及近代城市史研究中的城市功能分析法、城市社会研究法在本书中都有运用。

（三）比较方法

本课题主要研究岳阳城市社会和城市空间在近代的转变过程，从而在纵向历史轴上，古代岳阳和近代岳阳的比较是不可避免的。此外，与同一时期其他自开商埠城市、约开商埠城市发展的比较，也更有利于把握近代岳阳城市转型和空间转型的历史特征和内在规律。

三、研究框架

本书研究框架见图1-10。论文共分七章。第一章绪论部分，阐述城市转型、空间转型和城市形态的概念，以及近代城市史、国内外城市形

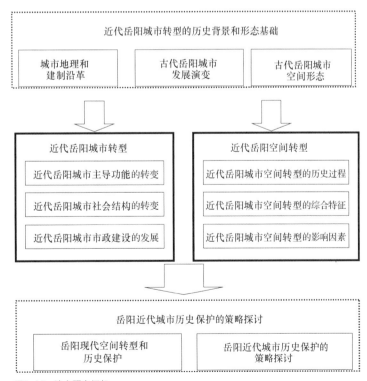

图1-10 论文研究框架
（资料来源：自制）

态研究、岳阳城市史研究的发展历程，并进而提出论文的研究目标、框架和方法。第二章介绍古代岳阳演变的历史过程，划分古代岳阳城市发展的历史阶段，并探讨古代岳阳城市空间形态特征。第三章对于近代岳阳城市转型的主要内容进行研究，对近代岳阳城市职能的转变、城市社会结构的转变、近代岳阳市政建设的发展进行探讨，并总结出近代岳阳城市转型特征。第四章、第五章、第六章是研究的重点章节。第四章根据影响近代岳阳城市空间形态转变的重大历史事件，将近代岳阳城市空间形态的演变划分为不同的历史阶段，并分阶段论述城市空间形态转变的历史过程。第五章从城市空间形态演变的区域特征、空间结构特征，以及社会文化特征的角度，总结近代岳阳城市空间转型特征，并将岳阳与同为自开商埠城市的济南和南宁进行比较，探讨三者城市空间转型的异同及其原因。第六章对影响近代岳阳城市空间形态转变的建设环境因素、政治军事因素、经济技术因素、社会文化因素进行详细和深入分析，并对影响近代岳阳城市空间转型的因素进行综合论述。第七章对岳阳近代城市历史保护策略进行探讨。

四、研究创新点

本书的研究有以下四个创新点：

（1）近代岳阳城市转型和空间转型的历史研究，填补近代岳阳城市空间形态史研究的空白，为近代中国中等城市研究增添新个案。

（2）近代岳阳、济南、南宁城市空间转型特征的比较研究，增加了近代自开商埠城市研究的广度和深度，有利于进一步探讨近代自开商埠城市演变的一般规律。

（3）近代城市空间转型概念、特征和类型研究，以及城市转型和空间转型之间辩证关系的探讨，对近代中国城市空间形态史研究的深入具有一定理论意义。

（4）岳阳近代城市历史保护策略的提出，有助于完善岳阳国家历史文化名城的保护工作，指导今后岳阳城市发展和建设。

第二章 近代岳阳城市转型的历史背景和形态基础

历史的发展有其必然性和偶然性。近代岳阳能成为中国首批"自开商埠"之一,从而使得岳阳在中国近代城市史上居有一席之地,固然有一定历史偶然性,但也与岳阳古代长期以来的演变和发展分不开。因而,我们有必要对近代岳阳城市转型的历史背景和形态基础进行探讨。

岳阳位于湖南省北部,洞庭湖和长江交汇处,为历代州府县治所在地(图2-1)。古称东陵、巴丘、巴陵,民国年间始更名为岳阳。

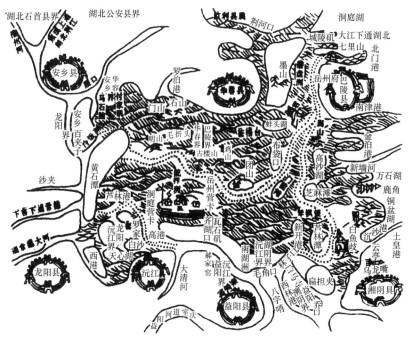

图2-1 清代岳州府地理位置图
(资料来源:岳阳市档案馆)

第一节 城市地理和建制沿革的特征

一、城市地理:适合人类居住的湖区自然环境

作为中国少数几个直接滨湖的城市之一,岳阳有着适合人类居住的湖区自然环境。岳阳位于洞庭湖东岸丘陵地带,地貌以岗丘地貌为主,地势东高西低,呈阶梯状向洞庭湖倾斜。水系发达,河湖密布,周围分布有南湖、枫桥湖、东风湖、吉家湖、长江。岳阳属亚热带季风湿润气候,具有四季分明、热量充足、春温多变、雨水集中、夏秋多旱、严

寒期短的特点。年日照时数较长，有利于主要农作物的生长。四至六月受夏季风影响，多雨，容易造成水灾；而七至九月，受太平洋副热带高气压带控制，炎热少雨，多有伏旱现象。土壤以红壤、黄壤和水稻土为主，适宜生长茶叶、油茶、松、杉、楠竹、用材林、茶、果、水稻、小麦、油菜、棉花、麻类等作物。此外，湖区还盛产芦苇、湘莲，以及各种鱼类。主要矿藏有铅、锌、黄金、铜等[1]。

城陵矶位于岳阳城区北15里处，长江中游南岸，长江、湘江、澧江汇合处，洞庭湖水入长江的水口位置。地势东高西低，南有翟家湖，北有莲花塘，水流平和，鱼虾繁衍。丘陵下的平台地区土质肥沃，是农业耕作的理想地区[2]。

由于自然地理条件优越，岳阳是洞庭湖区较早出现人类活动的地区之一。20世纪90年代以来，岳阳境内发现8500年至3800年前的新石器时代文化遗址共130处，出土的珍贵文物包括人工栽培的稻谷遗存、原始陶器、房屋遗址、随葬纺轮，以及大批捕鱼和收割的原始工具。这表明新石器时代的岳阳先民已经进入定居的部落农耕文化时代[3]。从发掘出来的石斧、陶器等文物考察，岳阳属于新石器时代的"大溪文化时期[4]"。岳阳新石器时代遗址皆依山傍水，有渔具，这说明岳阳最早就有渔民[5]。

二、建制沿革：江湖水系对建制沿革的影响

（一）城市建制的演变

在千年历史变迁中，虽然城市名称有多次改变，管辖的地域范围也多有变更，巴陵城（古代岳阳城名）一直为历代郡、州、府、县治所在地，经历了由巴陵县城、岳州城、岳州府城的发展过程。夏商时期，岳阳属荆州之域，为古三苗部落聚居之地，春秋战国时属楚国。秦始皇二十六年（公元前221年）属长沙郡下隽县。汉献帝建安十五年（公元

---

[1] 唐华元.岳阳纪略.长沙：湖南大学出版社，1988：5—6，19—21.
[2] 岳阳市志办.城陵矶港史.第7页.
[3] 岳阳发展简史.北京：华文出版社，2004：10.
[4] 邓建龙主编.岳阳市南区志.北京：中国文史出版社，1993.
[5] 岳阳市地方志办公室编.岳阳市情要览.长沙：湖南人民出版社.1988.

210年），属孙权之汉昌郡，孙权派鲁肃镇守巴丘，筑巴丘城。吴大帝黄龙元年（公元229年），仍属长沙郡。晋武帝太康元年（公元280年），分下隽县西部设巴陵县，为建县之始，仍属长沙郡，县城由巴丘城扩建而成，自此称为巴陵城。南北朝宋文帝元嘉十六年（公元439年），分长沙郡北部建巴陵郡，巴陵县属巴陵郡。隋文帝开皇九年（公元589年），改巴陵郡为岳州，巴陵县属岳州。炀帝大业元年（公元605年），改岳州为罗州，三年，改罗州为巴陵郡。唐高祖武德四年（公元621年），改巴陵郡为巴州，六年，又改巴州为岳州。玄宗天宝元年（公元742年），改岳州为巴陵郡。肃宗乾元元年（公元758年），又改巴陵郡为岳州。宋高宗绍兴二十五年（公元1155年），改岳州为纯州，六年，复改为岳州。元世祖至元十四年（公元1277年），改岳州为岳州路。明太祖洪武二年（公元1369年），改岳州路为岳州府，九年，降岳州府为岳州，十四年，复升岳州为府。清仍为岳州府[1]。

在巴陵城日益发展为政治中心城市的过程中，城北十五里外的城陵矶经历着不同的发展道路。夏商时期，城陵矶就为沟通南北的要道。春秋战国时，为秦楚争战中的战略要地。秦汉时，城陵矶是岭南及湖湘一带与长江的水运交通要道。唐中期，随着漕粮北运的发展，城陵矶设有关卡和税收机构。宋太祖建隆三年（公元962年），正式在城陵矶设"巡检"。此后，各个时期的统治者都在城陵矶设置管理机构。元代，城陵矶是长江中游水上交通的重要"站赤"之一。明代，城陵矶设有巡检、岳州递运所和水驿，并为漕粮交兑的定点，属于岳州府，由巴陵县和临湘县分管。清初，巴陵县设14镇，城陵矶为其中之一，仍由巴陵县和临湘县分管。清同治年间，临湘县盐务缉私局设于此。1899年岳州开埠，商埠设于城陵矶，重新划定巴陵县和临湘县界线[2]。自此，城陵矶划归巴陵县管辖，与巴陵城的发展并入同一轨道之中。

民国2年（1913年），废府存县，巴陵县改称岳阳县。全县划为东南西北中五区，县城设城厢镇。民国20年（1930年），全县分为9区，辖

---

[1] 参阅：何光岳. 岳阳地区地名建置沿革考（内部资料）. 岳阳市档案馆，1990；邓建龙. 千年古城话岳阳. 北京：华文出版社，2003.
[2] 岳阳市志办. 城陵矶港史.

143乡，1镇（城厢镇）。民国20年（1931年），城陵矶属岳阳县第七区。民国36年（1947年），全县划为16乡，1镇（城厢镇），303保，城陵矶属和平乡24保。1949年岳阳县解放，全县分为5区16乡，城厢镇改为城厢区，城陵矶属第一区的和平乡[1]。

从建制沿革（表2-1）可以看出，在长期的历史发展过程中，城陵矶和巴陵（后改为岳阳）之间关系发生变更的契机在于1899年岳州开埠。自此，城陵矶逐渐发展成为今岳阳城区的一部分。然而，这一过程在新中国成立之后才完成。因此，我们在研究近代岳阳城市史时，必须以当时城陵矶与岳阳的关系为基础，既不能与今天岳阳城区混为一谈，也不能完全割裂开来。

岳阳、城陵矶建制沿革一览表　　　　　　　　　　　表2-1

时间	岳阳	城陵矶	备注
夏商	属荆州之域	属荆州之域	清《临湘县志》载商大彭城位于城陵矶。对此，今仍存在不同看法
春秋	属楚国	属楚国	宋《岳阳风土记》载巴陵县境内有东西糜城。对于糜城位置今有不同看法
秦	属下隽县	—	下隽县，属长沙郡
西汉	属下隽县	—	下隽县，属长沙郡
东汉	属下隽县，孙权派鲁肃筑巴丘城以屯兵	有学者称此时城陵矶筑有邸阁城以屯粮	下隽县，属汉昌郡
晋	属巴陵县，以巴丘城扩建为巴陵县城	—	巴陵县，先后属建昌郡、长沙郡
南北朝	属巴陵县，巴陵郡治、巴陵县治所在地	—	巴陵县，属巴陵郡
隋	属巴陵县，岳州州治、巴陵县治所在地	—	巴陵县，属岳州
唐	（同上）	设有关卡和税收机构	巴陵县，属岳州
宋元	（同上）	设巡检、站赤	宋为岳州，元为岳州路
明清	（同上）	明设巡检、岳州递运所和水驿，清初设城陵矶镇，属巴陵、临湘县分管。清末岳州开埠，始划归巴陵县管辖	明清为岳州府
民国	岳阳县城所在地	岳州关、商埠所在地。抗日战争胜利后，属和平乡	岳阳县直属湖南省

资料来源：据何光岳．岳阳地区地名建置沿革考（内部资料）．岳阳市档案馆．1990；邓建龙．千年古城话岳阳．北京：华文出版社，2003；岳阳市南区志；城陵矶港史整理。

[1] 参阅：岳阳地方史简述．岳阳古今；岳阳市南区志；唐华元．岳阳纪略．长沙：湖南大学出版社，1988；邓建龙．南区行政区划沿革．岳阳文史．第一辑．1992．

（二）建制演变的特征

在岳阳长期建制演变过程中，有两个特点值得注意。这两个特点都是由于岳阳滨江滨湖的特殊地理位置造成。

一是岳阳滨长江，历史上就岳阳隶属于江北，还是江南，经历过多次变更。据清《嘉庆巴陵县志》记载，秦汉时期，岳阳最初归属于长江以南的长沙；三国时期，划割为长江以北的武昌。此后，岳阳归属江南江北并不确定，时常随着各个朝代行政区划的变更而变更。直至清雍正年间，岳阳始确定划归长江以南的湖南省。

这表明岳阳与江北地区有着长期的历史渊源，这一历史关系的影响深入到岳阳城市各个方面，使得即使在民国时期，岳阳划归湖南多年以后，汉口对岳阳的影响还远远大过长沙对岳阳的影响。

二是岳阳虽然临洞庭和长江，形势险要，但始终是一县城。历史上除了隋炀帝大业十三年（公元617年），罗川令萧铣称梁王于巴陵外，岳阳并没有设为更重要的政治中心城市。中国古代城市多是政治军事城市，行政建制的考虑也多从政治军事角度出发。从军事地理角度分析，岳阳虽然地理形势险要，但也由于长江和洞庭湖的便利交通，极易受到周边城市的军事牵制，"荆州之甲一日可达三江之口，长沙之兵二日可抵五渚，南郡由虎渡风帆不再日而至，武昌实坐收其下流[1]"。这种受到周边城市钳制的军事地理形势，使得岳阳不能发展成为更重要的政治中心城市。

事实上，这种地理区位使得岳阳在历史上饱受战争的苦楚，也影响了城市经济的发展。尤其在近代，尽管岳阳被辟为自开通商口岸，但多次的军阀混战、北伐战争、抗日战争严重破坏岳阳经济发展，使得城市近代化步伐缓慢。

我们从岳阳城市地理空间和建制历史演变可以看出，"一湖（洞庭湖）一江（长江）"是影响岳阳长期历史发展的主要地理因素。岳阳与城陵矶之间长期存在的唇齿相依关系，岳阳与长江以北地区分分合合的归属纠葛都是基于以水运为主的古代城市交通联系方式。水系不仅仅成

---

[1] 清嘉庆《巴陵县志》. 卷之二沿革.

为联系城市和地区之间的交通要道,也成为构成城市和地区之间内在关系的基本因素。在现代铁路和公路彻底替代水运之前,城市和城市之间由水运交通形成的内在关系由古代一直延续到近代。近代洞庭湖和长江水运交通的发展为岳阳和城陵矶、岳阳和汉口之间发展出更为密切的联系奠定了基础。

第二节　古代岳阳城市发展演变

一、建城历史起始的断定

关于岳阳城市历史起源,目前有三种不同看法。一种以岳阳地区最早的商朝大彭城为岳阳城市历史起点;一种认为春秋时期的麋城是岳阳最初城址;此外,还存在以三国时期巴丘城为今岳阳城前身的观点。

大彭城:关于大彭城城址,古今有不同看法。清同治《临湘县志》载:"商之大彭城在城陵矶[1]"。清嘉庆《巴陵县志》也载:"古彭城:在县北十五里城陵矶[2]"。然而2004年出版的《岳阳发展简史》结合其他古代文献和现代考古发掘,提出新观点:大彭城城址不在城陵矶,而是在距岳阳市中心东北30余公里的云溪陆城铜鼓山。根据考古发掘,大彭城面积约3万平方米,文化层厚2米。由大彭城顺长江而下,东北方向有盘龙城;逆长江而上,西面有南荆寺;南面则是洞庭湖东岸土著文化范围[3]。我们认为,尽管大彭城具体城址位置还有待进一步确认,从两个可能城址来看,都具有沿长江置城的特征,符合中国古代城市滨水选址的基本规律。

麋城:许多地方志史者以麋城作为岳阳建城起点。宋《岳阳风土记》载:"麋子东西两城,春秋时,楚昭王奔随,王使王孙由于城麋[4]"。至于麋城位置,有三种不同看法。一是认为位于古代巴陵县东南三十里地[5];二是认为梅子市(今岳阳市郊区)筑东麋城,岳阳楼一

---

[1] 清同治《临湘县志》.
[2] 清嘉庆《巴陵县志》.
[3] 岳阳发展简史. 北京:华文出版社,2004.
[4] 宋《岳阳风土记》.
[5] 明清历代岳州府志,巴陵县志多如此记载。

带筑西麋城,并认为此为岳阳建城之始[1]。三是认为东西麋城不在岳阳城区,应在岳阳县龙湾、筻口一带[2]。或者认为东城在筻口镇,西城在城陵矶或七里山[3]。这三种看法中,我们认为第三种观点目前最为可信,其依据是1986年6月,在市区东约33公里筻口镇莲塘村凤形咀山发现的春秋时期古墓群。古墓群不远有座大马城遗址,初步认定为春秋时期古城址,据此断为麋之东城所在[4]。

巴丘城:现今留存下来的岳阳古代地方志都以巴丘城作为岳阳城前身。宋《岳阳甲志》记载:"建安十九年,鲁肃以万人屯巴邱[5]"。宋《岳阳风土记》载:"建安中,吴使鲁肃将兵万人屯驻于此","舆地志云,巴丘有大屯戍,鲁肃守之,今郡城乃鲁公所筑也","郦道元水经云,巴陵山有湖水,岸上有巴陵,本吴之邸阁城也","水经所谓,本吴之巴丘邸阁城也[6]"。宋《岳州图经》载:"州城鲁肃所立(此云旧图经)[7]"。此后,历代志书都延续此种说法,认定巴陵城前身为建安十九年(公元214年)吴国鲁肃造的巴丘邸阁城。

古代岳阳城址研究关系到岳阳建城历史起始时期的断定。如果以大彭城为岳阳建城起点的话,岳阳有3000多年的建城史,以麋城为起点,也有2400多年历史。那么究竟如何判断岳阳建城的起始时间呢?葛剑雄先生在《分清"上海"的四个概念》中对于如何区别作为一座城市的上海和作为行政区的上海市,以及如何注意特定时间内"上海"一词所代表的不同空间,区别不同含义的"上海"作了详细辨析。其基本观点是一个城市的历史只能追溯到这个城市地名出现、这个聚落形成之初,而不能与今天市境内其他城市的起源混为一谈[8]。参照葛剑雄先生的观点,我们可以根据目前最新考古发现和历史文献记载,对岳阳建城历史进行判断。

首先,我们要区分作为一个城市的岳阳和作为行政区的岳阳市。今

---

[1] 邓建龙主编.岳阳市南区志.北京:中国文史出版社,1993.
[2] 岳阳发展简史.北京:华文出版社,2004:15.
[3] 陈湘源.岳阳说古.长沙:岳麓书社.1998:129.
[4] 陈湘源.岳阳说古.长沙:岳麓书社.1998:129.
[5] 宋《岳阳甲志》.
[6] 宋《岳阳风土记》.
[7] 宋《岳州图经》.
[8] 葛剑雄.分清"上海"的四个概念.文汇报.2004年2月8日.第8版.学林.

天岳阳城是民国岳阳县城基础上发展起来，民国岳阳县城古称为巴陵城，为历代州府县治城。作为行政区的岳阳市必须区分两个行政概念。清代，岳州府下辖巴陵、临湘、平江、华容四县。巴陵城为岳州府治和巴陵县治所在地，又称为岳州府城、巴陵县城。民国时期，巴陵改为岳阳，与临湘、平江、华容3县直属于湖南省。今天岳阳市辖岳阳、平江、湘阴、华容4县，汨罗、临湘2市，岳阳楼、云溪、君山、屈原4区。可见，岳阳市行政等级大致相当于清代岳州府，但明显地域管辖范围要大。岳阳县行政等级大体相当于清代巴陵县、民国岳阳县，但地域范围缩小了。

宋《岳阳风土记》载"舆地志云巴丘有大屯戍，鲁肃守之，今郡城乃鲁公所筑也[1]"。明确指出巴陵城最早前身为鲁肃建的巴丘城。因而，作为一个城市的岳阳历史只能追溯到三国时期鲁肃建的巴丘城，距今约1700多年的建城史。有人提出岳阳建城起始点为位于城陵矶的麋城，后因各种原因迁移到三国时巴丘城的位置，因而岳阳城市发展历史为2400多年。关于这种观点存在两个疑点：（1）麋城是否在城陵矶还并没有完全确定。（2）即使麋城位于城陵矶，从城陵矶迁移城址至巴丘城位置的说法目前并无历史文献记载，因而无法确定是否存在迁城的事实。因此，我们可以说今岳阳市辖境有3000年建城历史（以大彭城为起点），或者岳阳楼区境内有2000多年建城历史（城陵矶今属岳阳楼区），并不等同于岳阳城有3000年或者2000年建城史。

二、城市功能性质的演变

滨洞庭湖临长江的地理位置和适宜人类居住生活的自然环境，使得岳阳由最初军事据点，逐渐发展成为地区政治军事经济中心城市。

（一）三国时期：作为军事据点的巴丘城

三国时期，鲁肃出于军事驻守目的，修建巴丘城。这一历史事实，古今大致认同。而关于巴丘城的性质、城址、最初建造者，目前并未形成一致观点。

清嘉庆《巴陵县志》载："考三国志，吴实筑二城，邸阁城以屯粮，巴邱城以屯兵，巴邱城非即邸阁城可知"。"巴陵郡城因邸阁城增筑……

---
[1] 宋《岳阳风土记》.

历代仍其旧，然邸阁与巴邱二城旧多混为一[1]"。显然，清《嘉庆巴陵县志》认为存在邸阁城和巴丘城两个城，邸阁城屯粮，巴丘城屯兵，而岳阳城前身是邸阁城，并非巴丘城。

清同治《巴陵县志》认为郦道元《水经注》中的"巴邱山在湘水右岸，有巴陵故城"，其中巴陵故城既可以指后来的岳阳府城，也可以指城陵矶所在地。并且认为："然吴时，邸阁城疑在城陵，荆湘川蜀运粮之会也。郦注又言，城跨冈岭，滨□三江口，三江口正在城陵。梁王僧辩守巴陵，拒侯景，似彼时巴陵城尚在城陵也[2]"。按此说法，巴陵城前身也为邸阁城，但位置不在岳阳楼一带，而是城陵矶。

当代新编地方志书大致认为巴丘城即邸阁城。至于邸阁城是谁建的，以及如何扩建成巴丘城有不同看法。《岳阳市城乡建设志》记载："东汉光武建武二十五年（公元49年），伏波将军马援率军到下隽，建巴丘邸阁。东汉建安十九年（公元214年），三国东吴鲁肃，屯守巴丘，将巴丘邸阁扩筑为巴丘城，又在依山面湖的巴丘城西门上建阅军台（即今岳阳楼之前身）[3]"。《岳阳说古》考《三国志》所载邸阁城13处，却无"巴丘邸阁"。认为巴丘作为后援基地，实际始于周瑜[4]。

无论是巴丘城，还是邸阁城；无论其位置是在城陵矶，还是后来府城所在位置，可以确定的是：当时城的性质还是军事据点，人口构成是将兵为主，还不是以守民为目的的政治统治据点。

（二）晋南北朝：城市政治职能的加强

晋平康元年，巴陵县的设置，使得巴丘城从单纯军事据点转变为军事和政治据点。宋《岳阳风土记》载："晋平康元年立巴陵县"[5]。县治设在巴丘。从鲁肃建立军事据点的巴邱城到晋建立政治中心的巴陵县城，几百年间这个地方人口和经济发展，才有必要建立地方官府来进行统治。这也意味着此后岳阳的建设不单单是从军事出发，而要考虑如何安置平民和发展平民生活。虽然这是一个长期而且时断时续的过程，但

---

[1] 清嘉庆《巴陵县志》.
[2] 清同治《巴陵县志》.
[3] 岳阳市城乡建设志.岳阳市城乡建设志编辑委员会.1991：15.
[4] 陈湘源.岳阳说古.长沙：岳麓书社，1998：130.
[5] 宋《岳阳风土记》.

是表明岳阳城市发展进入一个新历史阶段。

关于晋巴陵县城的发展，由于史料缺乏，我们无从得知具体的情形。但是，从一些片断的相关史料中，我们可以做一些初步推断。晋咸和二年，陶侃因为江陵位置偏远，带领八州军迁移到巴陵筑城。明隆庆《岳州府志》载："晋咸和陶侃亦城巴丘，故志城在府东八里许"，"今岳州郡城始于宋元嘉十六年，因肃旧围增筑，非侃故处也[1]"。根据以上文献记载，当时巴陵县城应该有了一定发展，城内平民已经占有一定比重，所以陶侃没有驻扎在县城内，而是以县城为依托，在县城东八里处重新建一个屯兵的军事基地。否则，从军事防御角度出发，滨湖屯兵应该是最佳选择。可见，当时巴陵县城作为政治据点的功能得到了发挥。

南北朝时期，巴陵城由县城升为郡城，重新改建城池，城市政治职能进一步加强。明隆庆《岳州府志》载："宋元嘉中改筑郡城，而规制矣不宏廓"，"历代因之无复迁易者[2]"。此后长期历史发展过程中，巴陵城在巴陵郡城的基础上发展，城址和城市规模都没有大的改变。

（三）唐宋时期：城市经济职能的发展

唐宋时期是中国封建社会城市发展的重要时期。中国经济重心已基本完成从黄河流域向长江流域的转移，长江流域经济不断上升，地方手工业和农业也得到相应发展。在此期间，岳州城因其便利的地理交通条件，成为长江流域商路组成部分之一。

唐宋时期，商路渐成网络，水路漕运盛极空前。长江、珠江、黄河三大水系联成一体，水运事业迅速发展，江南物资源源不断地向北方输送。唐德宗时，江西、湖南、鄂岳、福建、岭南每年有漕粮620万石运往京师各地，其中湖南、鄂岳、岭南等地漕粮运往京师，必须经过城陵矶才能入长江。

此外，岳州在此期间也出现一些地方特产，销往全国各地，甚至海外。岳州产茶，唐德宗时，就设有征收茶税的机构，为茶叶出口的一道关卡。茶叶出口成了水运的大宗货源。宋代岳州为江南产茶重点地区之一。茶叶出口，必须经过城陵矶入长江，才能运往西北、扬州，或者外

---

[1] 明隆庆《岳州府志》.
[2] 明隆庆《岳州府志》.

销他邦。岳州窑青瓷则自晋朝发展起来,到隋唐时达到鼎盛。同样,由于当时主要交通运输依靠水运,大部分岳州窑产品是从城陵矶出口。唐代中期,长沙铜官窑瓷器兴起,与岳州窑青瓷竞争,促进唐代陶瓷业发展。长沙窑瓷器的外销,只有通过城陵矶入长江才能达到扬州、宁波等地,城陵矶是湘北出口的最后一站,城陵矶当时设有相应的关卡和税收机构。城陵矶成为岳州窑,长沙窑产品的集合地和转运站[1]。

据宋《岳阳风土记》记载,"岳阳楼旧岸有港,名驼鹤港,商人泊船于此地[2]"。从中,我们可以获知,在唐宋时期,商人经常往来于岳阳,岳阳商品经济得以发展。因长江流域商路发展以及地方产品的外销,岳州城除了是地方政治军事中心外,也逐步具备经济职能。

(四)明清时期:资本主义萌芽的出现

封建社会晚期是中国城市"中世纪革命时期",城市开始溢出城墙,向外拓展。明清岳州城城南关厢地区商业逐步发展起来,城市经济职能进一步加强。

商业发展源自交通的发展。明代,岳阳对外交通更为便利。自岳阳马驿有往北、东南、西等驿道干线,此外平江至江西义宁(今修水),岳州经华容去安乡、澧州、石门、慈利等地亦有驿道干线。[3]岳州府城设有城陵矶递运所及总铺。巴陵县设有岳阳马驿,临江马驿(今北门渡)及鹿角水驿[4]。

明代,岳州仍然是漕粮转运中心。明神宗万历三十六年(1608),巴陵邑人姜给事,奏请长、衡、岳漕粮于郡城北门外的水次漕仓,为兑粮之所。同时,所有湖南漕粮出洞庭湖,都必须经过城陵矶入江。城陵矶为岳、长、衡民运漕粮集转地,并设有兑粮所。清代,湖南各州县向民户征后,即运到岳州交卸地点,解发运军,直达北京[5]。

明清时期,岳州除了发展成为粮食、茶叶产区,棉纺织业、渔业也得到开发。随着商业贸易扩展,岳阳南门城外的平坦地段逐步发展成为

---

[1] 岳阳市志办. 城陵矶港史.
[2] 宋《岳阳风土记》.
[3] 岳阳市交通志. 岳阳市交通志编辑委员会. 1991.
[4] 岳阳市城乡建设志. 岳阳市城乡建设志编辑委员会. 1991.
[5] 岳阳市志办. 城陵矶港史.

居民点和商业街。岳阳城南沿湖一带相继建成街河口、鱼巷子、塔前街、南正街、天岳山、羊叉街、竹荫街、观音阁、梅溪桥、吕仙亭、先锋路、洞庭路等街道。

商业发展促进了金融业发展。清代,岳州城中出现专营银钱汇兑的票号。这一切迹象表明,岳阳在明清时期已出现资本主义萌芽。

三、城市发展阶段的划分

根据岳阳城市功能性质演变的历史过程,古代岳阳城市发展可以分为孕育期、形成期、发展期、成熟期四个阶段,于明清时期到达封建社会完善时期(表2-2)。

这里,我们需要注意的是,虽然封建社会中后期岳阳城市经济功能逐渐发展出来,并成为地区经济中心;但是,城市的主要功能仍然是政治和军事。城市商业发展到一定程度,使得城市人口、城市空间都体现出商业城市的经济性质,是在1899年岳州自开商埠之后的事情。同时,我们也要看到,明清时期岳阳城市商品经济的发展,为岳阳在清末获取"自开商埠"的历史机遇奠定了经济基础。

古代岳阳城市发展阶段一览表　　　　　　表2-2

社会形态	发展阶段	时间	建制沿革	城市发展	城市功能性质
奴隶社会	孕育期	夏商	属荆州之域	大彭城	居民点
		春秋	属楚国	东西糜城	居民点
封建社会	形成期	秦	属下隽县,下隽县属长沙郡	无考	无考
		西汉	(同上)	无考	无考
		东汉	属下隽县,下隽县属汉昌郡	巴丘城	军事据点
		晋	属巴陵县,巴陵县先后属建昌郡、长沙郡。巴陵县治所在地	巴陵县城	政治军事中心
		南北朝	属巴陵县,巴陵县属巴陵郡。巴陵郡治、巴陵县治所在地	巴陵郡城	政治军事中心
	发展期	隋	属巴陵县,属岳州	岳州州城	政治军事经济中心
		唐	属巴陵县,属岳州		
		宋元	属巴陵县,属岳州 宋为岳州,元为岳州路		
	成熟期	明清	属巴陵县,明清为岳州府	岳州府城	政治军事经济中心

资料来源:自制

第三节　古代岳阳城市空间形态

一、明代之前的岳阳城市空间形态：扁担州

关于古代岳阳城市最早较完整的文字记载，出自北魏时期郦道元的《水经注》：

"巴陵山有湖，水岸上有巴陵，本吴之邸阁城也，城郭殊隘迫，所容不过数万人，而官舍民居在其内，州地客山高，主山隐伏，不甚利土人，而侨居多兴葺者，俗谓之扁担州[1]"。

这段文字不多的话，生动而简要描述出巴陵城的地理环境、城市性质和城市规模、城市人口构成及其来源、城市所在区域的山势高低以及城池空间形态特征。通过对这段话的解读，并综合地方志中关于明代之前巴陵城的零星记载，我们可以推断出明之前岳阳城市概况。

按照《水经注》记载，巴陵城地理环境是有山有湖，城池位于湖岸上。并且，城市"本吴之邸阁城"，是一个军事城。中国古代城市极其重视选址，巴陵城的地理环境体现出中国古代军事重镇的选址原则。这里的"湖"是指洞庭湖。巴陵城址位于洞庭湖东岸，洞庭湖与长江交汇处，水陆交通极其便利。洞庭湖区气候湿润，热量充足，雨水充沛，土质适宜生长稻谷，洞庭湖内还有丰富的渔产，自古就"民食鱼稻"。适宜人类生存和发展的自然气候条件，才能使得最初军事城逐渐发展成为政治据点，达到"守土"的最终目的。这也是巴陵城得以延续的原因之一。从军事角度来看，巴陵城"背山襟湖，左湘右江，四势厄塞，三面阻险，散则可战，聚则可守，其地为有力者所必争"[2]。易守难攻的地形地貌利于军事防御。又据宋《岳阳风土记》记载，巴陵"城跨冈岭，滨阻三江"。可见，巴陵城选择近水的高地而建。关于城市选址，《管子·乘马》提出："高勿近阜而水用足，下勿近水而沟防省"[3]，选择近水高地建城，即可以利用水，又可避免洪水袭击，同时也利于军事防御。这些有利条件使得城址成为历代州府县治所在地。即便在明清以后，随着地

---
[1] 该文转引自宋《岳阳风土记》。
[2] 清嘉庆《巴陵县志》.
[3] 《管子·乘马》.

理环境变迁，城池面临洪水威胁，巴陵城址仍然基本保持不变。中国古代城市选址的相关理论可以概括为"择中说"，"象天说"，"地利说"[1]。考察巴陵城地理自然环境，可以确定城址的选定符合"地利说"，是出于因地制宜的实用思想，体现便于军事防御的初始目的。

作为一个由军事城发展起来的城市，巴陵城规模不大，"城郭殊隘迫，所容不过数万人"。春秋战国的墨翟从军事角度认为，城市规模要与人口相称，城大人少或城小人众都不利于城防需要[2]。以墨子观点来看，巴陵城相对于容纳的人口来说，城池规模较小，属于城小人多的城市类型，应该是不利于防守的。但根据其他历史文献记载，虽然巴陵城规模不大，但地形地貌的限制，使得巴陵城在军事上仍然处于优势地位。南北朝期间，河南王侯景率兵反梁，与湘东王萧绎、大都督王僧辩会战于巴陵。"候环城列舰，水陆齐上，日夜攻城。王以逸待劳，凭城固守"[3]，最终因巴陵"城小而固"[4]而赢得这场战役的胜利。

从郦道元记述中，我们得知巴陵城城市空间为一扁长形态——"扁担州"。中国古代城市的理想形制源自《周礼·考工记》中的王城之制，"匠人营国，方九里，旁三门，国中九经九纬，经涂九轨，左祖右社，前朝后市[5]"。在实际城市建设中，大部分城市以此为规划指导思想，根据地理环境、文化风俗、历史条件而有所变化。但总体而言，"方城"和"方格路网"仍然是城市空间基本模式。巴陵城两头小中间大的"扁担州"形态显然不符合中国传统城市规划中的"方正"思想。究其原因，应该与巴陵城所处的地形地貌有关。首先，巴陵城建于冈丘之上，地形起伏，并不平坦。中国的方城主要出现在北方平原地区，在面临丘陵地形时，方正的路网和城墙难以建设实施。其次，从巴陵城自然环境来看，城池周边伸展余地不大，才会出现狭长的"扁担"形态。巴陵城西临洞庭湖，北是枫桥湖，东北是九华山，再往东是金鸭山，南面则地势低平，容易受到洪水袭击，也不利于军事防守。在此地形条件下，巴

---

[1] 吴庆洲. 中国古代城市选址与建设的历史经验与借鉴. 城市规划, 2000.
[2] 墨翟及其城市防御思想研究. 重庆建筑大学学报, 1998（3）.
[3] 岳阳市军事志. 岳阳市军分区军事志编委会. 岳阳晚报出版, 2000: 16.
[4] 明隆庆《岳州府志》十八卷, 城池.
[5] 《周礼·考工记》.

陵城因地制宜，顺应地形弯曲而起伏，形成不规则的"扁担"形态。

《水经注》中关于"官舍民居在其内"的记载，说明当时巴陵城城区范围仍然局限在城墙以内。这与当时的历史背景相符合。唐宋之前，长江流域仍然属于未被广泛开发地区。换言之，城市经济职能未发展出来，城市主要职能在于军事防御和政治统治。直到唐宋时期，长江流域广大地区才得以开发，全国经济重心也随之南移。经济发展和人口增长，才使城门外交通便利地段得以发展，形成"关厢"。郦道元是北魏时期人，其所处的时代，全国重心仍然在黄河流域，长江流域城市还处于未充分发展起来的历史阶段。因而《水经注》记载的巴陵城城市规模小，"所容不过数万人，官舍民居在其内"是当时城市所处时代社会经济状况的体现，符合历史事实。

这里，还值得我们注意的是，郦道元关于巴陵城周边山势和人文景观的描述："州地客山高，主山隐伏，不甚利士人，而侨居多兴茸者"。"客山"和"主山"是中国古代风水学说中的概念，这几句话从风水学说角度，把巴陵城周边山地走势和当地居民生存状况联系起来，体现古人对待人居环境的价值观念（图2-2）。事实上，风水学说一直影响着岳阳城市建设和居民生活。清康熙《巴陵县志》载，"西右曰水西（门），明末闭，据形家言，昌江多盗，此门不应启也"[1]。清乾隆元年《岳州府志》记载，"岳州城南朱雀山高，得北城玄武水制之，故城中永无祝融之患，此虽形家者言，似亦有理"[2]（图2-3）。又清同治《巴陵县志》记载，慈氏塔"近时顶旁有树合抱，或以科场风水不利，架木斫之，殊不验，而树复生矣"[3]。可见，风水思想渗透到城市建设和生活各个方面。

郦道元的描述主要集中于巴陵城总体面貌，对城内外建筑布局和城市风貌并没有提及。我们从宋代以及明清地方志中，综合明之前巴陵城建筑的零星记载，梳理出明之前巴陵城内外建筑布局概貌。

宋《岳阳风土记》中提及的城门有四个：楚泽门、碧湘门、会泉门和岳阳门，其中除岳阳门的命名来自城市名称之外，其他三个门都是以

---

[1] 清康熙《巴陵县志》.
[2] 清乾隆元年《岳州府志》.
[3] 清同治《巴陵县志》.

第二章 近代岳阳城市转型的历史背景和形态基础

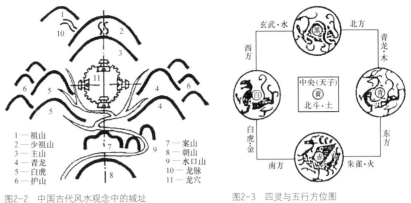

图2-2 中国古代风水观念中的城址
（资料来源：《城市空间发展论》）

图2-3 四灵与五行方位图
（资料来源：《城市空间发展论》）

水命名："泽"、"湘"、"泉"，体现出岳阳滨洞庭湖和长江，作为"水城"的特征。

唐宋时期，西城门楼岳阳楼因其临洞庭湖，已经成为文人墨客游览聚会的场所。宋《岳阳风土记》记载，"岳阳楼城西门楼也，下瞰洞庭，景物宽阔"[1]。唐开元四年，中书令张说，"除守此州，每与才士登楼赋诗"。这一时期文人诗歌中，对于岳阳城临洞庭湖的壮观景色多有描述，唐张说《岳州西城》诗"水国何辽旷，风波遂极天"[2]，杜甫的《泊岳阳城下》诗云"山城仅百层"，孟浩然诗云"气蒸云梦泽，波撼岳阳城"[3]。宋代，滕子京重修岳阳楼，请范仲淹作《岳阳楼记》。"先天下之忧而忧，后天下之乐而乐"表达出来的崇高精神境界使得《岳阳楼记》成为千古名篇，并且也让岳阳楼和岳阳城声名远扬。同时，这种文人的政治理想也反应在当时建筑之中。据清乾隆十一年《岳州府志》记载，后乐楼"在郡署内，宋创"[4]。

又据宋《岳阳风土记》记载，当时巴陵城内有名叫巴蛇塚的山丘和剪刀池。巴蛇塚"在州院厅侧，巍然而高"，"兼有巴蛇庙在岳阳门内"[5]。可见当时，巴蛇是当地人崇拜的一种对象，不仅以此命名山体，还设有专门祭祀场所。巴蛇塚也是城内地势最高之处，府治就建在此，

---

[1] 宋《岳阳风土记》.
[2] 明隆庆《岳州府志》十八卷之城池.
[3] 清乾隆十一年《岳州府志》.
[4] 清乾隆十一年《岳州府志》.
[5] 宋《岳阳风土记》.

图2-4 清代岳州府城剪刀池
(资料来源：清嘉庆《巴陵县志》)

以居高临下之势，俯瞰洞庭湖和城内。府治内的四望亭则是全城内地势最高建筑，"明一统志在府治踞内城之首，宋郡守滕宗谅建"。而剪刀池"在郡城东北隅，或云池中有鼎耳，高数尺，其中容人往来，上有铭文，善泅者常见之"[1]。在明清地图中，可以发现剪刀池的确切位置，周围还建有建筑（图2-4）。剪刀池一直是城内一处景点，直到民国期间才淤塞湮没。从这些记载，我们发现巴陵城虽小，但城内有山有水，以周边大环境山水为背景，称得上是一座山水城市。

此外，城外散布的寺庙建筑、佛塔，说明这一时期佛教在岳阳地区得以发展。晋代，县城南面建有乾明寺、圆通寺，乾明寺后来成为历代名寺。又有慈氏寺塔，在县西南，高七层，晋代和尚妙吉祥建，保存至今。唐代城南新建白鹤寺，宋代城南建有玉清观，自然寺（后改为观音阁）。在城南地区逐步发展起来之后，这些寺庙佛塔成为街巷命名的由来，有些街巷名称还延续至今，如乾明寺街。

综合以上论述，我们可以认为，岳阳体现出中国古代军事重镇的选址原则；在地理环境限制下，形成"扁担州"的整体空间形态特征；并

---

[1] 宋《岳阳风土记》.

且，风水思想长期影响城市建设和市民生活。在明以前，岳阳以"湖、楼、塔、山"为基本特征的山水城市风貌已经形成。

二、明清时期的岳阳城市空间形态：城+市

明清时期，岳州府城如同中国其他地方城市一样，在交通便利的城门附近发展出集中市场，与建有城墙的城池一起，形成"城+市"的整体空间格局。

（一）水进城退：明清岳州府城的城池建设

中国古代城市修筑城墙主要是出于军事防御目的，而对于南方滨水地区城市而言，抵御洪水的功能在某种程度上更胜于军事防御。如果说三国时期鲁肃修筑城墙最初的使命是为了抵御敌人的军事进攻，那么到明清时期，在相当长时期内，洪水成为对岳州城池的最大威胁，地方官员频繁修缮城池的主要目的是为了抵御洞庭湖水对城池的不断侵蚀。洞庭湖水对城池的不断侵蚀，使得城池空间形态更为狭长，城池"扁担州"的形态特征更为突出。

虽然岳阳滨洞庭湖，但洞庭湖水对岳阳城池造成威胁是元以后的事情。先秦两汉时期，洞庭湖还不过是地区性中小湖泊。魏晋至唐宋时，河网切割的小湖群扩联发展成为大湖。据宋《巴陵志》记载"洞庭湖在巴丘西，西吞赤沙，南连青草，横亘七八百里"[1]。元明至清代中期，洞庭湖面空前扩展，从唐宋时期的七八百里发展到八九百里，成为历史上洞庭湖扩展的全盛时期。洞庭湖湖面不断扩张，使得原本与洞庭湖面仍有一定距离的岳阳成为中国为数不多几个直接临湖的城市之一。

根据古代地方志记载，我们可以得知随着洞庭湖扩张，洞庭湖水是如何步步逼近城市，并对城池构成威胁。宋以前，岳阳距离洞庭湖还有一定距离，湖水并不直接冲刷城墙。宋《岳阳风土记》载："岳阳并邑，旧皆濒江，郡城西数百步，屡年湖水漱啮"。到宋代，湖面与城池之间距离大大缩小，"今去城数十步即江岸"[2]。明代，八九百里湖面的洞庭湖已经是直接位于岳阳西城墙下了，并且一到水涨时节，湖水的冲刷，

---

[1] 宋《巴陵志》.
[2] 宋《岳阳风土记》.

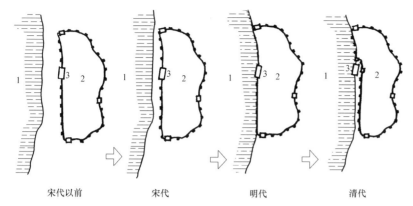

图2-5　古代岳阳城"水进城退"示意图
1—洞庭湖；2—岳阳城池；3—岳阳楼
（资料来源：自绘）

开始侵蚀城墙，威胁城池安全。据明隆庆《岳州府志》载，"今城西已无江岸，夏秋水泛即浸城麓，历年崩塌，逼近府署矣"[1]。明清时期，洞庭湖水涨落对于岳阳城市而言，就演变为洪水的威胁（图2-5）。据统计，这一时期，洞庭湖区周边城市发生洪涝灾害的频率大大加强（表2-3）。其中，岳阳在明清三百多年内发生洪涝的次数比唐宋元九百多年内的次数还要多。

洞庭湖区部分县洪涝频次　　　　　　　　　表2-3

朝代年份（公元）	历时（年）	岳阳	华容	湘阴	临湘	常德
唐宋元（618—1524）	907	21	16	12	19	29
明清（1525—1873）	349	27	47	31	2	49
近代（1874—1949）	76	32	32	33	20	26
合计	1332	80	95	76	41	104

资料来源：《环洞庭湖经济圈建设研究》，第144页，对原表有删减。

当洞庭湖水开始成为侵害城池主要因素时，岳阳地方官员主要任务就是如何通过不断完善城池建设来防御洪水。明清时期，岳阳有具体文字记载的城池修建工程共20次（表2-4）。其中，明确记载是为了抵御洪水而专门修筑临湖西城墙的有7次（不包括全面修筑城池的次数）。虽然地方官员频繁修筑因湖水冲刷而倒塌的城墙，但是抵御湖水的效果并不理想。明嘉靖年间，岳州四任知府王柄、赵之屏、金蕃、姜继在位期间

---

[1]　明隆庆《岳州府志》.

都曾修葺被湖水冲塌的西城墙，但结果却是"无成功之屏，独费帑金将万，惜哉"。隆庆年间，除修缮城墙之外，分巡副使施笃臣还提出在西城墙之外修筑防洪堤的构想，最终还是"洪涛如山，土堤其若何，今水已抵城下矣"。通过多次与洞庭湖水的较量，岳阳地方官员已经充分认

明清时期岳州府城城墙修筑一览表　　　　　　　　　　　　　表2-4

朝代	年号	主持者	修筑概况	资料来源
明代	洪武四年	缺	拓建城池	明《（隆庆）岳州府志》
	洪武二十五年	指挥音亮	重修城池：周千四百九十八丈，约七里，高三丈六尺有奇，雉堞一千三百三十有六，有城门六，都有月城，北有凿河，周千余丈，深二丈许，阔八十余丈，东南门外各有一桥	同上
	嘉靖年间	知府王柄	修砌西城墙	同上
	同上	知府赵之屏	修砌西城墙，帑金将万	同上
	同上	知府金蕃	修砌西城墙	同上
	同上	知府姜继增	修砌西城墙	同上
	隆庆初年	分巡副使施笃臣 知府李时渐	修砌西城墙，别筑土堤护之 费更巨，万之上	同上
	隆庆六年	同知钟崇文	加砌女城，自南阳北，周数百丈，高六尺许	同上
	弘治四年	分巡张佥事	贼入境，创筑土门于县署左右，又于东门窑、街河口、梅澌桥、全家巷、汴河堤诸处各创土门	同上
清代	顺治六年	知州汤调鼎	守道王燧入城斩棘竖茅，命知州汤调鼎修葺城池	清乾隆元年《岳州府志》
	康熙八年	巴陵县知县李炌	重建城楼四，东曰迎晖，南曰迎馨，北曰迎恩，西仍曰岳阳	清乾隆十一年《岳州府志》
	康熙五十四年	巴陵县知县王国英	郡自十三年吴逆踞城，掘濠筑垒以守，垣墙反多缺陷。恢复后屡经补砌，卒难完固，至是乃大修之	同上
	雍正四年	巡抚布兰泰	发银重修，后为湖水冲塌	同上
	乾隆五年	知府田尔易 知县张世芳	总督班第奉拨舵杆州岁修银两修葺颓垣，周一千六百二十五丈许六里三分，东南北城门三座，西门岳阳楼一座，改东门曰迎晖，南曰瞻岳，北曰拱极，西仍曰岳阳	同上
	乾隆三十九年	巴陵县知县熊懋獎、湘乡县知县贾世模、平江县知县范元琳	门五，南曰迎薰，东曰湘春，北曰楚望西，仍曰岳阳，另辟一门，曰小西门，银六万九千八百二十两三钱三分	清《（同治）巴陵县志》
	道光十年	知县徐堵	重加补葺	同上
	咸丰二年	知府廉昌 知县胡方毂	於西门外旧址建筑月城，北起小西门，南抵天皇巷，辟一门，曰金潭门。费银三万两	同上
	咸丰三年	知府贾亨晋	撤补环城垛口	同上
	同治六年	曾国荃	修补城垣	清《（光绪）巴陵县志》
	光绪十一年	知县刘华邦	增建东门月城	清《（光绪）巴陵县志》

资料来源：自制

识到，在面对自然力量面前，人力的局限性。监史郜光先在登城巡阅湖水冲刷城池的情形之后，"摇目久之，及批府呈乃云，百千之金，一旦费之巨浪之中，验矣，验矣"[1]。

由于洞庭湖水灾的加剧，以及城墙在抵御湖水侵蚀方面的效果并不显著，虽然岳阳城池位于冈丘高地上，而且地方官员积极抵御和防范洪水，但还是出现大水入城的情形。据清乾隆十一年《岳州府志》记载："明怀宗崇正元年，岳州大水入城"[2]。清道光二十九年（1849年），"淫雨连绵，水入城西"[3]。洪水侵袭城池，遭到破坏的建筑物首当其冲就是西门城楼岳阳楼。明代270余年间，岳阳楼兴废见诸史料者达10次，其中4次是毁于洪水[4]。

洞庭湖水步步逼近城池，进而发展到侵入城内，这对城池建设造成的直接影响就是临湖西城墙的不断后退。明隆庆元年（1567年），岳州知府李时渐将西城墙东移，依靠巴丘山起伏地势重修西城墙，并移建岳阳楼于高地。此外，还在城外修筑260丈长的护城堤，以抗御洪水冲击。二百年多后，据史料记载，西城墙又一次东移。清乾隆三十九年（1774年），巴陵县知县熊懋奖、湘乡县知县贾世模、平江县知县范元琳分段重新修筑岳州府城池。通过比较清乾隆初年和嘉庆年间岳州府城图（图2-6），我们发现，经过乾隆三十九年重修之后，西城墙向东后退，增修

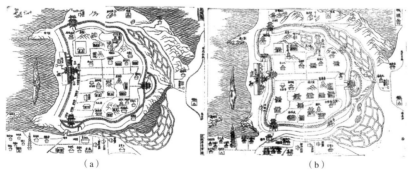

图2-6 清乾隆—嘉庆年间岳州府城图
(a) 清乾隆年间岳州府城; (b) 清嘉庆年间岳州府城
(资料来源:(a)清乾隆《岳州府志》,(b)清嘉庆《巴陵县志》)

---

[1] 明隆庆《岳州府志》,十八卷之城池.
[2] 清乾隆十一年《岳州府志》.
[3] 邓建龙主编.岳阳市南区志.北京:中国文史出版社,1993.
[4] 岳阳楼重修史事考略.湖南省图书馆.

了小西门和西门岳阳门,把岳阳楼建筑群和城墙系统脱离开来。岳阳楼和城池之间通过西十字街相连:西十字街北通小西门,南由柴家岭街通南门,东接大西门,西连岳阳楼。笔者推测,为了减少洪水威胁,西城墙不得不东移,而整体迁徙岳阳楼建筑群的工程量大,而且并不利于岳阳楼景观,所以保持原址不变。这样,即使洪水来袭,也仅仅淹没岳阳楼基础,而不会威胁整个城池。洪水过后,也不过修整和完善岳阳楼楼基而已。

明清以来"水进城退"的长期发展演变,对岳阳城市空间形态的影响城池面积不断缩小,明代岳州府城周约七里,清乾隆五年(1740年)重修城池后,城池周六里三分。乾隆三十九年(1774年),城池西城墙向东移,城池范围进一步缩小。城墙不断东移,使得城池形状变得更为狭长,清乾隆年间城池,东西相距一里余,南北相距二里二分,"扁担州"的带形形态特征更为明显。

在中国城池发展历史中,大部分城市的发展趋势是城池不断扩张。而岳阳因为滨湖的特殊地理环境,以及周边地形地貌的限制,才会产生城址大体不变,西城墙不断后退,从而城池规模缩小的情形。

明清时期,一方面受到湖水侵蚀,城池不断缩小,另一方面人口增长和商品经济发展,需要更多空间来容纳增长的人口和日益增加的商品交换活动,这为城南关厢滨水地区"市"的繁荣和发展提供了条件。

(二)带状生长:城南关厢地区"市"的发展

明清时期,随着人口增长和城市经济发展,中国许多城市突破城墙限制而"溢出"城外,在城门外交通便利的地段形成集中商业居住区(图2-7)。就

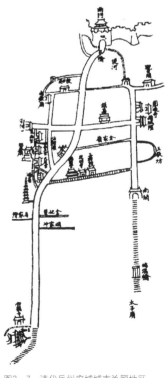

图2-7 清代岳州府城城南关厢地区
(资料来源:清光绪《巴陵县志》)

岳阳具体情形而言，除了人口增长和经济发展之外，城池规模的缩小，也促成城市向城墙外"溢出"。岳阳城池南门外地势宽平，岸线贴近湖面，水上交通便利，成为城市"溢出"的首选地段。

关于岳州府城明清时期人口增长的具体数字，我们无从得知。但是，我们可以从整个地区人口变化和分布情况推断这一时期内岳州府城人口大致情况。明清时期，全湖南省人口因为江西省等外来的移民而迅速增加。根据《湖南通志》记载，明万历六年（1578年）湖南人口为1917052人，至清乾隆十一年（1746年），人口为8672433人。在170年间，湖南总人口增加4倍半。在湖南全省范围内，人口多集中在较为富裕的洞庭湖盆地和湘江流域。清嘉庆年间，岳州府已经是全湖南省人口最密地区，每平方公里达120人（清嘉庆二十一年，湖南全省人口密度是每平方公里62人）[1]。而岳州府地域范围内，人口最密集的又当推首邑巴陵县（表2-5）。从以上数字，虽然我们不能得知明清岳州府城人口具体增长情况，但可以推断，在湖南全省人口普遍增长的情况下，作为人口最密集地区岳州府府署所在地的岳州府城，其人口也是处于不断增长的状况中。

清嘉庆二十一年（1816年）岳州府境内人口分布　　　　表2-5

地域	户数（户）	人口数（人）	地域	户数（户）	人口数（人）
巴陵县	93740	712390	华容县	118490	416270
湘阴县	49730	637170	临湘县	48324	369797
平江县	33658	216179	岳州卫	8838	68282

资料来源：清《湖南通志》

除了从人口数目变化，我们还可以从城市建筑密度的增加和城池内外空地的减少得知这一时期岳州城市人口是处于增长状态。据明隆庆《岳州府志》记载，在遇到军事袭击时，原本可以拉伸的吊桥，"今失其制，及架屋于其上，诚所谓承平日久，人不知兵者也"[2]。可见在社会稳定发展时期，甚至吊桥之上都建有居住房屋。由于人口增长，城内许多沟渠湮没之后被填埋，以建造房屋供市民居住。例如，府学西边山脚下的莲花池，

---

[1] 张朋园. 湖南现代化的早期进展. 长沙岳麓书社，2002：12.
[2] 明隆庆《岳州府志》.

清乾隆初期淤塞之后已经改为居住用地,在清嘉庆年间府城图上已经找不到了。清乾隆初年,城外北汴河淤塞之后,该地段被重新开垦,作为"官淤田地",其"岁租"以充城内岳阳书院"师生修脯膏火之资"[1]。

由此,增加的人口和城池有限空间之间的矛盾,导致城市"溢出"城墙,向城外关厢地区发展。

城市的"溢出"具体表现在空间上,首先就是城内外街巷数目的变化。根据明清地方志记载,明万历年间,岳州府城内外街道共18条。清康熙年间,府城街巷发展到城内外26条,其中城内8条,城外18条。清乾隆十一年,城内外街巷共37条,城内22条,城外15条。清嘉庆年间,城内外街巷48条,城内21条,城外27条。单从城内外街巷数量就可以看出,城市逐步"溢出"城墙的发展趋势。从城外街巷空间分布来看,城南关厢地区显然是城市空间扩张的主要发展方向。清代岳州府城外的街巷中,约80%左右街巷集中于城南门外。到清嘉庆同治年间,城南门外街巷总数已经和城池内街巷的数目相当(表2-6)。可见当时,城南关厢地区的繁荣程度。

清代岳州府城街巷数量　　　　表2-6

时间	城内街	城内巷	城外街	城外巷	南门外街	南门外巷
乾隆	8	14	8	7	6	7
嘉庆	9	12	15	12	10	11
同治	9	12	15	12	10	11
光绪	10	11	12	8	10	8

资料来源:据清康熙《巴陵县志》、清乾隆十一年《岳州府志》、清嘉庆《巴陵县志》、清同治《巴陵县志》、清光绪《巴陵县志》整理。

城南关厢地区的繁荣,除了受到人口增长驱使之外,与商品经济发展有密切关系。在唐以前,中国古代城市主要是以政治军事作为主要职能,经济功能的"市"与居住的"坊"在空间上严格区分,并受到严格管理。唐宋期间,随着商品经济的发展,"坊"、"市"制度逐步瓦解,商业活动不再局限于集中地点,而是出现与居住混杂的局面。在之前研究中,我们已经提到唐宋以后,因为便利的地理交通条件,岳州成为长

---

[1] 清嘉庆《巴陵县志》.

江流域商路的组成部分之一，岳阳城市职能由政治军事中心转变为政治军事经济中心。城市经济的发展，在城市空间上表现为"坊"、"市"制度解体，商业和居住空间混杂。据清康熙《巴陵县志》记载，南宋乾道四年二月，"岳州廨署火，时廪库火燔，市肆、民舍无存，官吏逾城仅免"[1]。可见当时，岳州府城内商业市场和民居之间并无严格的空间分隔，才出现市肆和民居延烧无存的情形。

明清时期城南关厢地区商业的发展情况，体现在街巷名称的变化之中（见附录2）。明代岳州府城街巷名称多以官府衙门、宫观寺庙、地理方位、山丘水桥命名，并没有出现集中商业街。明初，不少街名坊名还体现出政治统治和礼制教化的功能。例如，城市东隅的"卫前街威武坊"，南隅的"府前长街解元坊、状元坊、进士坊"等。清康熙年间，城南门外始出现以市场命名的街巷——"猪市巷"。到乾隆年时，除猪市巷外，还发展出"鱼巷"和"茶巷"。这是当时岳州茶叶和渔业发展在城市空间上的体现。清嘉庆年间，在南门外塔前街附近发展出新的街巷"油榨岭巷"，说明当时榨油手工作坊有了一定发展，才出现以此命名的街巷。

在空间格局上，根据明清时期岳州府城地图（图2-8）和相关文字记载，我们发现，城南关厢地区具有沿洞庭湖岸线带状生长的发展特征。城南门外的南北向街道，南十字街和天岳山街构成城南关厢地区的主要交通要道，其道路走向平行于蜿蜒曲折的洞庭湖岸线。其他街巷大多以东西向垂直湖岸线发展，形成类似鱼骨形的路网结构。在道路网密度上，南十字街和天岳山街以西，临湖狭长地段内的道路最为密集，道路划分出来的地块也较为狭小，岳州商业会馆大都集中在此区域。鱼巷和油榨岭巷也都位于此地段内。这显然与当时以水运交通为主的商品运输方式有关。经济发展驱使的地区增长，其生长点总是位于交通便利的地段，以减少商品运输的成本。岳州在近代修建铁路以前，主要对外交通方式是洞庭湖和长江构成的江湖水运。从而，城南关厢地区的发展具有沿洞庭湖岸线带状生长的空间特征。

岳州府城南门外人口的集聚、市场的繁荣、街巷的扩张，使得城市

---

[1] 清康熙《巴陵县志》.

第二章 近代岳阳城市转型的历史背景和形态基础

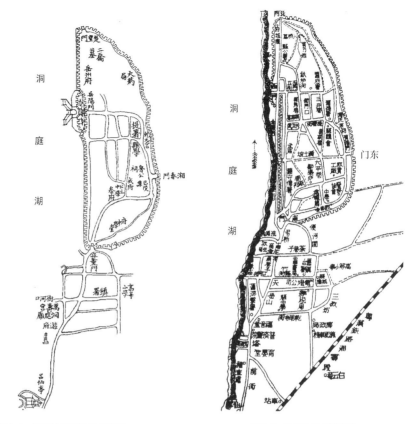

图2-8 清宣统年间岳州府城图
（资料来源：《清宣统湖南乡土地理教科书》）

图2-9 民国时期岳阳街巷
（资料来源：岳阳市档案馆）

整体上呈现出"城＋市"的空间结构。城内是政治军事教育中心，城外发展为商业居住中心。明清时期，为了便于防护和管理"溢出"城外新发展出来的地区，有些城市在新区外围加筑城墙，形成外城或者新城。例如明代扬州，在城东形成的商业区外新筑一道城墙，称为新城，与旧城形成一体的城墙体系。岳州城南关厢地区的发展，也促使地方统治者产生类似的拓建城池的设想。清乾隆十一年《岳州府志》记载，"南关一带，地势宽平人口稠密，且庙学仓廒仍依故址，诚拓南城而并包之，使庐舍有卫，而富庶益增"[1]。但由于缺乏建设城墙所需的资金，这个构想最终并没有实施。直到民国年间，城池城墙的最终拆除为止，岳阳城市保持着由有封闭城墙的"城"和沿着湖岸带状生长的"市"构成的整体空间形态（图2-9）。

---

[1] 清乾隆十一年《岳州府志》.

总而言之，在封建社会晚期的明代和清代，岳州府城一方面因为洞庭湖面扩张而导致城池规模缩小，另一方面因为人口增长和商品经济发展，城市需要更多空间来发展，在这多种因素作用下，城市"溢出"城墙向城南滨水地区发展，最终形成"城＋市"的空间形态。

三、岳阳楼建筑形态的演变

（一）岳阳楼的修建历史

岳阳楼位于洞庭湖东岸，前身为三国时东吴大将鲁肃在洞庭湖训练水兵的一个阅军楼，迄今有1700多年的历史。曾因天灾人祸，屡废屡修，据考证岳阳楼至少修过51次，重建过24次，其形态也发生过一些变化。

三国至南北朝时期，岳阳楼主要是作为城门或城楼，已初具规模。唐代是岳阳楼的黄金期，文人墨客在这里留下不少诗篇。从初唐到盛唐，岳阳楼都没有统一的名字。直至乾元二年（759年）三月，李白流放夜郎途中到达巫山遇赦，不久到达岳阳，写下了《与夏十二登岳阳楼》，从此岳阳楼这一名字一直为后人所沿用。宋元时期岳阳楼多为重檐歇山顶的"楼阁式"建筑。明代岳阳楼多有重修，并于崇祯十二年（1639年）重修时在岳阳楼侧建仙梅堂。清代岳阳楼的形态几经变化，最大的变化是楼层变为三层，屋顶变为盔顶。康熙二十二年（1683年），确立岳阳楼右净土庵、楼左仙梅亭的三足鼎立格局。乾隆三十九年（1774年）修葺岳阳楼，建仙阁（三醉亭）于楼右，未几阁圮。嘉庆、道光年间屡有修缮。道光十九年（1839年），翟声诰修复岳阳楼，并复建斗姆阁和燕公楼。咸丰中，楼阁俱颓坏。同治六年（1867年）湘乡曾国荃拨岳卡厘税重修，改斗姆阁为三醉亭，自楼上为阁道属之，为宴席地。光绪六年（1880年），知府张德容拨茶厘及捐项改修，移进楼址六丈有奇，左仙梅亭、右三醉亭，皆加于旧，屋顶已为攒尖顶的一种特殊形式——盔顶。这次重修岳阳楼，不仅稳固了楼基，而且优化了布局，初步形成了岳阳楼园林的架构，特别是奠定了今日岳阳楼的形态，达到了自然与建筑的和谐统一。民国二十一年（1932年），重修岳阳楼，其形态延续至今。1983年，岳阳楼落架大修，在保持原风貌和建筑艺术的基础上，对岳阳楼进行加固修复，其建筑形态与清光绪时的大致相同。

有史料记载的岳阳楼重要维修重建见表2-7。

岳阳楼修建历史 表2-7

朝代	时间（年）	修建原因	修建人物	建筑功能演变	备注
三国	公元210年	作为城西门	鲁肃	阅兵楼	阅军楼
南北朝	宋元嘉十六年（439）	重新修建城墙	无考	城楼	巴陵城楼
唐代	乾元二年（759）	—	无考	文人墨客登高处	李白写下《与夏十二登岳阳楼》，岳阳楼名称确定
北宋	北宋庆历五年至六年（1045-1046）	火灾	无考	—	—
北宋	崇宁三年（1104）	—	孙魏鼎	—	—
南宋	绍兴八年（1138）	兵火		—	—
南宋	南宋淳十一年（1251）	兵火	赵汝归	—	—
元	元至元年间（1264-1294）	—	无考	—	—
明	明洪武年间	—	无考	—	—
明	明成化七年至八年（1471-1472）	—	无考	—	—
明	嘉靖六至九年（1527-1530）	—	韩士英、李临阳	由单一建筑空间发展成建筑群体空间	岳阳楼侧边修建仙梅堂
清	清顺治七年（1650）	—	李若星	—	—
清	康熙八年（1669）	—	无考	—	—
清	康熙二十二年（1683）	—	无考	—	确立岳阳楼右净土庵、楼左仙梅亭的三足鼎立格局
清	乾隆五年（1740）	—	岳州知府	—	—
清	乾隆三十九年（1774）	—	无考	—	建仙阁（三醉亭）于楼右，未几阁圮
清	道光十九年（1839）	—	翟声诰	—	复建斗姆阁和燕公楼
清	同治六年（1867）	颓坏	曾国荃	—	改斗姆阁为三醉亭，自楼上为宴席地
清	光绪六年（1880）	—	张德容	由建筑群体空间发展成建筑园林空间	形成了岳阳楼园林的架构，奠定今日形制
民国	民国二十一年（1932）	—	无考	—	形制延续至今
当代	1983	落架大修	无考	—	建筑形式与清光绪时的大致相同

资料来源：据何林福《岳阳楼史话》[1]附录整理

---

[1] 何林福.岳阳楼史话.广州：广东旅游出版社，1989.

(二)岳阳楼建筑形态的演变

有关岳阳楼的文字记载,多半是诗文,事件等,关于建筑形态的记载甚少。因此,历代传世的《岳阳楼图》不仅是岳阳楼文化的重要组成部分,而且是古代岳阳楼演变的重要形象参考资料,对笔者研究岳阳楼建筑形态的演变大有裨益。笔者选取了宋画《岳阳楼图》、元初夏永的两幅《岳阳楼图》、安正文的界画《岳阳楼图》、清初龚贤的《岳阳楼图》,结合当代的岳阳楼照片以及岳阳楼景区的岳阳楼建筑模型进行有关岳阳楼建筑形态的讨论和阐述(表2-8)。

岳阳楼建筑形态演变　　　　表2-8

阶段	年代	屋顶形制	平面形制	剖面形制	资料来源	备注
阶段一	唐代	单檐歇山	四边形	二层	岳阳楼景区内唐代岳阳楼建筑模型	图2-10
阶段二	南宋	重檐歇山	四边形	二层	宋画《岳阳楼图》	图2-11
	宋末元初	重檐歇山	四边形,有突轩	二层	夏永的两幅《岳阳楼图》	图2-12,图2-13
阶段三	明代	重檐歇山	六边形	二层	安正文《岳阳楼图》	图2-14
阶段四	清康熙	重檐歇山	四边形	二层	龚贤《岳阳楼图》	图2-15
阶段五	清乾隆	盔顶	四边形	三层	谢济世《重修岳阳楼记》	—
	清光绪至今	盔顶	四边形	三层	建筑实物	图2-16

资料来源:自制

1. 阶段一:唐代

唐代原有一幅滕子京在重修岳阳楼之后请人画的《洞庭晚秋图》,但已失传。而文字记载方面,多为描绘洞庭湖美景和抒发内心情感,没有关于岳阳楼本身建筑形式的文字描述。唐代岳阳楼的建筑形制可参见岳阳楼景区中五朝楼观中的唐代岳阳楼模型(图2-10)。建筑模型为单檐歇山,两层,平面呈正方形,面阔七间,进深五间,边长5.39米,高5.19米,净重12.3吨,其匾额为唐代书法家颜真卿所书。

2. 阶段二:南宋至宋末元初

南宋时期岳阳楼的建筑形态可参见宋画《岳阳楼图》(图2-11)。左海先生在《宋画岳阳楼图释》中认为,从这幅画本身的风格和笔墨技法

图2-10 唐代岳阳楼模型
(资料来源：引自http://blog.sina.com.cn/)

图2-11 宋画《岳阳楼图》
(资料来源：左海.宋画《岳阳楼图》释.美术，1961，61.)

和勾画的岳阳楼建筑特点，以及画绢的丝绒、经纬组织、色素等三个方面考证，确定这幅《岳阳楼图》是南宋的佳作，它的作者是一位伟大的古典现实主义画家。画中真实地记载了宋代岳阳楼是一座"楼阁式"建筑。重檐歇山顶，四面通透，可供游人远眺[1]。

宋末元初夏永的两幅《岳阳楼图》（图2-12、图2-13）完整地展现出宋末元初岳阳楼的风貌。夏永的两幅《岳阳楼图》，一幅为扇面画，一幅为非扇面画。扇面画曾被认为是五代李升所作，但经多位专家学者研究认为从两幅《岳阳楼图》的艺术构思和绘画技法上分析，完全可以断定出自夏永之手，描绘的是元代岳阳楼形象[2]。

岳阳楼建在城墙上，分两层三檐，顶为九脊歇山，正面檐口下的铺作均为七朵。重檐下层檐未见斗，想必擎檐柱间的障日版遮住了上方的斗。无论楼阁正面还是侧面，均为三开间。柱间帘幕高卷。脊饰龙

---

[1] 左海.宋画《岳阳楼图》释.美术，1961，58-61.
[2] 何林福.从历代《岳阳楼图》看岳阳楼建筑形制的演变.岳阳职业技术学院学报，2006：48-52.

图2-12　夏永的扇面画《岳阳楼图》
（资料来源：何林福．从历代《岳阳楼图》看岳阳楼建筑形制的演变．岳阳职业技术学院学报，2006：49．）

图2-13　夏永的非扇面画《岳阳楼图》
（资料来源：何林福．从历代《岳阳楼图》看岳阳楼建筑形制的演变．岳阳职业技术学院学报，2006：50．）

吻，钱脊上有五个蹲兽，屋顶下有六攒斗拱相托，一、二层脊饰与屋顶相似。二楼内设有门窗，周有回廊（平座），每面有檐柱4根，廊柱8根。回廊下每边有8攒斗拱相托。一楼四周建有突轩，每面突轩均为歇山顶。翘首、脊饰与主楼的相同，突轩内设回廊，每面有檐柱4根，廊柱6根，突轩下亦有6攒斗拱相托，主楼第一层细部结构，因被北面突轩遮挡，无从知晓。北面突轩外有一小亭，小亭东面有五级台阶，明间立柱较粗，四周由细木条围护，里面装板，北面有一敞开的槛窗，顶为歇山式。扇形画的上方小楷书题《岳阳楼记》共23行，末款"至正七年四月二十二日钱唐夏永明远画并书"。从全图结构看，布局极为严实，形貌蔚为壮观，反映了岳阳楼的全貌[1]。

3. 阶段三：明代

明代安正文的界画《岳阳楼图》（图2-14）完整地展现出明代岳阳楼的风貌。安正文的界画《岳阳楼图》为绢本，设色，幅式纵162.5厘米，横105.5厘米。作者采用界画的方法，以严谨的结构，精确的比例，笔直劲挺的线条描绘了岳阳楼风貌。画中的岳阳楼身为六边形，二层三檐，顶上置重檐歇山，六面都有小歇山，楼上四周环以明廊，屋顶的脊饰有蹲兽，翘首的起翘较前代略高，顶上置宝瓶。一楼东南面建有

---

[1] 何林福．从历代《岳阳楼图》看岳阳楼建筑形制的演变．岳阳职业技术学院学报，2006：48-52．

图2-14 安正文的界画《岳阳楼图》
（资料来源：何林福. 从历代《岳阳楼图》看岳阳楼建筑形制的演变. 岳阳职业技术学院学报，2006：50.）

图2-15 龚贤的《岳阳楼图》
（资料来源：何林福. 从历代《岳阳楼图》看岳阳楼建筑形制的演变. 岳阳职业技术学院学报，2006：51.）

前轩，有檐柱4根，轩东北面有一长廊；画中的楼上有游人在弈棋、观望、吟诗谈论。画幅下部绘有木制牌坊三堵，紧靠波涛的洞庭湖边，那精细、绵延的线条表现出湖水一浪推一浪，"驾浪沉西日，吞空按曙河"的壮丽景色。画幅右上端署款"直仁智殿锦衣千户安正文写"，钤有"日近清光"一印[1]。目前此画收藏于上海博物馆。

4. 阶段四：清初

清初龚贤的《岳阳楼图》（图2-15）较好地展现出清代岳阳楼的风貌。清代岳阳楼的形态几经变化，最大的变化是楼层变为三层，屋顶变为盔顶。康熙二十二年（1683年），确立岳阳楼右净土庵、楼左仙梅亭的三足鼎立格局。其后康熙、雍正年间多有修葺。

龚贤的《岳阳楼图》，画幅中以重檐歇山的岳阳楼建在城门上为中景，北面城墙低于门楼城墙。用轻快的淡墨笔调勾画出一抹城廓，掩映在月明树梢之间。主楼歇山顶，三层。画中岳阳楼无脊饰，檐面平缓，建筑结构比较简单粗糙，其原因可能是作者在作画时将建筑物简化，也可能是因为从顺治七年至康熙二十八年的39年间，主楼三次毁于火和三

---

[1] 何林福. 从历代《岳阳楼图》看岳阳楼建筑形制的演变. 岳阳职业技术学院学报，2006：48-52.

次重修的缘故,建筑不甚精到。据推测,龚贤所绘岳阳楼图很可能就是这一时期的作品[1]。

5. 阶段五:清乾隆至今

清乾隆谢济世的《重修岳阳楼记》记载了当时岳阳楼的大致形态。谢济世撰《重修岳阳楼记》说:"其高五丈,其制三层"。这简洁的文字说明了乾隆时期岳阳楼的大致形态。清末(光绪六年)至今的建筑实物(图2-16)真实地展现了清末至今的岳阳楼的建筑形态。自清光绪时重修岳阳楼后,无论是民国时期的修缮还是新中国成立后的落架大修,基本上仍旧是保留了清光绪时的形制,可根据留存至今的建筑实物对岳阳楼从清光绪至今的形制进行阐述。岳阳楼为四柱三层,飞檐、盔顶、纯木结构,楼全楼高达25.35米,平面呈长方形,宽17.2米,进深15.6米,占地251平方米。中部以四根直径50厘米的楠木大柱直贯楼顶,承载楼体的大部分重量。再用12根圆木柱子支撑2楼,外以12根梓木檐柱,顶起飞檐。彼此牵制,结为整体,全楼梁、柱、檩、椽全靠榫头衔接,相互咬合。其建筑的另一特色,是楼顶的形状酷似一顶将军头盔,既雄伟又不同于一般。飞檐盔顶的纯木结构。楼顶承托在玲珑剔透的如意斗拱上,曲线流畅,陡而复翘,宛如古代武士的头盔,为中国现存古建筑中所罕见。楼中四根楠木柱直贯楼顶。

根据历代《岳阳楼图》及相关历史文献资料,依据各年代岳阳楼平

图2-16 当代岳阳楼实物照片
(资料来源:引自http://baike.baidu.com/)

---

[1] 何林福. 从历代《岳阳楼图》看岳阳楼建筑形制的演变. 岳阳职业技术学院学报,2006:48-52.

面、剖面、屋顶形制的特点,将岳阳楼建筑形态演变划分为五个阶段。虽然岳阳楼兴建始于三国,但岳阳楼的形态记载始于唐代。唐代岳阳楼建筑低矮,为二层,形制简单,平面为四边形,屋顶为单檐歇山。宋代时期,岳阳楼屋顶发展为重檐歇山。明代是岳阳楼形态变化较大的时期,平面由四边形变为六边形,屋顶为重檐歇山,有丰富的脊饰,体现了明代建筑精美的特征。清初康熙时期,岳阳楼平面由六边形变为四边形。清乾隆时期,岳阳楼形态又经历了一次大变革,由二层发展为三层,楼顶由歇山变为盔顶,形成延续至今的雄伟面貌。

从岳阳古代漫长的发展演变中,我们发现洞庭湖和长江是影响岳阳长期历史发展的主要地理因素。因为江湖水系的沟通,岳阳与城陵矶、长江以北地区有着长期的历史联系,这体现在岳阳和城陵矶的建制沿革之中。这种因江湖水运而带来的地区间内在联系,为近代岳阳得以成为中国首批"自开商埠"之一奠定了地理基础。

自三国时期鲁肃建巴丘城始,岳阳历经了巴陵县城、巴陵郡城、岳州府城的发展历程,由最初军事据点,逐渐发展成为地区政治军事经济中心城市,在明清时期到达封建社会的完善时期。明清时期岳阳城市商品经济发展,为岳阳在清末获取"自开商埠"的历史机遇奠定了经济基础。

通过对北魏时期郦道元《水经注》中关于巴陵城记载的解读并综合其他历史文献资料,我们得知明代之前,岳阳城池具有"扁担州"的形态特征,受到风水思想影响,并且呈现出以"湖、楼、塔、山"为特征的山水城市风貌。明代之后,一方面因为洞庭湖面扩张而导致城池规模缩小,另一方面因为人口增长和商品经济发展,城市"溢出"城墙向城南滨水地区呈带状生长,最终形成"城+市"的空间形态。综合而言,岳阳古代城市空间体现了因地制宜思想、礼制思想和风水思想等综合规划思想的影响。地理、历史、经济、人文等多种因素作用下形成的明清岳州府城构成近代"自开商埠"之前岳阳城市空间转型的形态基础。

第三章 近代岳阳城市转型

在第二章中通过对古代岳阳城市发展演变的梳理，指出滨江滨湖的地理位置和明清商品经济发展使得岳阳已经具备在新的历史时期进一步发展的地理基础和经济基础。在恰当的历史机遇来临时，岳阳城市发展开始质的转变。

近代中国在鸦片战争驱使下，进行一系列社会变革，包括政治、经济、社会机制以及意识形态的变更。史学界研究者认为，以近代西方工业文明撞击而引起的中国近代社会变迁，本质上就是完成从传统农业社会向现代工业社会的过渡或转型，也就是通常所说的现代化[1]。这一现代化的历史过程从地域范围来看，表现为从沿海城市向内地城市，从通商口岸城市向非通商口岸城市推进的空间规律。位于长江中游地区的岳阳，在经历明清商业发展之后，迎来历史上一次重大机遇。1899年，岳阳被清政府辟为首批自开商埠之一。自此，岳阳成为中国近代特殊的城市类型——自开商埠城市，相比其他内地非口岸城市而言，较早开始现代化的历史进程。自开商埠是岳阳从传统农业社会城市向近代工业社会城市转型的历史起点。

第一节 自开商埠引发近代岳阳城市转型

一、"城堡"之称的湖南省

鸦片战争之后，中国被动走向现代化。沿海各通商口岸城市最早受到西方文明的直接冲击，较早启动现代化历程。而湖南省绅民封闭保守的文化心态，使得在其他地区已经开放了数十年之后，湖南省仍然有强烈仇夷的"城堡"称号。当我们了解岳阳自开商埠所处的历史环境，才能明白岳阳自开商埠对于湖南省的开放和现代化具有何等重要的历史意义，这意义对于岳阳城市自身发展而言更是不言自明。

鸦片战争后的次年，即1842年（清道光二十三年），英国迫使清政府签订第一个不平等条约——南京条约，把广州、厦门、宁波、上海等五城辟为通商口岸，将我国沿海城市纳入世界资本主义市场。1861年

---
[1] 马敏. 有关中国近代社会转型的几点思考. 天津社会科学. 1997（4）.

至1899年，英、美、日、俄、葡等国又迫使清政府签订一系列不平等条约，先后开辟伊犁、天津、镇江、汉口、九江、台湾、宜昌等39处对外通商口岸[1]。通商口岸城市主要分布在沿海地区，例如广东、福建、浙江、江苏省就有15个通商口岸城市。内陆的沿江省份也陆续有城市辟为通商口岸，如湖北省的汉口、宜昌、沙市，江西省的九江，四川省的重庆。这些通商口岸城市的开放，虽然是帝国主义为了获取在华利益的产物，借此打开中国门户，但各口岸城市却由此而走上现代化道路。例如上海，在短短数十年内发展成为中国最大城市，拥有中国数量最多、建筑质量最好的高层建筑和繁华的商业街道[2]。汉口辟为通商口岸之后，逐渐发展成为长江中游地区中心城市，并带动周边地区发展。与沿海以及内地其他省份发展相比较，湖南省作为内陆大省，却仍然保持着封闭、保守、相对落后状态。

一方面，1851年兴起的太平天国农民运动，其战争客观上对湖南省经济发展产生破坏性影响，阻碍了清中叶以来的发展势头。在沿海许多通商口岸城市启动现代化的同时，湖南省大部分城市却被卷入太平天国战争之中。位于洞庭湖和长江交汇处的岳阳，由于地理位置险要，成为太平天国战争中双方争夺的主战场之一。1852年至1854年间，太平军三次攻占岳阳（时称岳州），岳阳城市经济发展陷入停顿状态，城内建筑也遭到战争破坏。直到太平天国战败后，岳阳城市经济才逐渐得以恢复。

另一方面，湖南省"反教排外"的仇夷心态从主观上阻碍西方文化的传入，造成湖南省现代化进程的滞后。在近代中国，湖南省因为声势浩大的反洋教运动而著称。从19世纪50年代至90年代，湖南省内发生十数次教案[3]。并且，湖南省的反洋教是在地方官绅的广泛参与和支持下进行，以全省各地相互呼应为特征，形成社会普遍的"仇夷拒洋"之风。湖南省的全民反洋斗争，使得外国势力难以渗入湖南。一个英国传教士以"城堡"之称来形容湖南省对外的封闭和保守，他说湖南"是大

---

[1] 宁书贤. 岳州开埠始末.
[2] 隗瀛涛. 中国近代不同类型城市综合研究. 成都：四川大学出版社，1998：229.
[3] 周石山. 岳州长沙自主开埠与湖南近代经济. 长沙：湖南人民出版社，2001：22.

陆腹地中一座紧闭的城堡，因而也是一个无与匹敌的、特别引人注意的省份。中国的保守主义，以及对于所有外国事务的反感，都在这儿集中起来了。因此，这里不仅产生了中国最好的官吏和军队，也出现了对基督教最激烈的攻击。不管别的省份采取什么态度，湖南仍然毫不容情"[1]。而帝国主义多次试图开放湖南的企图，也因为湖南人的仇外情绪而不断受挫。中日甲午战争之后，日本政府试图将湖南湘潭作为和重庆、沙市、北京、梧州、杭州、苏州并列的开埠口岸。当时的清政府谈判代表李鸿章这样回答，湘潭"士民向来最恨外人，万一开口，易滋事端，地方官实难保护"[2]。湖南省的封闭和保守不仅表现为反对洋人和洋教，对于外来事务也强烈抵抗，湖南省反洋务运动颇为著名。例如，光绪元年（1875年）创办于长沙的湖南机器局，就遭到长沙绅民强烈抵抗。1890年前后，湖广总督张之洞为方便行政管理，架设汉口至长沙等地电报线，但遭到湘民拔杆毁线，不得不放弃。仇视外来新事物的心态，使得湖南省的开放比其他省晚了几十年，城市近代化相对其他省的城市而言，也迟很多。长沙第一家近代企业湘裕炼矿公司1895年才成立，比上海晚30年，天津迟28年，兰州迟17年，武汉迟5年。1898年长沙第一家近代轮船公司——两湖轮船公司湘局营运，比沿海地区民营轮船创始延迟十余年[3]。省会长沙的情况尚且如此，湖南省其他地方的封闭和落后状况由此可见一斑。

湖南省这种"耻闻洋务"的心态直到中日甲午战争之后始有转变。甲午战争的战败，激发了湖南省自强意识，湖南由此开始轰轰烈烈的维新运动，一改昔日封闭守旧的格局。湖南开始大力学习西方，以省会长沙为中心，推行一系列革新措施，例如，开办时务学堂，创办新式工业，修筑铁路，开办邮政等等，反而成为全国最富有朝气的一省。岳州府也积极响应全省维新运动，改变岳阳书院课程为经学、史学、时务、舆地、算学、词章六门。此外，岳州还驻有湖南巡抚陈宝箴新招募的新

---

[1] （美）周锡瑞. 改良与革命. 北京：中华书局，1982：39；转引自李玉. 长沙的近代化启动. 长沙：湖南教育出版社，2000：144-145.
[2] 李鸿章. 中日议和纪略. 转引自李玉. 长沙的近代化启动. 长沙：湖南教育出版社，2000：145.
[3] 李玉. 长沙的近代化启动. 长沙：湖南教育出版社，2000：20.

军，按"西法"操练步伐阵式[1]。

这里，值得我们注意的是，湖南省维新运动主要动力来自于绅民文化心态的转变。湖南省革新运动是在开明官绅的倡导下，出于自强目的进行的。这也意味着虽然湖南省已经开始转向积极学习洋务，但同时敌视洋人和洋教的心态并没有发生根本变化。因而，湖南省在面对洋人提出开放通商口岸的要求时，仍然以顽固和封闭面目出现。这使得岳州"自开商埠"几经波折，成为当时各方势力"政治博弈"的产物。

二、自开商埠：政治博弈的产物

由于近代中国特殊和复杂的历史环境，许多影响城市发展的重大历史事件的后面都牵涉着西方势力和中国政府之间、清政府和地方政府之间各种利益的考量，历史现象后面的实质是政治利益的权衡。清末，岳阳自开商埠就是这样一个典型例子。原本作为经济空间的通商口岸，其确定和选址却被当权者的政治考虑所左右。

湖南省作为资源丰富的内陆大省，早就被各帝国主义所窥视。日本人在1873年就曾到岳州和长沙进行考察，并拟定开发湖南报告书。1877年，德国在与清政府进行修约谈判时，就提出将岳州作为"贸易居住地"的设想，但交涉未果。而英国则借着"中英借款"的机会，乘机打开湖南省大门。1897年8月14日，盛宣怀代表清政府与英国公司订立1600万镑的《借款章约》。稍后谈判中，英国公使窦纳乐借机向中国方面提出包括开放湖南湘潭在内的若干附加条件。在英国人构想中，获取湖南是确保英国在长江流域的势力范围的重要一步。当时英国《泰晤士报》报道："如果日后中国幅员，南疆为法国侵占，北疆为俄国侵占，则长江一带腹省，必归英国管辖。若是则湖南一隅，实为长江联络我缅甸之经道也"[2]。

面对英国人的要求，清政府处于两难境地。一方面，迫于条约，不敢强拒英国人；另一方面，如前所述，湖南省素有"城堡"之称，仇夷

---

[1] 周石山. 岳州长沙自主开埠与湖南近代经济. 长沙：湖南人民出版社，2001：79—80.
[2] 英国泰晤士报. 论中国时下情形，转引自李玉. 长沙的近代化启动. 长沙：湖南教育出版社，2000：147.

据外之风普遍，如果答应开放湘潭，恐怕引起湘人强烈反对，引发事端。从湖广总督张之洞对湘抚陈宝箴的致电中，我们可以得知清政府的担忧心情："胶州一案，只以杀两教士，遂致兴兵据地，多款要挟"，"方今国势太弱，但生一衅，即有危乱之祸。若湘省果开口岸，设伤一、二洋人，中国不可问矣"[1]。

而湖南省的态度确实如清政府所虑，对于英人提出开埠通商的要求，湘人坚决拒绝。面对如此棘手情形，清政府在对待湖南开埠问题上异常慎重，采取与湘省官绅多次协商的方式来解决问题。在湖南开埠这件事情上，湖广总督张之洞和湘抚陈宝箴起着多方协调的重要作用，并最终促使以"岳州易湘潭"方案的产生。最初，湘抚陈宝箴邀集湘绅商议此事，当时颇有影响力的湘绅王先谦、王闿运坚持反对。即便总理衙门好言规劝，湘人仍然拒绝。进而，陈宝箴建议总理衙门要求英国同意推迟湖南省开埠时间。但是，却遭到英国人拒绝。无奈，最终张之洞为避免英国人深入湖南内地，提出以"岳州易湘潭"的折中方案，始得到英国人、总理衙门、湘省官绅各方认同。经过筹备之后，1899年，岳州正式开埠通商[2]。

由此我们可以发现，岳阳自开商埠是在特殊历史背景下，西方势力、中国政府和地方政府各方利益权衡的产物。显然，"岳州易湘潭"的方案切合相关各方利益，才得以最终实施。

（1）岳州辟为自开商埠满足了英国人在长江流域扩大势力范围，进入湖南省，获取利益的初始设想。岳州海关首任税务司马士如此预言岳州开埠对于湖南贸易的意义："查岳州为湖南一省门户，凡进口、出口之大宗货物，莫不悉由于此。兹既开作通商口岸……风气一广，湖南之生意谅可从此畅旺而隆兴"[3]。

（2）对于湘人而言，虽然湖南省被迫打开北大门，但是相比开放位于湖南省中心的湘潭，开放岳阳的影响有限。岳阳位于湖南省东北角，与湖南其他地区还有洞庭湖相隔，可以说是位于湖南省边缘地带，而且

---

[1] 张之洞．致长沙陈抚台．光绪二十三年十一月十六日．转引自李玉．长沙的近代化启动．长沙：湖南教育出版社，2000：146．
[2] 清政府首批自开商埠有三个，除了湖南岳州，还有福建三都澳、河北秦皇岛。
[3] 马士．光绪二十五年岳州口华洋贸易情形论略．湖南历史资料．1979（1）：165．

"该城仅有人口两万,洋人虽欲'肆虐','受害'者究属有限"[1]。并且,为消除湘人敌对情绪,保护湘省利益,总理衙门还提出,"许以通商,可不划租界,不夺民利益"[2]。

(3)对于清政府而言,以"岳州易湘潭"既不得罪英国人,引起英国人武力胁迫,又不至于过于激怒湖南省的绅民,引发事端,同时也有利于避免帝国主义深入内地,客观上暂时维持统治稳定。而且,此时清政府在总结以往约开口岸教训和借鉴各国通商经验的基础上,内部要求自开商埠的呼声日益高涨,总理衙门上奏朝廷时,云"查湖南岳州府,地临大江,兵商各船往来甚便,将来粤汉铁路既通,广东、香港百货皆可由此出口,实为湘鄂交界第一要埠。比来,湖南风气渐开,该处又与湖北毗连,洋人为所习见。若作为通商口岸,揆之地势人情,均称便利"[3]。

从以上论述,可以看出,岳州自开商埠是在外力逼迫下的自主选择,首要考虑的是政治因素,其次才是经济因素。而这种政治导向的思想也影响岳州商埠选址。岳州商埠并没有紧临岳州府府城,而是设于府城北15里外的城陵矶。有一段引文最能体现湖广总督张之洞的真实意图:

"从来设埠通商之地,必须离城较远,城陵矶设埠,其利有三:一距城远则不能扰我政治,地方事免彼干预,盗匪痞徒不致借洋场为捕逃薮,致难缉拏;二通商后城外必设营垒,修炮台,埠远则可自主防御攻击,一切惟我欲为。近则华洋杂糅,多所牵制,不变设施,如武昌汉口即受此弊,无可救药。岳州为湖南门户,岂可不守;三距城既远,地宽价贱,将来商埠繁盛,地价大涨,或官购民购商购,均有利益可图[4]。

从这段话中我们可以看出,"不能扰我政治"和"自主防御攻击"的政治军事考虑是商埠选址的首重方面,其次才是"地宽价贱"的经济考虑。当然,商埠设于城陵矶还有地理水文等其他方面的考虑(这一部分论述在以后章节中会提及),但最深层次的实际原因是政治因素考虑。

---

[1] 张朋园. 湖南现代化的早期进展. 长沙: 岳麓书社, 2002: 116.
[2] 总理衙门档, 转引自李玉. 长沙的近代化启动. 长沙: 湖南教育出版社, 2000: 149.
[3] 转引自李玉. 长沙的近代化启动. 长沙: 湖南教育出版社, 2000: 150.
[4] 杨天宏. 口岸开放与社会变革: 近代中国自开商埠研究. 北京: 中华书局, 2002: 352.

虽然岳阳辟为自开商埠的历史过程中，体现得更多的是清政府和湖南省官绅的政治军事考虑，经济反而是次之。但对于近代岳阳城市发展而言，这是一个难得的历史机遇。辟为通商口岸，成为对外开放城市，近代岳阳才得以在商贸发展刺激下，因商而兴，进行近代城市转型。而同时，这些在开埠之初过多考虑的政治军事因素最终影响城陵矶商埠发展，以及岳阳城市现代化步伐，使得岳阳城市现代化相比其他通商口岸城市而言，显得较为缓慢和不彻底。

第二节　近代岳阳城市主导功能的转变

自开商埠这一历史事件对岳阳城市发展带来深远影响，首先表现在城市功能的转变。在长期中央集权统治下，中国传统城市功能主要是政治军事，城市是国家政治统治机器的一个重要组成部分。明清以后，随着社会生产力发展，城市经济功能普遍得以发挥。近代鸦片战争之后，各通商口岸开放，促使沿海和沿江地区新兴一批近代工商业城市，城市经济功能凸现出来。如前所述，岳阳最初是作为军事据点而建立的，由唐宋至明清，经济功能始逐渐发展出来，但政治军事仍是城市的主导功能（见第二章）。清末，岳阳自开商埠之后，再在社会环境各因素综合作用下，城市经济功能突出发展，城市功能发生近代转型，具体表现为由政治军事功能为主转向经济功能为主，城市多功能得到进一步发展。

一、城市经济主导功能的强化

清末岳阳自开商埠之后，成为湖南省第一个通商口岸城市，随着商贸发展，岳阳经济地位迅速上升，经济功能成为城市发展主要因素。岳阳经济活动被纳入世界市场，成为世界市场组成部分，城市经济向近代经济模式转变。

首先，岳阳开埠通商后，最突出表现是对外贸易的发展。大量洋货和土特产品汇集于岳阳，岳阳成为湖南省对外贸易主要口岸。1899年岳州开关之后，贸易额不断增长。1902年岳阳进出口总额是829597两白银，1903年增长为2857049两[1]。虽然长沙于1905年开放为通商口岸，对岳阳对外贸易产生影响，但是从长期来看，岳阳仍然在曲折中增长。1930年，长江沿江各重要商埠（除了镇江）的进出口净值与1900年相比，岳阳增长率最高，增加了131.4倍[2]。

其次，加强岳阳与长江沿线城市的经济联系。开埠之后，湖南产物大多经岳阳口岸运去汉口，或者长江下游各口岸城市。而从沿海口岸城市输入的外国商品，则经过长江黄金水道，再由岳阳口岸，进入湖南各内地市场。可以说，岳阳开埠后主要充当国内通商口岸进出口货物的传输口岸的作用。

再次，开埠通商之后，岳阳出现近代商业资本家和新式商业经营方式。这使得近代岳阳商业性质不同于传统农业社会以自然经济为主的商品交换，体现出近代特征。开埠之前，岳阳从事商业的主要是传统贩商、牙商和铺商。传统商业经营方式是工商兼营，前店后厂，自产自销，基本属于小商品生产，客商采购成批货物都是通过牙行向小生产者收购，然后运回销售。开埠之后，岳阳出现近代商业资本家和新式商业经营方式。新式商业不是自产自销，而是从洋行进货，采用经销、代销、包销方式。岳阳开埠之后，很多洋行在岳阳县城设立代销点。1914年（民国3年），英国太古车糖公司捷足先登，在岳州城内街河口设立经理处。1919年，汉口商号姚顺记在岳阳城内下街河口设福记，经销英亚西亚煤油公司铁锚牌煤油。同年英美烟草公司、怡和车糖公司和汉口商人杨芝泉等分别在鱼巷子、街河口开设分公司、和记和正大商号，经销纸烟、食糖和煤油[3]。这些洋行采用新式商品促销方式，如设于岳阳城陵矶"请吸哈德门香烟"的广告牌，高数丈，几里之外都可辨认。这些商业资本家推销进口洋货、收购出口土货，已经不同于建立在封建性小生产基础上的传统商业，而是与资本主义生产方式相联系，逐渐被纳入资本主义商业和市场网络。

最后，岳阳商贸繁荣也促使金融资本主义发展。1912年，湖南官钱

---

[1] 张朋园. 湖南现代化的早期进展. 长沙：岳麓书社，2002：121.
[2] 张仲礼等主编. 长江沿江城市与中国近代化. 上海：上海人民出版社，2002：67.
[3] 中国人民政治协商会议湖南省岳阳市委员会文史资料研究委员会编. 岳州开埠始末. 岳阳市文史资料第八辑（内部发行）. 1986.

局改组成湖南银行，在岳阳设有分支机构。1913年7月，交通银行湖南分行在长沙成立，并在岳阳等地设立支店。同年，岳州商业银行开业。

岳阳经济地位的提高，也伴随着政治军事功能的加强。岳阳辟为自开商埠后，为加强对商埠和海关的管理，湖广总督张之洞、湖南巡抚俞廉三奏清政府，将分守岳常澧道移驻岳州，兼管岳州关监督事务。岳阳临洞庭湖和长江，形势险要，为湖南省北门户，开埠后商务又得以发展，因此成为近代战争中防守和争夺的要地。清末，岳阳设有岳州营，岳州营驻岳州府城，营下有500多人。岳阳水运交通便利，历来为漕粮转运之地，清代有岳州卫，设守备，专司粮运。岳阳临洞庭湖，还是操练水军的绝好场所。清末岳阳设有水师营，有参将镇守。同治年间，岳阳设有长江水师提督轮驻之地，并设岳州镇水师。民国时期，岳阳修建粤汉铁路，军事地位更加重要。岳阳先后设有岳阳镇守使、岳阳警备司令部和第一区保安司令部。北洋军阀曹锟、吴佩孚还在此设长江上游警备司令部、两湖警备总司令部。在南北军阀混战和抗日战争期间，岳阳境内往来的驻军达数万、数十万[1]。

总体来看，虽然近代岳阳城市政治和军事功能都有所加强，但推动城市发展的主要因素还是经济。城市经济主导功能的发挥，决定着城市发展，以及在周边区域中的城市地位。因而，我们说，近代岳阳城市功能由传统政治军事为主转向近代经济功能为主。

二、城市多功能的进一步发展

每个城市的功能都不是单一的，具有多重功能性质。即便是最初产生的城市，其作用也是多种的，例如政治、军事，或者宗教。城市在经过长期历史演变之后，其功能多趋向于复合形态发展。尤其近代中国城市，在外来西方文明冲击之下，城市发展出多种新功能。以岳阳情形而言，自开商埠之后，除突出的经济功能替代传统政治军事功能成为主导功能之外，岳阳还是长江中游的港口城市、铁路交通城市，以及湘北地区文化中心。

---

[1] 岳阳军分区军事志编纂委员会. 岳阳市军事志. 岳阳晚报出版，2000：131.

图3-1 民国时期往来岳阳的船只
(资料来源:《千年古城话岳阳》)

1. 长江中游港口城市

岳阳位于洞庭湖和长江交汇处,是一个联通江湖水运的港口城市。尤其在城陵矶设置商埠之后,往来经过岳阳的船只日渐增多,外国商船接踵而来(图3-1)。英、美、日、俄、法、意、荷兰、丹麦、挪威等国和沪、汉各埠轮船出入城陵矶商埠,每年少者千艘,多者上万艘。从1900年至1933年,进出城陵矶的大小轮船总计184796艘[1]。此外,帆船贸易也相当兴旺。开埠初期,经过岳阳厘金贸易的帆船每年达一万多艘。英商太古、怡和公司,日本"湖南轮船公司"、日商"戴生昌"轮船局、德商美最时洋行等外商纷纷开设湘汉航线,停靠岳阳与城陵矶。湖南的中国汽船公司、楚利公司、普济公司、外埠的民生公司、三北公司等数家中国轮船公司,相继开办湘汉、湘申、湘渝、湘宁、湘浔等航线。自清末至1929年,仅湖北省内开入湘省航线的轮船公司即有70家,共125艘轮船。其中,直接驶抵岳阳的有5家公司的5艘轮船,其他各公司轮船大都在城陵矶商埠停靠[2]。随着过往船只增多,城陵矶也成为过往轮船的燃料供应港。

2. 铁路交通城市

近代中国由于铁路的兴建,在铁路沿线兴起许多城市,也有许多城市因为商路被铁路所夺,城市变得衰落。幸运的是,原本以水运为交通优势的岳阳,在1917年粤汉铁路开通之后,城市交通更为便利,开始了铁路运输。

---

[1] 中国人民政治协商会议湖南省岳阳市委员会文史资料研究委员会编.岳州开埠始末.岳阳市文史资料第八辑(内部发行).1986.
[2] 邓建龙.岳阳市南区志.北京:中国文史出版社.1993.

粤汉铁路通车初期，大部分货物运输仍然取道水路。只有每年洞庭湖春夏水涨的时候，车站才招徕客源和货源。由于张之洞创办了汉冶萍公司，需要从湖南运送煤作为冶炼燃料，借此，岳阳车站货运量加大。民国8年（1919年）8月，与汉冶萍公司订立运煤专车合同，逐日由株洲站开行煤车一次。此后，湘鄂线客货运输业务逐渐增加，运输收入也逐渐增多。但是，因为受到近代频繁战争影响，粤汉铁路运输是不稳定的。民国9年（1920年），7月中旬，粤汉铁路湘鄂线运输曾一度中断。直到1922年3月，湘鄂战事结束之后，汉冶萍煤矿公司因在株洲积存的煤较多，每日加开煤车1列。此外，铁路运输还加强岳阳和省会长沙之间的经济联系。1924年，岳阳至长沙间运输业务开始增多。从铁路运输货物来看，大都是些不易水运的日常用品。例如，发送的货物以干鱼、黄豆为大宗，其次为面、糖、盐、煤油、粗纸等；输入则为洋纱匹头、香烟、粗纸、湖南铜元、灰面、水果等物。1925年之后，煤运量才成为大宗货物之一。1936年9月，粤汉铁路武昌至广州全线通车，岳阳车站客货运输量更为增加[1]。

这里值得我们注意的是，虽然铁路的修建，使得岳阳货物对外运输多了一种途径，但是水运仍然是城市货物运输的主要交通方式。据笔者对《城陵矶港史》编者李望生的访谈，直到20世纪70年代，岳阳水运才真正衰落下来，铁路最终取代水运。

3. 湘北地区的文化中心

之前论述中提及，近代湖南省素有"城堡"之称，甲午战争之前，不仅反洋教斗争激烈，甚至"耻闻洋务"，由此可见对西方文化极力抗拒的态度。甲午战争之后，湖南始才兴起学习西方文明的革新之风。而岳阳作为湖南省第一个通商口岸城市，自然成为西方文化传入的据点。

开埠通商不久，各国传教士就来岳阳开办教会学校，传播西方科学文化知识。其中，比较著名的教会学校是美国基督教的贞信学校和湖滨大学。贞信学校于1901年开办，设在岳阳县城内的塔前街，与岳阳城区商民混杂一处。贞信学校在发展过程中，学制不断完善。最初是初小、

---

[1] 岳阳市交通委员会编. 岳阳市交通志. 北京：人民交通出版社，1992：74.

仅限于收女生，后来发展为包括完全初中和小学，男女兼收。相比当时岳阳城内其他私立学校和公立学校，教会学校设备完善，经费充足，吸引了不少富裕家庭子女就读，以至于当时有"吃鱼下洞庭，读书上贞信"的口头禅[1]。从中，也可以看出岳阳人对于西方文化态度的转变。而湖滨大学位于岳阳县城郊区黄沙湾，其学制从小学一直办到大学，有完整的教学系统，也是岳阳近代第一个大学。教会学校的创立，虽然其根本目的是为了文化殖民，但客观上起到传播西方文明的作用，推动岳阳城市现代化进程。

除传教士创办的教会学校，岳阳县城还有大量私塾，以及公办小学、中学、专业学校、夜校等。众多学校使得岳阳成为湘北地区的文化中心（图3-2）。

图3-2 民国时期岳郡联中
(a) 民国时期公办学校（岳郡联中）；(b) 民国时期教会学校（贞信女中）
(资料来源：《千年古城话岳阳》)

第三节 近代岳阳城市社会结构的转变

一、近代岳阳的城市化水平

城市化是衡量现代化的指标之一。近代以来，工业革命引发大规模城市化现象。工业革命带来的大规模使用机器的生产活动，要求劳动力相对集中，吸引农村人口不断向城市集聚。城市人口聚集和增长，反过来进一步促进城市经济发展，进而提高城市现代化程度。在传统农业社会，人口广泛分布在乡村；在工业社会，人口集聚于城市。因此，我们

---
[1] 张贻书. 岳阳私立贞信女中附属小学. 岳阳市文史资料. 第三辑. 政协湖南省岳阳市委员会文史资料研究委员会（内部）. 1985：170.

以城市化作为指标，衡量近代岳阳由农业社会城市向工业社会城市转变的程度。

由于近代历次人口统计口径并不统一，而且政权频繁更替，导致统计数据并不连续，我们无法得知近代岳阳历年城市人口的确切数据，只能从现有保留下来的零星数据中推断出近代岳阳城市化的基本情况。

清末开埠初期，岳阳县城人口相对湖南省其他城市而言处于较低水平。据马士记载，当时省会长沙"城内居民不下六万家"，湘潭"相传烟村十万家"，常德"城厢居民约有三四万家"，而岳阳"居民不过万八千名口"[1]。开埠后随着商贸发展，岳阳城市人口有显著增加。据宣统元年（1909年）《湖南乡土地理教科书》的记载，当时岳州府城"人口约五万"[2]。另根据刘泱泱研究，1899年，岳州开埠前夕，约1.8万人；1919年为2万人；1924年，增加到约5万人；1932年估计约3万人；1934年实地调查，城厢人口为25727人[3]。虽然有些数字存在不一致地方，但是可以确定的是，开埠通商确实导致岳阳城市人口增长。由于岳阳是近代战争争夺要地，战争期间，城市人口变化幅度比较大。抗日战争日本侵占期间，岳阳城区人口仅4000余人。抗战胜利后，随着人们不断返乡，人口才大致恢复到战前水准。1949年，岳阳城区人口增至24298人，其中男12161人，女12137人[4]。总体来看，近代岳阳城区人口维持在3万上下，较开埠前增长50%。

虽然近代岳阳城市人口有所增加，但城市人口在全县人口中的比重并不大。以1924年，岳阳城市人口出现5万最高值计算，由于当时岳阳全县人口也达到120万的最高值，城市化程度只有4.17%。如果按照《湖南省岳阳县三十五年度保甲户口统计报告表》数据计算，岳阳城厢镇人口25427人，全县人口420502人，城市化程度为6.05%。另据台湾学者张朋园统计，民国23年（1934年），岳阳城区人口25727人，全县人口

---

[1] 马士. 光绪二十五年岳州口华洋贸易情形论略. 湖南历史资料. 第十辑. 长沙：湖南人民出版社，1980：166-168.
[2] 辜天佑编. 宣统元年二月出版. 初等小学教科书. 湖南乡土地理教科书. 第二册. 长沙发行. 羣智书社. 羣益书社. 作民译局.
[3] 刘泱泱. 近代湖南社会变迁. 长沙：湖南人民出版社，1994：190.
[4] 邓建龙. 岳阳市南区志. 北京：中国文史出版社，1993：94.

437775人，城市化程度为5.88％，属于传统型人口分布[1]。从以上数据，我们可以得知，近代岳阳城市化程度不高。

近代岳阳城市化程度不高，与其所处区域环境和城市经济发展情况有关。如前所述，湖南省的封闭和保守使得它的开放和现代化启动比沿海地区晚三十几年，导致湖南全省城市化水平都不高。民国5年（1916年），湖南全省城市人口只占全省总人口的3.5％[2]，远远落后于沿海的江苏省（城市人口占19％），也不及周边省份湖北（城市人口占5.0％）和四川（城市人口5.5％）。岳阳是湖南省北大门，虽然是湖南省第一个通商口岸城市，但相对于其他省份口岸城市而言，其现代化启动也较晚。因而，近代岳阳城市化程度不高与全省城市化水平是相符的。其次，近代岳阳虽然因商而兴，但是工业一直未能发展起来，缺乏吸引大量农村劳动力的工业。工业对于城市经济发展的重要性，洋人也认识颇深。马士不无遗憾地说，"前有日本商家欲在南段月蟾洲租赁地亩，开设炼锑厂，嗣因矿务局弗能允定月有若干锑砂，以致中辍，诚可惜也。倘使此厂一开，不但能多用工人，以济贫民，且能教化无限之学生，足以大兴本埠。将来苟遇此等事情，惟愿极力助成，大是美举"[3]。但是从清末直到新中国成立后的若干年，岳阳仍然是一个消费性商业城市，工业无所发展。由于工业没有发展起来，城市对于周边农村人口的吸引力有限，这是造成近代岳阳城市化水平低的主要原因。

从近代岳阳城市人口发展和城市化指标来看，城市社会仍然具备传统形态特征，岳阳现代化发展的步伐缓慢。这一特征，也体现于近代岳阳城市人口构成之中。

二、近代岳阳城市人口构成

抗日战争胜利之后，岳阳县政府按现代人口统计方法，对当时城市人口各方面内容进行详细统计。虽然统计数据反映的是战后情况，与战

---

[1] 张朋园. 湖南现代化的早期进展. 长沙：岳麓书社，2002：404. 按照城市学的分类，一般都市人口不超过辖区总人口百分之六七的城镇，其社会都属于传统类型。
[2] 张朋园. 湖南现代化的早期进展. 长沙：岳麓书社，2002：411.
[3] 马士. 光绪二十六年岳州口华洋贸易情形论略. 湖南历史资料. 第十辑. 长沙：湖南人民出版社. 1980：177-178.

前岳阳最繁盛时期的情况显然有所不同,但也能体现出近代岳阳人口构成大体的发展趋势。据"湖南省岳阳县三十五年度保甲户口统计报告表"统计,当时岳阳县城厢镇共5547户,常住人口共25427人[1]。

1. 年龄构成

从图3-3可以看出,岳阳城市人口年龄分布均匀,并没有出现青壮年劳动力比例突出现象,其中,20岁至40岁青壮年男性占总人口比例的16.8%,占男性人口比例的30.3%。青壮年人口不占据城市人口中主要部分,这也符合近代岳阳城市缺乏工业,不能吸引劳动力的情况。

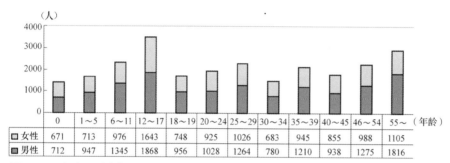

图3-3 1946年岳阳县城常住人口年龄构成
(数据来源:"湖南省岳阳县三十五年度保甲户口统计报告表",现藏于岳阳市档案馆)

2. 教育构成

根据图3-4数据统计,1946年岳阳县城识字率仅为34.6%。有学者认为识字率不达到60%以上,社会仍难摆脱传统形态。显然,民国时期岳阳县城仍然处于传统形态。从受教育的男女比例来看,男性受教育程

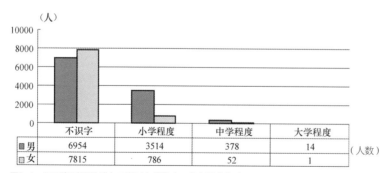

图3-4 1946年岳阳县城十二岁以上常住人口教育程度构成
(数据来源:"湖南省岳阳县三十五年度保甲户口统计报告表",现藏于岳阳市档案馆)

---

[1] 湖南省岳阳县三十五年度保甲户口统计报告表,岳阳市档案馆。据统计,另有外侨20人,壮丁6176人,其中男4028人,女2148人。

度远高于女性，这也是重男轻女传统社会意识的明显体现。事实上，湖南一直有溺毙女婴的传统，岳阳也不例外。宋《岳阳风土记》载，"生子计产授口，有余，溺之"[1]。从男女受教育程度，近代岳阳城市社会的传统性可见一斑。

3. 职业构成

图3-5显示出近代岳阳城市社会职业结构前四位依次为：商业、服务业（含公务、交通运输）、工业（含矿业）、农业。商业为众业之首，凸现近代岳阳城市经济功能，体现近代岳阳商业城市性质。从这一点来看，近代岳阳城市社会结构并不是完全的传统形态，具有一定现代性。

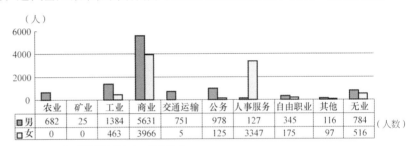

图3-5 1946年岳阳县城城市人口职业构成

（数据来源："湖南省岳阳县三十五年度保甲户口统计报告表"，现藏于岳阳市档案馆）

4. 籍贯构成

岳阳由于交通便利，在历次移民浪潮中成为湖南省主要移入城市，城市人口中客民人口比重较高。明清时期，岳阳商品经济得以发展，从事商业的人逐渐增多。而传统商业经营常常是以地域和血缘为纽带，形成某一地区移民聚集现象。就岳阳而言，本地居民以农业居多，商业多为外来移民把持。这些外来移民常常以地域乡谊和血缘亲情为联系纽带，选择同乡同族成员参与商业经营，甚至从掌柜到店伙都由同乡族人担任。清末，由于岳阳从事商业的江西商人较多，有"江湖渔利，亦惟江右人有"的说法。近代自开商埠以来，虽然洋货大举入侵，也出现一些新商业经营方式，但是在经营商业人口构成上，仍然延续着以血缘和地缘为纽带的传统特征。例如，当时岳阳豆作坊全由江西人把持，主制各种豆制品；而在近代岳阳经营近四十年的著名商号戴同兴泰南货号老

---

[1] 宋《岳阳风土记》.

板祖籍南京，其第一任经理聘用的仍是其同乡南京人[1]。

总体来看，虽然由于自开商埠，商品经济发展，促使近代岳阳城市人口增加，但是近代工业缺乏，使得岳阳未能走上因工业化而城市化的道路，城市化程度较低。从城市人口构成来看，工商业人口增加体现出城市社会结构开始向现代转型，但是男女受教育程度的显著差异，以及从事商业人口中以地域和血缘为纽带集聚的现象，显示出岳阳城市社会结构的传统性。因而我们可以说，近代岳阳城市社会结构处于传统向现代转型的过渡阶段，兼有传统社会和现代社会的特征。

第四节 近代岳阳城市市政建设的发展

一、近代岳阳市政建设的发展

近代中国城市市政建设发展首先表现在现代市政设施的出现，包括交通、通讯、能源等方面。一个近代城市所拥有的现代市政设施类型及其使用起始时间表明这个城市市政建设现代化的大致水平。这些现代设施大都由西方人发明，通过开放的通商口岸城市传入中国。通商口岸城市通常都是位于水运交通便利地区，因而近代中国城市的现代设施呈现出从沿海地区向沿江地区，进而向内陆城市传播的趋势。岳阳位于长江中游地区，通过与其他长江沿江城市现代市政设施发展状况的比较（表3-1），我们可以得知近代岳阳城市市政建设现代化的发展情形。

近代长江沿江城市现代设施传播时间比较　　表3-1

现代设施	发明时间	上海	南通	镇江	南京	九江	武汉	岳阳	重庆
铁路	1825	1876	—	1906	1907	1910	1898	1917	1934
电报	1835	1871	1895	1881	1881	1893	1884	1897	1886
电话	1876	1882	1913	1912	1900	1915	1900	1925	1912
电灯	1881	1882	1917	1905	1911	1917	1906	1917	1906
人力车	1870	1874	—	1913	—	民国初	1888	1914	—

---

[1] 郭清和，易碎元口述．戴同兴泰南货号．岳阳市文史资料．第三辑．政协湖南省岳阳市委员会文史资料研究委员会（内部）．1985：133．

第三章　近代岳阳城市转型

续表

现代设施	发明时间	上海	南通	镇江	南京	九江	武汉	岳阳	重庆
汽车	1883	1901	1913	1923	1928	1930	1903	—	1928
无线电通讯	1896	1909	1931	—	—	1927	1922	1919	1928
无线电广播	1920	1923	1948	1935	1928	—	1928	—	1932

资料来源：据"主要现代技术在长江沿江主要城市传播时间对比表"（引自《长江沿江城市与中国近代化》，张仲礼等主编，上海人民出版社，2002：760）修改，增加了岳阳的数据。

从市政设施类型来看，近代岳阳已经初步具备近代城市现代设施，包括铁路、电报、电话、电灯等。从使用起始时间来看，除铁路修筑比重庆要早17年外，大部分设施都要晚于长江沿江其他城市。这说明岳阳虽然是湖南省第一个口岸城市，但与长江沿江其他城市相比，其开放和现代化步伐较慢。这与湖南省在清末的封闭和保守，从而导致较晚才开放口岸城市是分不开的。值得注意的是，岳阳无线电通讯比南通、九江，甚至武汉、重庆等都要早。究其原因，因为岳阳是军事要地，通信设备发展对于军事联络极其重要，因而岳阳近代通讯发展较早所至。从各项设施的建设者和设置目的来看，近代岳阳铁路、电报、电话、无线电通讯的出现，是清政府或者军政府最初出于军事目的而设置，这些设施再发展为民用用途。近代岳阳电灯和人力车的出现，则主要是岳阳商绅出于盈利目的而创办。

相比较而言，岳阳市政设施现代化起步比沿江其他城市要晚，但由于军事地位的重要性，在通讯和交通方面，比某些城市要早。近代岳阳现代市政设施则是由政府出于军事目的，商绅出于盈利目的而共同推动。

为进一步了解近代岳阳市政建设的具体情况，我们对近代岳阳市政建设机构及其市政建设方式作进一步探讨。近代岳阳政局动荡，社会不稳定，除清末自开商埠和粤汉铁路修筑是有计划实施下来的重大革新举措之外，岳阳城市其他方面发展则以缓慢、自发、局部的方式断断续续进行着。近代岳阳没有统一的市政建设机构，也没有充足建设资金，市政基础设施现代化过程是由地方政府和商绅共同推动来进行，民间筹资成为建设资金主要来源。尽管困难重重，在社会转型整体带动下，岳阳还是逐渐呈现出近代城市面貌。

近代中国现代市政体制是在租界示范作用下产生的结果。岳阳虽然是自开商埠城市，但由于商埠离旧城区太远，商埠建设和管理的示范作用不明显，岳阳县城市政建设以零散和局部的方式进行。从表3-2中可以看出，近代岳阳政府并无专门机构进行实际城市建设工作。从辛亥革命到新中国成立前38年中，只有两个时期的机构涉及城市建设。一是民国2年（1913年）县公署下设二科，兼管建设，但并不是专管机构。二是民国31年（1942年），县政府下设建设科。可当时是抗日战争时期，岳阳县城被日军占据，所谓建设科不过是有名无实的机构。民国34年（1945年）抗战胜利后，到民国38年（1949年）裁撤建设科，建设科不过存在短短4年时间，从裁撤情况看来，也并没有发挥多大作用。

清末民国岳阳县政府机构的演变　　　　表3-2

年代	机构名称	机构设置	备注
清代	县署	知县管理全县政务，兼管民事和刑事件的审理；县丞管理文书、监狱；典史管理缉捕；教谕、训导管理文庙祭祀、教育生员；主簿管理文书图章	清末县署设厘局、救生局、育婴局、水龙局、盐局、义渡公局、邮政代办所、劝学所、劝业所、巡警训练所、警务公所等
清宣统三年（1911年）	巴陵临时事务所	民政、财政、教育、警务四科	11月，改为巴陵行政厅，民国2年改为县公署。厘局改称厘金局，义渡公局改为义渡局
民国2年（1913年）	县公署	设一、二、三科。一科分管民政，二科管财政、建设，三科管教育	改称岳阳县。民国11年增设禁烟专科，次年增设杂税局、电报局、船捐局等。民国15年，北伐战争后，改称县政府
民国18年（1929年）	县政府	公安局，财政局，教育局	根据国民政府《县组织法》改组，民国19年增设会计统计室，民国22年实行地方自治，增设自治科
民国27年（1938年）	县政府	公安局，一、二、三科。一科主政治，二科主经济，三科主军事	抗日战争爆发
民国31年（1942年）	县政府	民政、教育、财政、建设、军事5科；秘书、会计、合作3室	实行新县制，按国民政府《县各级组织纲要》改组
民国34年（1945年）	县政府	民政、财政、建设、教育、军事、社会6科；秘书、会计、统计、合作指导4室	民国37年裁社会科、统计室；民国38年裁建设科；建设科兼管工商业及市场

资料来源：据《岳阳县志》、《岳阳市南区志》、《岳阳市文史资料》（第八辑）整理。

在市政建设机构缺失的情形下，岳阳地方商绅以及短暂统治岳阳的军人就起到推动岳阳基础设施现代化的作用。1917年1月，岳阳地方名绅陈煊购置铁轮人力车，在城区载客营业，率先开始现代交通方式的革新[1]。民国10年（1921年），陈煊又城区开办人力车行[2]。近代交通发展进而对城区道路提出新要求。民国20年（1931年）11月，岳阳驻军旅长兼警备司令段珩召开各界联席会，向岳阳各界筹措大洋5000元，开始修建洞庭马路，由岳阳楼西门正街经黄土坡至吊桥。洞庭马路的修建改善了岳阳城北地区和城南商业区之间的交通联系不畅状况，成为城市主要南北交通要道。此外，岳阳城内第一座近代公园也是在军人主持下得以修建。民国16年（1927年），国民党军十六师师长陶广驻守岳阳时，修建中山公园。中山公园位于城区北面，以鲁肃墓周边空旷丘陵地带为基础，面积不大，约900平方米，内设有花台、花带、花池、小亭等园林设施，植有花草、林木，公园周边筑有围墙。临街高地上立有青石牌坊，上书"中山公园"四字（图3-6）[3]。从公园布局和大门形制来看，仍然体现出中国传统园林空间特征。

在近代岳阳为数不多的市政基础设施项目中，电厂的设立是影响岳阳城市面貌的一件大事，而这是由民间商业资本创办的。民国3年（1914年），湖北商人徐子建、徐声俊合资在竹荫街西医汪仲鼎诊所后院创建"东海电灯公司"，供应竹荫街、南正街、天岳山、梅溪桥一带商店及四百五十多户居民和十余盏路灯用电。明清时期，岳阳城区街道和

图3-6　中山公园内的鲁肃墓
（资料来源：《岳阳文史第十二辑：岁月留痕》）

---

[1] 邓建龙. 岳阳市南区志. 北京：中国文史出版社，1993.
[2] 岳阳市城乡建设志编辑委员会. 岳阳市城乡建设志. 1991.
[3] 邓建龙. 岳阳市南区志. 北京：中国文史出版社，1993.

铺屋,多以菜油、桐油、茶油灯和蜡烛灯笼作为照明用具。岳阳自开商埠之后,随着洋货的入侵,城区开始使用洋油(煤油)和外国进口的煤油灯具照明。然而,直到电灯出现,岳阳城市晚间面貌才发生根本变化,并促进城市商业发展。但由于资金限制,岳阳城市电灯使用还是有限的,规定:"地方公用路灯以装公共道路电杆为限,所需器材由地方筹集,电费按普通照明半价计算。其余街巷一律使用煤油灯或植物油灯",供电时间也限定为每日18时30分至凌晨1时止[1]。

虽然岳阳市政建设现代化有了一定发展,但是其步伐是相对缓慢的,从用水和排水问题可见一斑。岳阳临洞庭湖,然而用水一直是城市面临的难题,直到新中国成立前,岳阳都没有建设水厂以解决用水问题。岳阳滨湖,城市周围有充足的水源,但是城市所在的地段属于板页岩地质结构,土质坚硬,地下水不易渗透。而且由于水质不好,岳阳城内虽然水井众多(图3-7),但大部分井水不能饮用,城市内部用水十分紧张。清嘉庆时,巴陵知县陈玉垣就写道:"巴陵城外水云窟,巴陵城内水不足,楼下肩磨挑水忙,瓮贮瓶藏供饮沐"。民国时期,岳阳城市用水仍然保持传统取水方式。由于岳阳位于湖边岗丘之上,取水上坡不易,市民多雇人包水,几户或十几户由挑水夫承包供水。此外,还有卖零水者,用木轮车装一扁圆形木箱,沿街叫卖。城区内仅挑水夫就有70多人。直到1940年代末,岳阳铁路机务段才在红船厂建一小型抽水机

  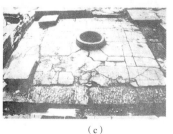

(a)　　　　　　　　(b)　　　　　　　　(c)

图3-7　民国时期岳阳城区内的水井
(a)玉清观巷井;(b)观音井;(c)桃花井
(资料来源:《千年古城话岳阳》)

---

[1] 岳阳市城乡建设志编辑委员会.岳阳市城乡建设志.1991,186.

埠，专供火车及旅客饮用水，少量供应附近居民[1]。在排水方面，岳阳也面临城市排水不畅的问题。明清时期，岳阳城内排水依靠地形起伏自然排放到沟渠和池塘中，再通过护城河排放至周边湖泊。城外地区则顺着地势的坡度直接排入洞庭湖内。民国以后，随着城墙的拆除，护城河也早已淤塞，其用地或辟为农田，或建设房屋，人口增长也导致城内沟渠池塘被填塞建房。城区排水系统的破坏，导致排水成为城市一大问题。每逢大雨，城区排水阻塞不通，街巷成河，污水四溢。

岳阳市政基础设施现代化的缓慢发展，使得岳阳呈现出传统和现代并存的城市面貌。

二、近代岳阳市政建设的特征

通过对近代岳阳城市现代设施与其他长江沿江城市的比较，以及市政机构和市政基础设施建设方式的探讨，我们可以看出，近代岳阳虽然在自开商埠之后，城市市政建设现代化有一定程度发展，但总体而言，其现代化步伐呈现出缓慢特征。为什么近代岳阳城市市政建设现代化如此缓慢？我们认为是出于以下几个原因：

1. 建设资金

城市市政建设现代化面临的首要问题是要有充足建设资金，近代岳阳虽然因商而兴，但在城市市政建设方面，却缺乏建设资金。其原因在于，近代岳阳从事商业的有实力商人多是来自汉口的资本家，他们从岳阳商业经营中获取的大量利润并没有投入到本地消费市场，而是投入汉口进行其他商业投资或者消费。还有的商人保留了传统商人从商获利后的消费习惯，回原籍买地建宅。岳阳本地商人相对而言资本较薄弱，也就无法组织进行大规模城市市政建设活动。其次，城陵矶商埠和岳阳县城主要是中转贸易，即不是生产地，也不是销售地。商家通常都不愿意投入资金进行基础建设。这从城陵矶和岳阳县城码头建设的情况可以得知。近代岳阳自开商埠后，码头数量逐渐增多，但是其设施仍然十分简陋，多数是自然状态的坡岸码头，稍大的轮驳船即不便于靠近码头停

---

[1] 邓建龙. 岳阳市南区志. 北京：中国文史出版社，1993：279.

泊，多停泊于江湖之中。木划船和高脚跳凳则成为旅客、货物上下的主要设施[1]。再次，岳阳是军事要地，不仅常年有军队驻扎，还常有军队经过。当地稍有实力的商户都被硬性摊派军费，商业经营所获得财力大多耗于军队，也就没有余力来从事城市市政建设。所以，虽然近代岳阳是一个商业城市，许多商人从转口商业贸易中获利，但是与其他城市相比较，最终由商人投资而进行的重大市政基础设施项目却不多，导致市政建设现代化缓慢发展。

2. 政治局势

城市市政基础设施建设具有投入资金大、建设周期长的特点，因而市政设施现代化的稳步发展需要长期稳定的政治局势作为保证。而近代中国政局变动频繁，尤其岳阳是军事要地，在近代数易其手，经历清政府、南北各路军阀、国民政府、日本侵略军多个政权的轮番统治。政局的动荡，使得临时的岳阳掌权者难以对岳阳进行长期市政基础设施建设。即便是洞庭马路、中山公园的修筑、岳阳楼的重建，这几项不大的建设项目，也是在20世纪20年代末30年代初，政局稍安的时期，才得以实现。

3. 战争破坏

虽然城市市政设施需要消耗大量建设资金和长期经营，但是其面临战争破坏时，却显得颇为脆弱。近代岳阳城市市政建设现代化发展缓慢一个重要原因是，近代频繁的战争不仅阻碍城市市政建设的发展，还给城市市政建设带来巨大破坏。1918年，北军溃败时，烧毁城南繁华商业区。1937年，日本侵略军在多次飞机轰炸之后，占领岳阳县城。抗日战争期间，岳阳县城又多次遭受飞机轰炸。1945年，岳阳几乎成为一片废墟，几十年城市建设成果毁于一旦。

4. 城市化程度较低

城市市政设施发展还与城市人口数量密切相关。近代岳阳虽然在开埠通商之后，城市人口有一定发展。但是由于缺少足够近代工业，吸收农村劳动力有限，城市化程度较低。据统计，民国年间，镇江城市人口

---

[1] 岳阳市交通志编辑委员会. 岳阳市交通志. 1991.

18.4万人，扬州城内居民10万余人，安庆城市人口11万人，芜湖城市人口14万人，九江城市人口7万余人，宜昌10万人，沙市9万余人，而岳阳常年人口在3万上下[1]。与其他长江沿岸城市相比较，显然岳阳城市人口偏低。岳阳城市人口较少对于城市市政设施造成的影响是，城市市政设施缺乏足够使用人口以维持其运营，市政公用事业难以发展。

从以上分析我们可以得知，建设资金的缺乏、不稳定的政治局势、频繁的战争破坏，以及较低的城市化水平，导致近代岳阳虽然在自开商埠带动下，城市市政基础设施有一定发展，但是其现代化进程还是相对缓慢。

---

[1] 数据来自：张仲礼等主编. 长江沿江城市与中国近代化. 上海：上海人民出版社，2002：398-404.

第四章 近代岳阳城市空间转型的历史过程

第二章以宋明清岳阳地方志的文献记载为依据，对古代岳阳城市空间形态演变进行总结，指出早在明代之前，岳阳城池就具有"扁担州"的形态特征，并且呈现山水城市风貌。明清时期，城市"溢出"城墙向城南滨水地区呈带状生长，最终形成"城＋市"的空间形态，由此构成近代岳阳城市空间转型的形态基础。第三章对近代岳阳城市转型的研究，表明清末岳阳城市功能、城市社会结构、市政建设由传统型向近代型转变。城市空间形态是城市社会经济等综合作用的结果。城市社会机制的转变最终导致城市空间形态转变。近代岳阳城市转型作用在物质形态层面，表现为城市空间形态由传统农业社会型向近代工业社会型转变。本章运用岳阳近代档案资料，对这一历史过程进行纵向梳理。

　　何一民先生认为，城市研究要注意对城市发展关节点的把握。所谓城市发展关节点就是明显影响城市发展的内因和外因，包括一些重要历史事件，如战争、开埠、修路等。抓住了关节点，城市发展的阶段性随即凸显。通过对城市发展关节点的探析，进而把握城市发展脉搏，揭示城市发展规律[1]。就城市空间形态发展的历史过程而言，在重大历史事件刺激下，城市相关结构性的形态要素发生变化，造成城市空间形态"突变"。在这些重大历史事件之间，城市局部空间形态要素发生缓慢变化，形成城市空间形态"渐变"过程。近代城市空间转型就是由一系列的"突变"和"渐变"的历史过程来完成。因而，根据影响城市空间形态的重大历史事件，可以将近代岳阳城市空间转型分为几个历史阶段：城市空间转型的初始期（1899~1916年），标志性历史事件是清末岳阳自开商埠；城市空间转型的演进期（1917~1922年），标志性历史事件是粤汉铁路的开通；城市空间转型的形成期（1923~1944年），标志性历史事件是岳阳城墙的拆除；城市空间转型的延续期（1945~1949年），标志性历史事件是抗日战争的胜利。

第一节　城市空间转型的初始期（1899~1916年）

　　1899年岳州开埠，商埠设于城陵矶镇。城陵矶商埠是清末在中国人

---
[1] 何一民，曾进. 中国近代城市史研究的进展、存在问题与展望.

主持下，以中西结合方式进行商埠建设的首次尝试，其建设和管理经验为后来中国其他自开商埠提供借鉴。而自开商埠对于岳州府城而言，一个重要影响是，由于岳州的对外开放，教会势力逐步深入城区，并在旧城区购地建房，建造了一批中西合璧的教会建筑，改变原有城市空间肌理，使得岳阳城市面貌呈现出一定殖民性。

一、自开商埠：中国人主持的商埠建设

（一）商埠建设的指导思想

由于岳阳是清政府首批自开商埠之一，其商埠建设对将来其他自开商埠建设和发展有示范作用，清政府极其重视。湖南巡抚俞廉三与湖广总督张之洞反复筹商之后，先查取江、浙两省的通商章程，又委派湖南候补道张鸿顺、大挑知县胡扬祖等分赴上海、宁波等地详细访问。最终，确定商埠建设的指导思想，包括土地购买、基础设施和建筑方面的内容，"所有开埠之区，占用民间园田庐舍，均令按照时值，参稽原契，酌定价值，公平收买。沿江一带，修建石岸，以御风涛，并铺马路，俾便往来，均须次第举行，至西式楼栈非克期可成，多少亦难预定，须俟察看商务衰旺，再议修造，以待西人租赁"[1]。

（二）中西合璧的商埠空间形态

由于是自开商埠，除商埠主权归属中国，以及"会议开埠章程二十五项"、"岳州城陵矶租地章程"等开埠管理章程由中方为主制订外，在商埠空间形态上，也体现中国传统城市空间特征。

尽管清政府拥有自开商埠主权，但为避免华洋冲突，新建商埠区与城陵矶原有街区之间，划有明确界线。为了开埠、设关，岳州知府将原在城陵矶镇中心董家巷外的巴陵与临湘县界划至镇北，与海关地界接址处。进而，用砖重新修筑一道分界围墙，并在靠近江边的城陵矶街道接海关大马路处，以中国传统建筑形式修建一座城门，城门上建有"皇经阁"，城门洞道全长约8米。据老人回忆，"皇经阁"建筑形制如同岳阳楼，为琉璃瓦顶的两层楼阁。城门还设立巡捕房，雇用八个巡捕，站岗

---

[1] 奏岳州开埠各事宜折，城陵矶港务局港史编写组．城陵矶旧海关始末．第80页．

巡逻，禁止中国人通行[1]。以此看来，在中国人主持下，商埠采用中国传统城市划分内外空间的方式，成为封闭"城堡"。

而在商埠区以内，岳州海关建设却以另一种方式进行。在商埠区内先后划定建关地盘八块，面积三十八亩七分五厘。由海关出钱，向私人业主购买土地，然后到省办理出租（于英国人）的手续[2]。海关建筑则由英国在上海的一家打样间设计（图4-1）。建造关房时，由英国工程师指挥，水泥等建筑材料都是从国外运来。1902年，岳州海关最终建成。

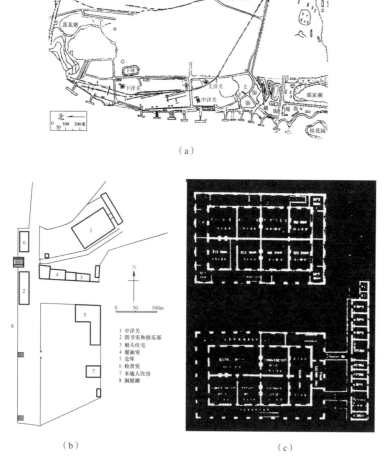

图4-1 近代岳阳海关建筑
（a）城陵矶海关建筑分布示意图；（b）中洋关建筑群总体布局；（c）中洋关建筑首层、二层平面
（资料来源：（a）据"城陵矶港中心区主要交通设施平面图"改绘；（b）、（c）：岳阳市档案馆）

[1] 城陵矶门洞的来历//邓建龙主编. 岳阳市南区文史. 第一辑. 1992.
[2] 岳州开埠始末. 岳阳文史. 第八. 政协岳阳市委文史资料委员编.

海关建筑共分五部分：海关公事房、税务司公馆、帮办公馆、理船厅公馆、领货人及插子手住房等。主要海关关房为三栋两层西式楼房：港务长和帮办公馆（Harbour Master's House and Assistants' Quarters）、海关公事房（Customs Buildings）、税务司公馆（Commissioner's House）。三栋主体建筑位于城陵矶商埠区内滨洞庭湖东岸小山丘上，根据洞庭湖水入长江的水流方向，又分别称为"上洋关"、"中洋关"、"下洋关"，其整体建筑群布局没有采用中国传统院落式，而是通过地形来突出主体建筑。每栋主体建筑物的背湖面则设有一层附属服务建筑，是服务人员包括花匠、厨工等的宿舍。此外，其他附属配套建筑物与主体建筑都保持有一定距离。这样，从三栋关房都可以俯瞰洞庭湖，从洞庭湖面看来，高地上的关房也格外突出。除了建筑群布局有别于中国传统空间形式外，商埠区内还设有俱乐部、网球场等中国传统社会中所没有的公共设施。

（三）中国传统特色的开关仪式

事实上在岳州海关建筑修筑完毕之前，岳州海关就已经于1899年11月13日开放。在正式建造海关关房之前，海关关署设在城陵矶的原厘金卡官房。有意思的是，虽然岳州海关税务司由美国人马士[1]担任，但是海关开关仪式却充满中国传统色彩，再一次体现岳州商埠是由清政府自行开办的性质：

"当马士的坐椅被安置到关署大院时，道台匍伏在祭坛面前，焚香烧纸。海关旗帜冉冉升起，并鸣放三响礼炮。接着，道台在关署大门处宣布开关，一位传话人随声吆喝将海关之门打开。同时，六位其姓恰好凑成一句六字韵语的人出场表演，祈祷招财进宝。随后，马士的海关税务司大印被拆封，其就职仪式完毕"[2]。

虽然原厘金卡官房的具体建筑状况不得而知，推想应该是中国传统建筑院落布局。这终究不能满足洋人的使用和心理需求。于是，才最终修建一组以西方规划和建筑思想建造的海关建筑群。

---

[1] 马士（H.B.Morse），美国人，1874年哈佛大学毕业，随即来中国，开始在赫德控制下的中国海关供职。杨天宏. 口岸开放与社会变革——近代中国自开商埠研究. 北京：中华书局，2002：203.

[2] 杨天宏. 口岸开放与社会变革——近代中国自开商埠研究. 北京：中华书局，2002：205.

(四)商埠建设的意义和影响

从岳阳商埠建设过程来看,中国清政府力图体现商埠"自开"性质,在其所能控制范围内,都是以中国传统方式运作着。例如,商埠相关条例的制订、商埠区与原建成街道之间的空间划分,以及海关开关仪式的举行。然而,岳州海关税务司职位由外国人马士所把持。因而,岳州海关建筑群的空间布局和建筑形式体现了西方空间规划思想和建筑思想。

岳阳商埠是清末中国人商埠建设的首次尝试,其在选址、土地使用、管理操作方面获取的经验,为后来清政府其他商埠建设提供借鉴。例如,1900年,张之洞仿岳州自开通商口岸,清查官荒土地和收买民地约3万余亩,聘请英国工程师斯美利在武胜门外,直到青山、滨江一带丈量土地,并将建筑码头、填筑驳岸、兴建马路等工程进行详细勘估,绘制细图[1]。1910年,云南昆明自开商埠,其租地章程参照岳州章程而定。而岳阳商埠制订的巡捕章程因较为完备,也多为后来开放的各商埠所效仿[2]。

二、教会建筑:新城市空间要素的出现

清末岳阳自开商埠,不仅打开岳阳对外贸易大门,实际上也为西方文化传入岳阳扫清主要障碍。在城陵矶商埠如火如荼建设的同时,岳阳县城随着传教士的进入,而建成一批中西合璧的教会建筑,这些教会建筑分散在岳阳城区内,使得岳阳传统城市空间出现一些新空间要素,改变原有城市肌理。

开埠通商之前,岳阳传教活动一直受到当地居民强烈抵抗。早在同治二年(1863年)11月19日,法国传教士就试图进入岳州传教。当时,城区市民遍贴公檄,反对法国传教士来传教和建育婴堂[3]。1875年,英国内地传教会得以进入湖南,并在岳州建立教堂,但因遭到反对,30年

---

[1] 李百浩等.武汉近代城市规划小史.规划师,2002(5).
[2] 杨天宏.口岸开放与社会变革——近代中国自开商埠研究.北京:中华书局,2002:186-187.
[3] 邓建龙主编.岳阳南区志.北京:中国文史出版社.1993:14.

没有发展[1]。直到1899年岳阳自开商埠之后，各国教会才纷纷进入岳阳传教，并逐渐发展起来。为便于传教，传教士大都竭力体现出对中国文化的友好姿态。据史料记载，美国传教士海维礼初来岳阳传播基督教时，穿中国服装，戴中国帽，说一口慢吞吞的中国话。尽管如此，社会上仍充满各种关于洋人和洋教的恐怖传说，当地居民禁止儿童接近洋人，唯恐发生意外[2]。在此情形下，为进一步体现教会对中国文化的亲近态度，教会在中国人居住密集的城区修建一批教会建筑。

岳阳教会建筑包括学校、医院和教堂三种建筑类型。由不同教会组织建造的教会建筑往往集聚在一起。教会建筑主要分布在以下几处：岳阳城北黄土坡的天主教堂、男女修道院及其教会小学；岳阳城南塔前街的基督教堂、普济医院及其教会小学和中学；城南油榨岭的基督教会小学；城郊黄沙湾的基督教湖滨大学；城陵矶的基督教堂及其教会小学（表4-1）。这批中西合璧的教会建筑改变了岳阳城市传统面貌，使得岳阳近代城市逐渐呈现出一定殖民性（图4-2）。

部分近代岳阳教会建筑一览表　　　　表4-1

建筑名称	建造年代	创建者	建筑位置	建筑布局及概况
基督教礼拜堂	1900	美国基督教复初会海维礼	塔前街	礼拜堂建筑面积约400平方米，高三层（包括钟楼）。南侧建有3栋三层楼牧师住房，北侧、后侧各建有工友住平房1栋。整个教堂占地20余亩
福音堂	1906	美国基督教复初会海维礼	梅溪桥	平房建筑，占地面积246平方米，房屋面积198平方米
山麓社（三馀社）	1906	美国基督教复初会海维礼	南正街	二层楼房1栋，房屋面积约200平方米，占地面积314平方米
讲道所	1906	美国基督教复初会海维礼	交通门	平房，房屋面积60平方米，占地面积约100平方米
湖滨礼拜堂	1901	美国基督教复初会海维礼	黄沙湾	—
贞信女中	1901	美国基督教复初会海维礼	塔前街乾明寺	设有中、小学两部。中学部建有教学楼、学生宿舍、教职员住房、公馆、图书馆、浴室、食堂等大小共9栋。小学部建有教室、教职员住房、办公室等。整个校园占地76亩，其中荒山、菜地21亩
湖滨大学	1902	美国基督教复初会海维礼	黄沙湾	校址占地广，建筑宏伟，环境优美。共建有大小房屋12栋，占地200亩，另附农场土地3000亩

---

[1] 1875年，最早侨居岳阳的是英国人牧师祝德。
[2] 王峙岱．基督教在岳阳的传教活动．岳阳文史．第一辑．57—58．

续表

建筑名称	建造年代	创建者	建筑位置	建筑布局及概况
岭东小学	1903	美国基督教复初会海光中	学坡岭	—
岭南小学	1903	美国基督教复初会海光中	油榨岭	—
东陵小学	1910	美国基督教复初会张世秀	城陵矶横街	初期教堂兼作教室，后增建2栋二层楼房。教堂和学校共占地约1500平方米，其中活动场地500平方米左右，有篮球场、乒乓球场、图书室、仪器室
普济医院	1902	美国基督教复初会海维礼	塔前街	该院建有住院楼、护士员工宿舍、门诊部、热水房、电气间、洗衣间、食堂、杂房等大小共11处
岳阳本堂	1906	西班牙天主司铎安熙光	黄土坡	有经堂4座，传教士西式住宅1栋，职工宿舍1栋，修道院西式房屋1栋，育婴堂西式房屋1栋，修道院男女校舍1栋，修道院女生宿舍1栋，传教研究所房屋1栋，共有房100多间，地皮2块，占地19亩

资料来源：1．邓建龙主编．岳阳市南区志．北京：中国文史出版社．1993．420，426—427，434，466，559—564．

2．《岳阳市城乡建设志》编撰委员会．岳阳市城乡建设志．1991，258—259．

3．姜浩．城陵矶私立东陵小学有关材料//岳阳市委员会文史资料研究委员会编．岳阳文史．第四辑．1985，103—104．

图4-2　近代岳阳教会建筑

（a）塔前街基督教教会学校大门；（b）基督教福音堂；（c）黄土坡天主教堂；（d）基督教普济医院

（资料来源：(a)《岳阳市建筑志》；(b)、(d)《岳阳文史第十二辑：岁月留痕》；(c)《千年古城话岳阳》）

第二节　城市空间转型的演变期（1917~1922年）

1917年，粤汉铁路武昌至岳州段通车。粤汉铁路重新限定岳阳城市空间发展边界，并牵引城市向东发展。而城市滨水商业区在开埠通商和铁路开通的双重作用下，日益繁荣起来。

一、粤汉铁路:城市空间向东发展

现代交通在近代城市发展中至关重要。近代中国许多无名小镇因为铁路线路的通过而发展兴旺起来,如株洲;也有许多原本繁华的城市因为不具备铁路交通,而衰落下来。在这新一轮竞争中,岳阳又因为重要的地理位置,而立于不败之地。1917年,粤汉铁路武昌岳州段通车。铁路不仅促使岳阳近代城市发展,也改变了城市沿着湖岸线单一因素发展的空间格局。城市在铁路线的牵引下,开始向东扩展。而铁路在带给岳阳城市新发展轴线的同时,也为将来岳阳城市进一步东拓限定门槛。

(一)粤汉铁路:清末军事自强的产物

粤汉铁路是清政府军事自强运动的产物。早在1865年,英国人杜兰德就在北京宣武门外沿着护城河铺设一条500米长的铁路,但被慈禧太后强令拆除。1876年,英国人在上海修筑一条十多公里的吴淞铁路,清政府花28.5万两白银把铁路买下,然后拆除。由此可见,清政府对于现代科学技术所持有的封闭、保守、落后的态度。直到甲午中日战争战败之后,清政府始意识到铁路交通的重要性,认为当时调兵运饷迟缓,是因交通不便所致,便于光绪二十二年(1896年)决定修筑芦汉铁路。又鉴于粤汉一线是南北交通要道,须与芦汉铁路相连,于是又决定由南北铁路总公司统筹修筑粤汉铁路。

此时的湖南省,同样经过甲午战争的战败之后,认识到发展洋务、学习西方科学技术的重要性,革新意识高涨。因而,对于粤汉铁路的修筑,湖南省表现出高度关注和热情。粤汉铁路路线最终经过湖南和岳阳,就是湘省地方官员和士绅出于发展地方的目的,多次力争的结果。

起初,粤汉铁路线路是由粤至鄂,取道江西。当时的湖南巡抚陈宝箴坚持必须经过湖南。谭嗣同也撰文"论湘粤铁路之益",强调铁路经江西有6不利,经湖南有9利。铁路于湘本身则有10利[1]。最终,湖南绅士熊希龄、蒋德钧与督办铁路公司大臣盛宣怀等交涉,并提出"取道郴、永、衡、长,由武昌以达汉口,则路较直接;湘中风气刚健,他日

---
[1] 张朋园. 中国现代化的区域研究——湖南省.(台湾)中央研究院近代史研究所. 1983: 315.

练兵，可供征调；矿产尤丰厚，地利可蔚兴"的理由，盛宣怀等才改变原议线路计划，不经江西而取道湖南[1]。可见，粤汉铁路的修筑过程，同样也是一次政治利益的博弈过程。在各省地方政府利益争夺战中，湖南省因为其充足的资源和兵源，而获取了胜利。

虽然粤汉铁路线路议决经过湖南，在湖南省内各地之中也还存在着激烈竞争。最初，粤汉铁路在湖南境内北段的路线是由长沙到岳阳，"清光绪湖南粤汉铁路章程草案"记载粤汉铁路："南抵粤境，北抵鄂境，计长一千三百余里……自长而上以达株洲，自长而下以达岳州"[2]。然而，到1911年正式勘界时，主持勘界工作的浏阳人孔昭授主张将线路从武昌经平江、浏阳走长沙。时任《岳阳民报》主编的李澄宇，力主线路应经过岳阳，并就地理环境、自然资源、线路远近、开凿之难易、耗资之多寡、交通运输之主次，条例成文，洋洋万言，呈送刚成立的民国政府国务院[3]。最终，粤汉铁路经过岳阳。

粤汉铁路从倡议起到最终完成历时40年。1917年6月19日，武昌至岳州段（即武岳段）完全接通，1917年9月3日，开始通行工程车。1918年9月16日，武昌至长沙段362公里全部完成，开行工程车，并与长株段接轨通车。1920年，粤汉铁路湘鄂线武昌至株洲段通车。直到1936年10月15日，粤汉铁路全线接通通车[4]。

由最初的拆毁铁路到主动修筑粤汉铁路，以及粤汉铁路选线过程中，各省和各地方之间的激烈竞争，这一系列历史事件表明近代社会人们思想观念逐步开放。随着现代科学技术思想观念的转变，人们认识到现代铁路交通对于城市发展的重要意义。事实也确实如此，在粤汉铁路影响下，湖南省经济发展走上一个新台阶。对于岳阳而言，粤汉铁路促使岳阳车站新区的形成，不仅影响城市空间形态发展，还影响城市生活各个方面。

（二）岳阳车站新区的发展

民国6年（1917年）3月，粤汉铁路线路段的岳州车站建成。岳州车

---

[1] 粤汉铁路湘鄂线修筑略记. 岳阳市文史资料. 第八辑. 政协岳阳市委文史资料委员会编.
[2] 清光绪湖南粤汉铁路章程草案. 长沙中山图书馆.
[3] 邓建龙. 千年古城话岳阳. 北京：华文出版社，2003.
[4] 粤汉铁路湘鄂线修筑略记. 岳阳市文史资料. 第八辑.

站位于岳阳城区东南原荒郊地带。自从岳阳车站修筑后，这一地带围绕车站逐渐形成城市新区。

从车站附近全家巷的发展演变，我们可以得知铁路对于城市空间肌理的影响。全家巷原是岳阳城区的一条小巷，明清时期还建有步武坊、桂林坊、重应奎光坊三座牌坊。车站吸引了往来的客商，人口集聚带动全家巷商业和服务业发展，道路两旁陆续兴建商店、饭店和旅舍。全家巷因车站而兴盛起来，由此其名称也改为车建路（1922年，改为先锋路）[1]。铁路修建后，岳阳水陆联运得以发展，先锋路成为联系车站和湖滨码头的主要道路。1929年，出于改善交通的需要，将先锋路以新标准重新修筑，成为岳阳近代历史上第一条马路[2]。火车站不仅带动全家巷向东发展，并使全家巷逐步由一条传统小巷演变成为城市商业街和交通要道。

车站还促使产生许多车站工人和依靠车站谋生的码头工人。为满足水陆联运的需要，岳阳城内陆续修建四兴码头，分别设在火车站、大鄢家冲、小鄢家冲和梅溪桥，专门运送上下火车的物资[3]。许多人就以运送上下火车的物资谋生。这些工人人数逐渐增多，形成了新的社会力量。1922年的岳阳火车站大罢工的主要力量就是200多名岳阳车站工人，以及四兴码头工人[4]。

车站的修筑对于岳阳城区周边农民的生活也产生了影响，吸引城郊农民进城谋生。19世纪30年代时，岳阳农民"赖各种副业以为抵补，如喂猪羊，饲鸡鸭，附城者又植园蔬，或藉火车站营小商业"。

车站集聚的人流和货流使车站成为城市管理的重要地段。车站兴建后，设有岳阳火车站警察，维持车站周边社会秩序。1920年禁烟运动中，县政府除在城陵矶设立禁烟分局对过往船只进行严格盘查外，驻军部队也在岳阳火车站设军警稽查处查禁烟土[5]。

粤汉铁路的修筑带动了车站附近地区的发展，形成城市空间结构中

---

[1] 邓建龙. 千年古城话岳阳. 北京：华文出版社，2003：131.
[2] 1931年，才修筑洞庭马路。
[3] 岳阳码头工人的光荣一页. 政协岳阳市委文史资料研究委员会编. 岳阳文史. 第三辑. 27.
[4] 岳阳码头工人的光荣一页. 政协岳阳市委文史资料研究委员会编. 岳阳文史. 第三辑. 29.
[5] 邓建龙主编. 岳阳南区志. 北京：中国文史出版社，1993：190.

的新节点。铁路牵引城市向东生长，快速填补了车站和旧城区之间的空白地带，改变了城市沿湖单一扩张的形式。同时，铁路线形成近代岳阳城市空间新的边界，在一定时期内限定了城市空间的发展范围。

二、商业街区：滨水商业区的发展

自开商埠和粤汉铁路对于岳阳城市商业发展起到巨大促进作用，滨水商业区兴旺繁荣起来（图4-3）。各地商人频繁往来岳阳县城从事贸易活动。同时，由于岳阳是军事要地，长年驻扎有军队。军队和往来岳阳的各地商人，带旺了岳阳商业市场。岳阳滨水商业区出现一批商业资本雄厚的店铺，如经营绸布店的戴协泰、裕昌祥、仁昌；金银首饰业的余振兴、宝成楼、五凤楼；百货业的景长春、漆永隆、李吉利；中药业的严万顺、谢天吉；南货业的戴同兴、同兴泰、鼎成；酱园业的周德馨、王万裕；书纸业的同宝丰、湘南一；以及经营钱庄的陈恒昌、宜昌、利昌、永昌、裕通等商号[1]。同时，大批外国洋货进入岳阳市场。这些洋货多集中于滨水主要商业街（表4-2）。

岳州开关进口商品经销一览表　　　　　表4-2

街巷名称	商号数量	经营商品产地及其类型
街河口	4	美国鹰牌洋烛、美孚煤油、英国僧帽牌洋烛、铁锚牌洋油、虎牌肥皂、英国车糖、砂白糖、红糖
茶巷子	3	俄国光华牌煤油，英美广生丝袜、双妹香水、白礼氏洋烛、钢针等
南正街	16	英、美、日：老刀、品海、双刀、称人、樱花等牌香烟； 英、美、日：羽绒、咔叽、标布、尺贡呢等； 英、美、日：呢绒、羽绫竹布、士林等布匹； 英、日：东洋瓷器、钢针、火柴、儿童玩具等百货； 日：仁旦、灵宝丹、薄荷锭等药物及布匹； 德：缝纫机、钢针、火柴等工业品； 日：脸盆、口杯、香水、香皂等百货及化妆品； 英：会糖、海味； 美：煤油等； 德：化工颜料等； 美国美孚火油
天岳山	1	英、美、日：呢绒、羽绫竹布、士林等布匹

资料来源：改编自"岳州开关进口商品经销一览表"，岳阳文史第四，第154—155页。

---

[1] 岳阳工商史料．藏于岳阳市档案馆．

第四章 近代岳阳城市空间转型的历史过程

图4-3 滨水商业街巷
(a) 街河口街；(b) 鱼巷子；(c) 吕仙亭街；(d) 吕仙亭街商铺
(资料来源：《千年古城话岳阳》)

　　滨水商业区中，南正街是最繁华的商业街。南正街明清时期原名南十字街，"正街"是人们对繁华热闹大街的称呼[1]。由南正街往西，通街河口码头和鱼巷子；往南通天岳山街，可到南津港；往东通茶巷子和竹荫街；往北通吊桥街，可达岳阳楼。南正街位于商业街区中心和南北交通中心，成为滨水商业区中最繁华街道，外商也多集中于南正街销售洋货。

　　然而，由于战争影响，岳阳县城滨水商业区的发展并不稳定。1918年1月，北军败退时，在全城到处纵火和趁机抢劫，大火烧毁南正街等主要商业街，全城所有较大商店全部付之一炬[2]。

　　除岳阳县城滨水商业区发展起来之外，城陵矶开关之后，商埠区外的滨水街道也繁荣起来，例如，城陵矶米店由原来20余家，增至110余家；旅馆由原来10余家，增至30余家；饭店、熟食摊贩达百家以上；妓院鸦片烟肆也应运而生[3]。据统计，民国10年（1921年），城陵矶有大小商店多达200余家（图4-4）[4]。

---

[1] 邓建龙. 千年古城话岳阳. 北京：华文出版社，2003：109.
[2] 军阀混战时期的岳阳见闻. 岳阳文史. 第三辑. 政协岳阳市委文史资料研究委员会编. 1985.
[3] 城陵矶商埠见闻拾遗. 岳阳文史. 第八辑.
[4] 岳阳市南区志. 政协岳阳市委文史资料委员会编.

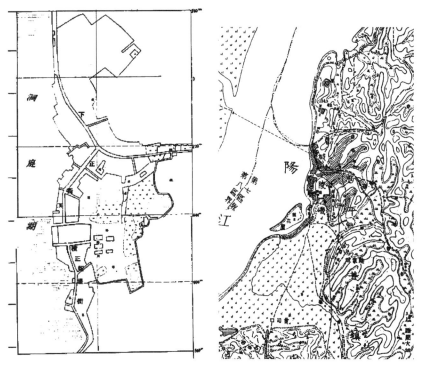

图4-4 民国时期城陵矶街巷
(资料来源：岳阳市档案馆)

第三节 城市空间转型的形成期（1923~1944年）

一、拆除城墙：形成近代开放空间

中国农业社会城市空间形态的主要特征，就是通过城墙来限定城市边界。城墙不仅体现了封建政治统治秩序，具有军事防御作用，其城门、城楼往往成为城市空间形态的标志。就岳阳而言，城西门城楼岳阳楼，因其滨洞庭湖，处于滨湖高地上，成为往来洞庭湖的船只识别岳阳的标志性建筑物。由于城墙往往要高于城内大部分建筑物，城市空间在水平面上和垂直面上，都体现出封闭空间特征（图4-5）。1923年，岳阳城墙拆除，不仅仅是一个历史事件，对于城市空间形态而言，是一个结构性转变。自此，岳阳城市空间形态由封闭走向开放，呈现出近代城市空间形态特征。

图4-5 岳阳城墙
(资料来源:《千年古城话岳阳》)

(一) 城墙拆除的历史原因

城墙的修建和拆除都是特定历史环境下的产物。关于岳阳拆除城墙的原因,我们从档案资料和地方志史中发现不同说法:

1. 拆除城墙,出售城砖,以解决政府财政困难。《千年古城话岳阳》中的《岳阳城墙史话》载,民国12年(1923年),岳阳县署以财政入不敷出,无以为继,万不得已,效法长沙拆卖城砖以度维艰,县议会一致同意。[1]

2. 拆除城墙,方便交通。民国13年一月的《警察局议决取缔侵占官道案文》载,"拆城运土原为整理交通"[2]。

3. 效仿省会长沙。民国《湖南通志稿》载,"岳州府旧属四县,巴陵、平江、临湘、华容是也,巴陵即今岳阳,旧为附县,民国以来废府存县,省城方面且已拆城,因此岳阳亦已将城拆去"[3]。

先来看看长沙拆除城墙的情况。早自清光绪末年的咨议局,到民国初年的省议会,就多次提出拆除长沙古城墙,填塞护城河,以拓展城区

---
[1] 邓建龙. 千年古城话岳阳. 北京:华文出版社,2003.
[2] 警察局议决取缔侵占官道案文. 藏于岳阳市档案馆.
[3] 民国《湖南通志稿》.

面积，逐步将长沙建设成一个近代化新型城市的构想。但是，由于军阀混战，政局不定，加上城墙坚固，拆除工程浩大，这项提议一直到1917年才纳入长沙市政建设的议事日程，并于1923年开始正式实施。1917年1月，长沙制订"长沙北关外商埠马路工程计划书"，明确提出："拟将马路自北而南，则沿湘岸延长以至南湖港；自西而东，则沿便河经饶家巷出分路口，再分二线，一则向东南以达东南渡，一则向东北以达湖迹渡；更拆城墙为绕城马路，则因道路之便得，庶足以吸收四方行客"。此后，1920年，长沙市政厅发布的"长沙筹备市政说明书"和"长沙市政计划书"都将拆除城墙列为长沙市政工程第一要事。但是，由于政局变动，直到1923年长沙市政公所下设的马路工程处成立，长沙城墙拆卸工程和环城马路修筑工程才终于得以实施。1923年至1924年，长沙城墙除城南一小段城墙及天心阁被保留下来外，其余都被拆除。[1] 此后，从1924年至1931年，长沙环城马路断断续续修筑完成。

从长沙拆除城墙过程来看，其拆除城墙的想法由来已久，根本目的是为了拆除城墙之后，修建环城马路，拓展城区面积，将长沙由一个传统中国城市建设成一个近代化新城市。清末年，长沙就有拆除城墙的想法，显然与当时湖南省轰轰烈烈的革新运动分不开。长沙致力于通过拆城墙、修马路一系列措施，来发展城市经济，达到建设新城市新社会的目的。也由此可见，湖南省自开埠通商之后，风气之转变。

从岳阳拆除城墙的情形来看，在仅存的近代岳阳档案资料和史料中，并未提及岳阳早有拆除城墙的想法。而且，其拆除城墙的行为是紧跟在长沙拆城墙之后。由此可见，长沙拆城墙对于岳阳的示范作用是显著的。事实上，长沙拆除城墙的示范作用一直影响到新中国成立后我国其他城市城墙的拆除[2]。因而可以说，岳阳城墙拆除是长沙拆城的示范作用和城市自身发展需要共同作用的结果。

（二）城墙拆除的意义及其影响

进入近代社会后，城墙拆除有其特定的历史内涵。首先，政治上，

---

[1] 古城墙的拆除与城区道路的改建. http://www.csonline.com.cn.
[2] 1958年1月，在第14次最高国务会议上，毛泽东说："南京、济南、长沙的城墙拆了很好，北京、开封的旧房子最好全部变成新房子"。见王军. 北京城墙的拆除. 读书文摘. 2004（02）.

城墙不再是一个当政者政治权力的象征，政治权力体现在拥有现代装备的军队；城墙也不再成为管制市民的主要手段，对市民的管理依靠庞大的近代警察机构。军事上，冷兵器时代的终结，使得城墙在军事上的作用下降，其防御作用大大降低，城墙不再是卫民、卫城所必需和几乎唯一的手段，城市需要修建新的军事防御设施，如碉堡、防空洞等。经济上，城市发展早已溢出城墙之外，城墙对于发展经济必需的交通条件，某种程度上起到阻碍作用。意识形态上，城墙也不再是市民对于城市认同意识的体现。反之，城墙成为时代变革中原有旧时代的标志。这也许是为什么长沙早在光绪年间就有通过拆除城墙，修建环城公路，以体现近代新城市形象构想的原因之一。

如果说，在许多方面城墙作用大大下降的话。在城市防洪上，这成为一个有争议的问题。毕竟长期以来，城墙一定程度上抵御了洪水对于城市的袭击。近代社会对洪水还没有提出更有效解决方案之前，许多人仍然期望城墙发挥防御洪水的重要作用。这也是临湖西城墙和岳阳楼得以保留下来的主要原因。

城墙拆除对于岳阳城市发展而言具有深远影响。一方面，这是岳阳近代城市空间形态转变的一个结构性变化，城市空间从封建社会封闭型结构转变成为近代社会开放型结构。另一方面，也标志着城市建设重点的彻底转变。大量城市建设资金和人力不再投入到城墙的周期性修缮中，而是投入道路建设、公园等现代城市建设项目之中。

二、日本侵占时期：形成殖民城市空间

1937年，日本发动侵华战争。岳阳由于是湖南省北门户，滨洞庭湖和长江，又有铁路相通，因而很快就成为日军攻击目标。1938年11月，日军侵占岳阳县城。自此，岳阳进入日本侵略军长达八年的殖民统治。日本侵占时期，日军根据军事防御目的，对岳阳城市空间秩序重新划分。这种在原有城市空间形态基础上重新划分空间秩序的做法，打破城市空间形态原有发展脉络，使得城市空间呈现出一些特殊战时乱象。

（一）殖民统治下的岳阳县城

首先，岳阳城市建制被更改。日本侵略军为巩固占领区，将岳阳县

改隶湖北省，更名为岳州县。历史上，岳阳归属于长江以南，还是长江以北，曾有过多次变更。直至清雍正年间，岳阳始确定划归长江以南的湖南省（见第二章建制沿革部分内容）。日本侵占期间，日军又将岳阳划归为长江以北的湖北省管辖，再次说明岳阳和长江以北地区的密切联系，同时也表明日军试图以岳阳为据点，进而向南扩张的军事意图。

其次，岳阳城市社会组织被重建。日军成立伪组织，开始称岳州自治会，后改为维持会，会址设在梅溪桥。为加强对岳阳农村的统治，还在岳阳城郊农村成立"附城乡维持会"，下编八个保，会址也设在梅溪桥。民国30年（1941年），1月1日，日伪县政府成立[1]。自此，日军建立了较为完善的殖民统治机构。

战时，不仅岳阳城市社会机制发生变更，城市空间秩序也随之发生变化。1938年11月，日军侵占岳阳县城后，把城区划分军事区、日华区与难民区。划定北自上观音阁起、南至梅溪桥铁路洞口止，东自乾明寺口起，西至鲁班巷止，为难民区。未及逃走的岳阳居民均在此地段居住，由日军发给"良民证"。从金家岭转天岳山，由羊叉街、塔前街至吕仙亭止，为日华区，设有日本居留民会，管理日侨事务。日商经营的洋行，都在此区域内开业。向洋行购买货物的市民，可以进入日华区。日本宪兵队机关设在羊叉街，由宣抚班管理地方行政事务。从街河口到南正街、竹荫街，直到西门城内止，为日军军事区，日军军事机关及驻军长官均在此区内，中国人不能进入[2]。

出于维持战时城区居民生活需要，日军在下观音阁城隍庙设立蔬菜市场，准许城区市民采购蔬菜等生活必需的农副产品。并在梅溪桥设立维持会的贩卖部，以及附城乡维持会的贩卖部。邮电局设在梅溪桥老当铺内，除邮寄信件外，还办理汇兑业务。警察局则设在乾明寺靠老印山巷口一边[3]。

同时，为进一步加强殖民统治，日本侵略军着手推行奴化教育。民

---

[1] 日军占领下的岳阳县城商业概况．岳阳市文史资料．第六辑．政协岳阳市委文史资料研究委员会编．
[2] 日军占领下的岳阳县城商业概况．岳阳市文史资料．第六辑．政协岳阳市委文史资料研究委员会编．
[3] 岳阳工商史料．藏于岳阳市档案馆．

国29年（1940年），日伪政权开办新民小学，日新一校、二校，维持学校，并在学道岭办中学一所，强迫学生学习日文[1]。

而战前岳阳县城各类教会建筑，此时大都转变为军事用途。岳阳基督教堂、普济医院、贞信女中，改为日寇驻岳旅团司令部。湖滨中学则成为日寇进攻长沙、衡阳，聚集兵力，储存给养，诊治伤员的兵站基地[2]。

日本侵占期间岳阳县城社会机制、空间结构在经过一系列变更之后，充满殖民统治色彩，渗透了日本侵略军的政治军事统治意图。

（二）作为军事据点的城陵矶

岳阳县城以北的城陵矶，抗日战争期间的状况与战前也大为不同。城陵矶由于军事地位极其重要，在日本侵占时期，成为军队集结据点，商业则一落千丈。战争爆发后，1938年10月18日，岳州关就已经由城陵矶转移常德办公[3]。1938年11月11日，日军侵占城陵矶，城陵矶港随即陷入半瘫痪状况。由于在沦陷前，大部分居民就已经迁往洞庭湖西的华容注滋口、湘阴南大膳及附近乡间等地。因而沦陷时，城陵矶几乎是空无人烟，仅老弱病残无依者30余人留在当地[4]。日军占领城陵矶后，一方面利用城陵矶作为军事基地，一方面利用城陵矶水运优势，控制长江水上运输。日军将海关改作为军营，以驻扎军队。1939年9月中旬至1944年5月下旬，日军经常在城陵矶集结军队，进行湘北会战，将城陵矶作为进攻湘北的后方基地，而海关码头则成了日军汽艇停泊的专用码头。在商业方面，由于城陵矶铁路以东是游击区，日军责令警察所和维持会加紧控制，并禁止铁路以东人民上城陵矶贸易，而城陵矶对江的观音洲则实行开禁通商。城陵矶仅有日商九鬼洋行和几家没有逃脱的商店，开门营业，货物品种很少，生意清淡。1939年，日伪武汉交通股份有限公司成立，与日军开办的戴生昌轮船局霸占了自宜昌以下的长江航运[5]。

总体而言，日本侵略者占领期间，岳阳城市社会机制和空间秩序发

---

[1] 岳阳市南区志．政协岳阳市委文史资料委员会编．
[2] 湖滨中学变迁．岳阳市南区文史．第一辑．邓建龙主编．1992．
[3] 岳州开埠始末．岳阳文史．第八辑．
[4] 城陵矶商埠见闻拾遗．岳阳文史．第八辑．政协岳阳市委文史资料委员会编．
[5] 城陵矶港史．岳阳市志办．

图4-6 梅溪桥街
（资料来源：《千年古城话岳阳》）

生根本变化。这些变化显然影响了这一时期城市空间形态的发展。城市空间发展脱离滨水发展轴，而屈服于战争时期的军事需要。战前最为繁华的街河口和南正街滨水一带，战时因为划为军事区，已无商业可言。而梅溪桥、观音阁一带，因为划为难民区，并设有市场和贩卖部，反而逐步发展起来（图4-6）。人口逐渐增加，最多时达三四千人，各类店铺也陆续开业。梅溪桥成为城市新的商业点。

第四节 城市空间转型的延续期（1945~1949年）

近代岳阳城市空间转型不仅仅表现为物质空间形态的转变，更重要的是城市空间意识形态的转变。抗日战争胜利后，岳阳由于战争破坏，几乎成为一片废墟，这反而为国民政府提出系统现代城市空间构想提供可能。在解决战后城市面临的现实问题的同时，岳阳国民政府制订了"城区营建计划"。"城区营建计划"不同于中国传统的"城墙"规划模式，以西方城市规划思想为指导，体现出国民政府对于现代城市空间的认识。

一、时代背景：西方城市规划思想的输入

（一）"现代"社会理想和西方规划思想的引进

自从清末洋务运动开展以来，"中体西用"思想得以盛行，社会各界精英关于城市社会观念的思想发生改变，人们试图通过对传统社会的改良，重新塑造一个现代新社会，从而实现传统社会向现代社会转型。

值得我们注意的是，这里的"现代"一词，并不是单指某个特定历史时期，而是具有"缘自于欧洲传统的合理化"内涵，包括"社会行动的合理化和机制化"。因而，近代中国人重塑现代新社会的梦想，其现实途径就是向西方城市社会学习，西方城市社会的"合理化和机制化"内容成为中国效仿的对象。具体体现在中国近代城市空间上，表现为中国政府试图通过西方科学的、合理的技术手段来进行空间规划，从而达到社会改良的政治目的。在此背景下，西方城市规划思想及其制度被引进近代中国城市建设之中。所以，我们要认识到，近代以来，我国传统城市规划之所以没有能够得到很好的总结和继承，代之而起的是西方国家当时流行的规划思想和手法，有其复杂和深刻的政治社会背景。近代中国城市建设采用西方城市规划思想，包含着当时政府通过对城市空间的重新规划，进而塑造新社会的政治意图。因而，当我们在孙中山的"建国方略"中发现欧美近代功能主义规划的影子就不足为奇了。

（二）湖南省西方城市规划思想的传入

湖南省虽然在清末有封闭保守的"城堡"之称，但自觉醒之后，谋求主动发展的动力十足，积极引进西方思想及其科学技术。1918年，孙中山撰写"建国方略"之后的不久，1919年，毛泽东在《湖南教育月刊》上发表的"学生之工作"一文中，提出"以新家庭新学校及旁的新社会连成一块为根本理想"的新村计划。这种"新村理想"体现出中国传统大同思想与西方理想城市、模范城市以及日本新村运动的结合[1]。同时，西方城市规划思想也开始在实践中影响湖南省城市建设。1920年，湖南省会长沙成立长沙市政厅，发布"长沙筹备市政说明书"，是长沙近代历史上第一个城市规划。该"说明书"划定市区规划范围，提出近代城市建设"先决大事"是："以水给市民，筹设自来水厂；以火给市民，将电灯公司收归市政厅管理；以交通给市民，重在修建马路，为市民谋便利"。1921年，长沙市政公所编制"长沙市政计划书"，更进一步明确城市性质、规划城市范围、城市规模，并采用欧美"方格网加放射线"的道路网形式。此后，长沙又陆续颁布"长沙市政工程计划大纲"、

---

[1] 中国近代城市规划范型的历史研究（1843~1949）．武汉：武汉理工大学．2003：11．

"长沙市新市区计划"[1]。从长沙的情形，我们可以得知，早在20世纪20年代，湖南省就已经开始以西方城市规划思想指导城市建设实践，进而塑造新社会的努力。

然而，长沙毕竟是省会城市，湖南省其他地方城市相比长沙而言，其对于城市空间的规划和控制显得较为滞后。岳阳虽然是近代湖南省第一个通商口岸城市，但是城市空间发展一直未能有系统构想，直到抗日战争胜利后，在湖南省省政府组织下，岳阳才开始以系统西方城市规划思想和方法来指导城市建设。

抗日战争期间，中国颁布首部《都市计划法》（1938）、《建筑法》（1939），并逐渐建立近代城市规划制度。1945年抗战胜利，国民政府内政部通令全国各省市当局切实就所辖各大小都市着手拟具道路系统，以便作为战后复兴的根据。全国各大中小城市开始制定城市规划总图或建设规划[2]。战后，湖南省组织开展了城市规划工作。民国35年（1946年），在湖南省建设厅指导下，岳阳编制具有城市总体规划性质的"城区营建计划"。民国36年（1947年）1~6月，湖南省市政技术小组先后拟定株洲、衡阳、岳阳、常德、芷江等5县城镇规划原则[3]。其中，确定将岳阳建成港埠城，把岳阳城区和城陵矶划为一个区，设立岳阳市，辟建大轮深水码头和民船码头各一座，修建住宅区以及城陵矶铁路支线等[4]。岳阳城镇规划原则首次提出将岳阳县城和城陵矶镇共同发展的设想，为将来岳阳县城和城陵矶镇融为一体奠定了基础。

二战以后，欧美近代城市规划已经进入成熟期，中国规划人员在思想理论上也日渐成熟。西方近代城市规划思想全面而系统地引入中国，其中包括功能主义、邻里单位的居住区规划理论、卫星城规划理论、绿带规划理论、区域规划理论以及工业城市规划理论等等。这些理论体现在国民政府制定的各项规划法规之中，通过这些法规来指导当时城市规划的制定，使得这个时期中国城市规划具有明显的西方近代城市规划

---

[1] 刘晖，长沙近现代城市发展演进研究，广州：华南理工大学硕士论文，2000：26—28.
[2] 中国近代城市规划范型的历史研究（1843~1949）. 武汉：武汉理工大学. 2003：40.
[3] 湖南省志建设志. 第45页.
[4] 岳阳辟为出江港埠. 长沙《大公报》. 1947年2月11日. 第3版；湖南省志建设志. 第81页—第82页.

特征。民国34年（1945年），国民政府行政院在南京公布"收复区城镇营建规则"，对城镇规划、土地管理、市政建设管理等作出规定。"收复区城镇营建规则"是岳阳"城区营建计划"制定的指导性文件。通过对"收复区城镇营建规则"的了解，我们可以得知"城区营建计划"背后蕴含的近代西方规划理论。

"收复区城镇营建规则"[1]所指城镇包括院辖市、省辖市、省会、县城及聚居人口两万以上的集镇。岳阳是县城，属于此规则适用范围。"收复区城镇营建规则"共有七章六十七条。其中，第三章（城镇规划）和第四章（道路系统）集中体现了欧美近代规划理论的影响，具体如下：

1. 区域规划理论："城镇规划应消除城乡界限，城镇营建计划应为区域营建计划之一部，区域营建计划应为省营建计划之一部"。

2. 邻里单位理论："城镇规划中各项设备，应按地形及人口分布状况，尽量配合区镇保甲等自治单位，力求普遍发展并应化整为零，避免集中"。

3. 有机疏散和功能分区理论："住宅地带应与工业地带绝对分离。工业地带应分布于四郊，并位于河流之下游。两地带间并应永留绿地带"。

4. 田园城市和绿地带理论："城镇之绿地带不得少于建筑面积之两倍，原有绿地带应绝对保留，四郊之农业地带尽可能引伸入区域之内"，"被炸区域及人口稠密之旧城中心区，得视实际需要，依法征收改为绿地带"。

5. 功能主义的道路系统："方格式与放射式道路（即斜角道路）应并同采用"，"应开辟环城路或沿河堤路"，"应依当地地形及交通需要不限于一定规则形状"。

"收复区城镇营建规则"的以上内容表明，国民政府对西方近代规划理论开始全面吸收，并且根据中国城市发展的实际情况进行改造，如"配合区镇保甲自治单位"、"依当地地形及交通需要"等内容的出现。

---

[1] 收复区城镇营建规则．全宗80．目录1．卷号316．藏于湖南省档案馆．

在"收复区城镇营建规则"指导下制订的战后岳阳重建计划——"城区营建计划"自然也体现了这些理论和思想。

二、重建计划：岳阳现代城市空间的构想

抗日战争胜利后，被日军统治八年的岳阳殖民城市空间秩序一夜之间烟消云散。日军侵占时期人为强行划分的军事区、日华区、难民区已不复存在，陆续回城的市民们开始从废墟上重建家园。此时的岳阳县国民政府，一方面在湖南省建设厅指导下制订"城区营建计划"，对于战后岳阳城市空间发展提出现代构想，一方面通过各种具体措施解决岳阳城市所面临的现实问题。

（一）近代岳阳第一个城市规划——"城区营建计划"

"城区营建计划"是以西方城市规划理论为指导，以现代科学和技术手段对岳阳城市空间进行人为规划的第一次尝试（图4-7）。"城区营建计划"[1]主要内容如下：

1. 设计原则

"岳阳为湘省门户，自古军家所必争之地，又以位于洞庭湖之东岸，扼湖水入江之咽喉，粤汉铁路经过于此，公路可通长沙通城，水陆交通均极便利，其北十五华里处有城陵矶为岳阳重镇，将来如能疏濬河道，筑一港湾可舶商船兵舰，当与吴淞镇江同其重要。城内有岳阳楼、吕仙亭、鲁肃墓等名胜，城西湖心君山上有虞妃寺墓、柳井等古迹，湖光荡漾，风景绮丽，可供中外人士游憩。迁就地形高低建筑城市，修葺名胜古迹，建设公园，工业商业自可蒸蒸日上。"

这段话包括岳阳城市发展方向以及城市风貌方面的内容。

首先，国民政府认识到岳阳优势在于优越的地理区域和便利的水陆交通，河道的通畅、港口的兴建，对岳阳城市发展至关重要，所以，规划才会提出"将来如能疏濬河道，筑一港湾可舶商船兵舰，当与吴淞镇江同其重要。

吴淞和镇江都是近代通过对外通商，因商而兴的港口城市。如果我

---
[1] 岳阳县城区计划说明书．藏于湖南省档案馆．

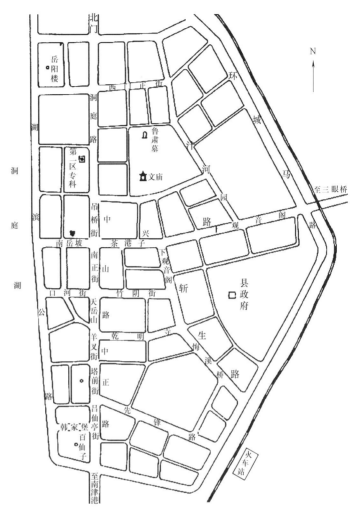

图4-7 民国35年岳阳"城区营建计划"规划图
(资料来源:《岳阳市城乡建设志》)

们将岳阳和镇江相比较,会发现两个城市有许多相似之处。在地理形势上,岳阳和镇江都是水陆交通枢纽和军事要地。镇江地处长江与京杭大运河汇合处,为沟通苏南、苏北水陆交通枢纽之一,其山脉沿江成弧形屏障,战略地位十分重要。岳阳滨洞庭湖和长江汇合处,历来是军事要地。明清时期,岳阳和镇江都是漕运中转港口和木材集散地。明代,每年出入镇江港口的粮船达万艘之多。清代,每年集散于镇江的木材达到10万龙泉码。近代以来,岳阳和镇江又同为长江沿岸通商口岸城市。1861年,镇江设立英租界,此后,镇江商业贸易逐渐兴旺发达。而岳阳则于1899年辟为自开商埠,逐渐发展成为商业城市。同时,我们也看到，岳阳与镇江相比，还有许多不利因素。镇江对外开放通商较早，其商业贸易发展远较岳阳繁盛，1895年，镇江海关税收就已经达到141.2万海关两，而那是的湖南省还处于封闭的"城堡"时期，岳阳也不过是湘北一个小城而已。商业繁盛带来人口的兴旺，1914年，镇江就有城市人口18.4万人，而岳阳最繁盛时期的城市人口也不过5万。镇江商业和人口的发展，最终导致其政治地位的提高。1929年，镇江替代苏州，成为江苏省省会城市。岳阳自开商埠后，虽然商业有一定发展，但是由于政局不稳、战争频繁等多种原因，商业并未能如镇江一般兴旺发达。岳阳政府以吴淞、镇江作为岳阳城市发展目标，从中可以得知其希望通过建设港口，发展商业，提高城市地位的迫切心情。

其次，岳阳国民政府首次提出把岳阳发展成为旅游风景城市的设想，"城内有岳阳楼、吕仙亭、鲁肃墓等名胜，城西湖心君山上有虞妃寺墓、柳井等古迹，湖光荡漾，风景绮丽，可供中外人士游憩"。这说明国民政府认识到除地理交通优势之外，别具一格的山水景致和悠久的人文景观也是岳阳城市重要资源之一。进而，提出"迁就地形高低建筑城市，修葺名胜古迹，建设公园，工业商业自可蒸蒸日上"。

从设计原则来看，国民政府心目中的现代岳阳，不仅仅需要考虑城市经济发展，提高城市地位，还充分考虑到挖掘城市自然资源，尊重地形地貌，建设景色怡人的旅游风景城市。也就是说，经济发展和保护环境并不是矛盾对立的，而是相辅相成的。这一思想不同于中国以政治统治为首要目标，而忽略城市经济发展的规划传统，也不同于那些单纯以发展城市经济为目标的近代规划思想，而是综合了现代城市对于发展经济的重视，以及中国传统城市中的山水观念，体现出当时历史条件下的先进性，实为难能可贵。如果在此后历史发展过程中，岳阳城市建设遵循了这一设计原则，没有破坏滨湖丘陵地貌的话，今天的岳阳也许是另一番光景。

2. 分区计划

"依据省颁'收复区城镇营建规则'就现地实际情况分区如后：（1）商业区：洞庭路至吕仙亭，及先锋路、观音阁、梅溪桥沿路一带，约占全面积百分之五十。(2)住宅区：吕仙亭东南地带，约占全面积百分之十五。(3)工业区：岳阳楼以北，视工业之发展，可向北拓辟，未估计在城市面积内。(4)公用地：鲁肃墓、文庙一带，用以建筑公园、机关、博物馆、图书馆、学校、医院、忠烈祠等，约占全面积百分之二十。(5)绿面积：包括草地坟墓古迹等，约占全面积百分之十五。"

分区规划体现了西方城市规划功能分区理论。工业区预留在岳阳城区以北，洞庭湖下游地带，住宅区布置在城区以南吕仙亭一带，两者之间是公用地和商业区。

让我们将这份规划图与战前岳阳城市地图及其城市布局比较，以便进一步理解这份规划分区计划的实际内容。抗日战争前，城南南正街滨湖一带是繁华商业区，战争时期，日军指定梅溪桥为贸易市场，从而梅溪桥发展成为繁华的商业点。抗战胜利初期，梅溪桥仍然是旺盛商业点，同时南正街等沿湖地区商业也逐渐恢复。先锋路一带在抗日战争前，是围绕火车站而兴盛起来的商业街；观音阁原来也是商业区。如此看来，规划中商业区布局集中于"洞庭路至吕仙亭（包括南正街、天岳山、塔前街等街），及先锋路、观音阁、梅溪桥沿路一带"，确实是考虑了岳阳商业分布历史及其现状，应该说是符合实际的。尽管50%的用地比例看上去有些偏大，但考虑到岳阳大部分城市居民是商人，或者从事商业服务业的人，实际上这体现了岳阳作为商业消费城市的特点。而且，当时岳阳城市的商业店铺，仍然处于"前铺后居"或者"下铺上居"的空间形态，因而，这50%的商业区实际上是50%的商住区。从居住区分布来看，将吕仙亭东南地带发展成为居住区，可能是从城市剩余可发展用地角度考虑。从公共用地分布来看，历史上城北的鲁肃墓和文庙一带是官署和书院所在地，而且未利用空白地带颇多，因而用以"建筑公园、机关、博物馆、图书馆、学校、医院、忠烈祠等"，是适合地段。有意思的是，从分区计划看出，岳阳政府对于发展工业并无什么信心，只是简单地说"岳阳楼以北，视工业之发展，可向北拓辟"。战前，岳阳也并无大型近代工业，多是前店后坊的手工作坊，而且城区用地狭小，确实也无发展近代工业的用地。也许因为这些原因，分区计划才没有将工业用地考虑在内。绿地分布而言，城内仅仅保留原有古迹和景点，大部分绿地位于城郊，绿地分布并不合理。事实上，这不合理中有着少许无奈。出于发展商业需要和取水的便利，城区居民大都选择沿湖地带居住。由于岳阳是湖滨丘陵地形，城北地形起伏，只有城南地势平缓，适合建设和居住。因此，大部分居民集中居住于城南。相对常年人口近3万（战后加上过往军队和难民，人口应该不止这个数）的城市而言，用地是相当狭小的，没有多余用地来建设绿地，也就可以理解了。

总而言之，这份分区计划的特点在于比较符合近代岳阳城市实际情况，并不像民国时期某些城市的规划图，有些偏离现实。

3. 街道计划

"原有街巷位置暂不变更，惟就原街道拓辟宽度兹分别于后。（1）主街道：吕仙亭起经塔前街、羊叉街、天岳山、南正街、吊桥、洞庭路至北门，又南岳坡起经茶巷子至上观音阁，又街河口起至竹荫街，又下观音阁至上下梅溪桥为主街。宽度为三十二市尺，两旁人行道每边四尺在内。原街道之宽度不足规定尺幅者，其两旁未被敌伪破坏之房屋，依照规定期限拆让之，街道宽度以原街道中心线起为原则。（2）支街道：岳阳楼西门正街、卫门口原提署街、县门口、中山公园及柴家岭、韩家湾、乾明寺等及其他，宽度为二十六市尺，两旁人行道每边三市尺在内。（3）小巷：宽度为五市尺至六市尺。（4）滨湖公路及环城马路，均须新筑。"

道路网布局主要限制在铁路以西，在城区中心位置，有一条主要道路跨越铁路向东发展。道路系统按"收复区城镇营建规则"规定，采用"方格网加环城马路"布局，并区分道路等级。关于街道计划，湖南省建设厅审核"城区营建计划"时提出修改意见，主要内容包括：道路用地内禁止建筑房屋、逐步改善旧有街道；按《土地法》和"市县工程受益费征收条例"征收土地和进行土地重划，街道宽度和道路弯度符合"收复区城镇营建规则"[1]。从中可以看出，岳阳"城区营建计划"是在

---

[1] 湖南省政府公鉴三十五年二月（35）府建四营字第一九二号丑养代电既附件．藏于湖南省档案馆．

一系列规划法规指导下制定的,体现了国民政府以"合理化"和"机制化"的方式进行城市空间建设的现代意识。

4. 街道更名

"复兴路:南岳坡起至茶巷子上观音阁止。中兴路:街河口竹荫街。中山路:天岳山南正街吊桥街。中正路:吕仙亭塔前街羊叉街。新生路:下观音阁上下梅溪桥。先锋路及洞庭路及其他支街均仍旧名。"

规划中城市街道名称更改映射出当时占统治地位的意识形态。南岳坡、茶巷子、观音阁、竹荫街、南正街、吊桥街、塔前街、羊叉街、梅溪桥,这些传统的以地理方位、地理特征、传统建筑命名的街道名称,被"复兴"、"中兴"、"中山"、"中正"、"新生"这类充满政治意义的名称所取代。这充分表明国民政府试图通过对空间规划的控制,来进行政治统治,塑造一个新社会。

岳阳县政府在制订"城区营建计划"的同时,还不得不面临迫切的现实问题。因而,在对"城区营建计划"的历史意义及其影响进行论述之前,先让我们看看抗日战争胜利后,岳阳城市建设的实际情形,以便对"城区营建计划"的历史意义作出较客观的评价。

(二)战后岳阳面临的现实问题

抗日战争时期,岳阳县城被日军侵占达八年之久,又多次遭到战机轰炸,战后成为一片废墟。除岳阳楼还完整存在外,其余几乎全部被毁。新上任的岳阳县萧县长描述了当时岳阳城的凄凉景象:

"城垣的房屋,岳阳楼算幸运,依然雄峙在洞庭湖畔,其余几乎是全部毁灭了。城外的梅溪桥,天岳山,塔前街虽然有些房屋,也都残破不堪,半开门式的店铺,多数是香烟小贩摊担,谈不到什么商业;过去最繁荣的南正街,竹荫街,先锋路一带,除了荆棘荒草之外,只有颓垣断壁,满街的人粪马屎,死尸骸骨,真是满目凄凉,秽气冲天!霍乱痢疾的流行,每天死去的有二三十人,中西医药都缺乏,病人除死以外,是没有第二条路可以走的。县政府的房屋,连墙脚都掘光了,现在县府所驻的元通寺县立高小,也只余最后一栋可以勉强住人,其余前面三栋,只余下几根空架,堆了一些垃圾。……流亡在异乡的难民,从各地逃回来，房屋毁坏了，田地荒芜了，衣食的问题，还要政府替他们去解决。过境的国军成千成万，集中在岳阳候车，要军粮，要稻草，还要马乾。俘虏六万多人，分驻在城乡，主食副食柴火的供应，也要县府派人协助。"[1]

从这段话中，我们可以看出战后岳阳县城面临问题颇多，包括城市经济萧条，城市街道和房屋的破坏，因为霍乱流行而医药缺乏导致人口的死亡，回乡难民的生计问题，过境军队的粮草问题，投降俘虏的处理问题等。

面临这诸多迫切需要解决的现实问题，显然，大规模城市重建工作难以展开，只能从最需要解决的主要街道修筑和住房建设开始。民国35年（1946年）1月，岳阳县政府为恢复城市建设，成立街道修筑委员会，并向省政府及中国农民银行申请贷款1亿元，作为城市修建基金[2]。8月，正式着手修复城区街道。此时，汽车出入于岳阳城内外已经是常见事情。日军投降时，岳阳收缴各种汽车一千余辆，停放在岳阳楼下的就有三百多辆[3]。因而，修复街道大都考虑要满足通行汽车的需要。修复后，洞庭路、南正街、羊叉街、先锋路等主要城市街道都能通行汽车。与有组织的城区街道修筑相比，住房重建主要以个人方式进行。以往有实力的各商户通过商会向银行贷款，来修筑铺屋。此外，湖南救济分署也修建了部分平民住房，以供难民居住[4]。然而，毕竟救济资源有限。大部分城市贫民，只能自行修建一些简易平房以作栖身之所。由于资金缺乏，这部分房屋质量很差。民国37年（1948年），在岳阳面临的一次特大风暴中，此类民房被摧毁二千余间[5]。战后，岳阳因为其水路交通的便利，成为湖南救济物资集散地。为满足起卸救济物资的需要，临时在交通门河边新开辟码头一处[6]。

---

[1] 岳阳县政．月刊第三期．中华民国三十五年十一月三十日出版．岳阳县政府秘书室编印．藏于岳阳市档案馆
[2] 岳阳市南区志．政协岳阳市委文史资料委员会编．
[3] 覃道善．我在岳阳接受日军投降的回忆．岳阳文史．第三辑．83．
[4] 漫谈救济署及其在岳阳的情形．岳阳文史．第一辑．政协岳阳市委文史资料委员会编．
[5] 岳阳市城乡建设志．岳阳市城乡建设志编辑委员会．1991．
[6] 岳阳县政．第三期．1946年．藏于岳阳市档案馆．

从以上论述可以看出，战后初期的岳阳城市建设都集中在与基本民生紧密相关的街道、房屋、运输救济物资的码头之类，还无暇顾及与城市长远发展相关的建设项目。城市其他基础设施的恢复也较为缓慢。由于资金不足等原因，直到1948年，岳阳电厂才得以修复。

（三）"城区营建计划"的历史意义

从岳阳县政府制订的"城区营建计划"，以及岳阳县城城市重建的实际情况来看，该计划是以国民政府制定的各种规划法规为主要指导，对于未来岳阳城市空间发展提出的现代构想。"城区营建计划"吸取当时流行的西方城市规划理论，体现了国民政府以"合理化"和"机制化"的方式进行城市空间建设的现代意识。规划的城市发展目标充分考虑岳阳城市的水运交通和自然资源优势，既注重城市经济发展，又注重城市自然环境和人文环境的保护和发展，具有先进性和前瞻性，其功能分区切合岳阳城市空间的历史和现实，具有合理性和科学性。

"城区营建计划"对新中国成立后岳阳城市建设和规划产生一定影响。新中国成立初期，在城区以北九华山一带修建中南军区后勤部军需部岳阳总厂，部分实现往城区以北发展工业的设想。1956年制订的"岳阳城区规划图"，其中工业区、商业区、居住区的分布也大致与"城区营建计划"相同，同时考虑到城市越过铁路向东发展的可能性。

然而，受到当时社会历史局限性的影响，"城区营建计划"有所不足。一方面，该计划没有体现湖南省市政技术小组拟定的岳阳县城规划原则，只考虑岳阳县城的发展，没有将岳阳县城和城陵矶镇共同进行总体规划。另一方面，由于战后的岳阳忙于恢复城市的基本运作，解决市民的基本生计问题，"城区营建计划"并没有及时在现实层面上指导战后城市建设，即便是城市街道更名构想也没有实施。

近代岳阳城市空间转型的演化轨迹，可以归纳为四个阶段（表4-3）。清末自开商埠促使岳阳进入城市空间转型的初始期。期间，城陵矶商埠在清政府的主持下，以中西结合方式进行商埠建设，其建设和管理经验都为后来中国其他自开商埠提供借鉴。自开商埠后，西方教会势力逐步深入岳阳城区，并在旧城区购地建房，建造一批中西合璧的教会建筑，改变原有城市空间肌理，使得岳阳城市面貌开始呈现出一定殖民性。1917年粤汉铁路的通车，重新划定岳阳城市空间形态边界，使岳阳进入城市空间转型的演变期。粤汉铁路引导城市向东发展，改变城市沿湖单一因素扩张的形式。而自开商埠和粤汉铁路的双重影响，使得岳阳滨水商业区日益繁华起来。1923年，岳阳效仿长沙，拆除城墙，此后岳阳城市空间从封闭走向开放，形成了近代城市空间的结构性转变，城市空间转型进入形成期。而日帝侵占期间，日军根据军事防御目的，对岳阳城市空间秩序进行重新划分，打破这一时期城市空间形态原有发展脉络。1945年抗日战争胜利后，岳阳进入城市空间转型的延续期。虽然这一时期，岳阳城市空间形态没有发生结构性变化，但是岳阳国民政府制订的"城区营建计划"展示出对于岳阳现代城市空间未来发展的构想，体现出政府城市空间意识由传统向现代转型。

近代岳阳城市空间转型的历史阶段　　　　　　　　　　表4-3

历史阶段	年代时间	标志性事件	形态要素的变化	备注
空间转型初始期	1899~1916	自开商埠	新商埠区的建成，西式建筑的建造	城市面貌呈现一定殖民性
空间转型演变期	1917~1922	粤汉铁路武昌岳州段通车	车站新区的形成，滨水商业区的发展	城市向东发展
空间转型形成期	1923~1944	岳阳城墙的拆除	城市空间由封闭转为开放	日本侵占期间城市空间秩序重新划分
空间转型延续期	1945~1949	抗日战争的胜利	城市空间由军事秩序恢复为正常秩序	制订首个"城区营建计划"

资料来源：自制

总体而言，由于距离过远，近代岳阳县城和城陵矶镇各自独立发展。岳阳县城空间形态逐渐由"封闭"走向"开放"，城市沿洞庭湖岸向南发长，受到铁路牵引向东发展（图4-8）。城陵矶镇在商埠建设刺激下，沿洞庭湖岸带状发展（图4-9）。

第四章 近代岳阳城市空间转型的历史过程

图4-8 近代岳阳城市空间转型阶段图
（资料来源：自绘）

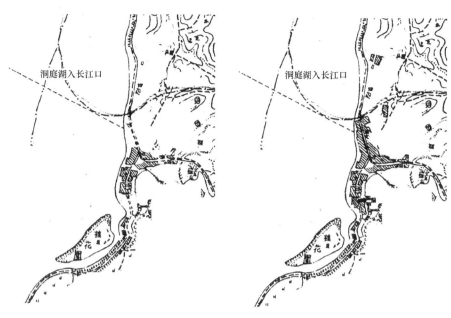

图4-9 近代城陵矶镇发展演变
（资料来源：自绘）

第五章 近代岳阳城市空间转型的综合特征

第四章对近代岳阳城市空间转型的历史阶段进行系统划分。本章是在前一章研究基础上，关于近代岳阳城市空间形态转型特征的归纳和总结。根据绪论对城市形态含义的分析，可以看出，城市形态内涵很丰富（见第一章）。广义的城市形态既包括抽象的社会形态，又包括具象的物质形态：城市形态既是一个涉及经济、文化各个层面的复杂社会过程，又是城市显现出来的空间物质实体。基于研究对象的复杂性，本章从宏观和微观两个层面对近代岳阳城市空间转型特征进行研究。宏观层面上，以城市建设用地作为切入点，对城市空间水平方向和垂直方向的演变特征进行描述，进而探讨近代岳阳城市空间结构模式。微观层面上，对城市主要类型建筑空间演变特征和建筑风格特征进行刻画，进而探讨近代岳阳城市空间转型的社会文化特征。虽然本章以城市规划学和建筑学一般所关注的物质空间形态作为切入点，但是非物质空间形态要素对物质空间形态的影响也在讨论范围之内。

目前，主要是历史学家在进行关于近代岳阳城市的研究，研究成果集中在非物质空间形态领域内，关于近代岳阳城市物质空间形态的系统分析还比较缺乏，本章研究是这方面的首次尝试。近代城市空间形态是现代城市空间发展的基础。今天许多中国城市旧城区仍保留着近代形成的空间格局，并影响着当前城市空间发展。对近代岳阳城市空间形态特征的系统分析，对岳阳历史文化名城的保护和未来城市建设有重要意义。

第一节　近代岳阳城市空间转型的空间特征

一、城市区域空间结构："一城一镇"

清末，岳州辟为自开商埠，商埠地址选在城陵矶。难得的历史机遇使得城陵矶在众多明清时期兴起的商业市镇中脱颖而出，与岳州府城形成"一城一镇"的区域空间结构（图5-1）。

（一）明清时期岳阳城镇体系

近代以前，中国进行着"市镇化"的独特城市化道路。宋代以后，中国城市经济加速发展，形成新型经济都市——镇市，出现施坚雅所说

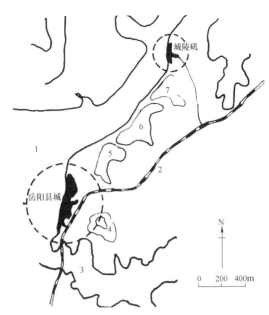

图5-1 近代岳阳"一城一镇"的区域空间结构
1—洞庭湖；2—粤汉铁路；3—南湖；4—金鹗山；5—枫桥湖；6—东风湖；7—翟家湖
（资料来源：自绘）

的"中世纪城市革命"现象。这一时期也被中国近代城市史研究者称之为中国独立城市化的起点。明末清初，中国城市化进程主要特征是随着国内市场的拓展和长途贩运贸易的兴起，出现以转口贸易为突出功能的商业市镇[1]。

位于长江中游的岳阳，其境内市镇发展充分体现了中国独特的城市化道路。岳阳是长江中下游长途运输商路的重要组成部分，明清时期，兴起一批商业市镇。明隆庆年间，巴陵县境内就有城陵矶、阁子镇、新墙、潼溪、梅子、白杨、公田、庙前8个集市。清代，集市由8个扩展到14个，包括城陵矶、阁子镇、新墙、潼溪、梅子、白杨、公田、庙前、鹿角、李家河、杨林、黄沙、山口、冯万、黄岸[2]。这些集市分布在交通便利的水道和驿道旁，与地方中心城市的岳州府城一起，形成巴陵县境内的商业城市网络。

---

[1] 隗瀛涛主编. 中国近代不同类型城市综合研究. 成都：四川大学出版社，1998：1-4.
[2]《岳阳市城乡建设志》编纂委员会编纂. 岳阳市城乡建设志. 北京：中国城市出版社，1991：332.

（二）城陵矶镇的发展

在诸多市镇中，城陵矶由于位于洞庭湖与长江汇合处，而且开发较早，与岳州府城在军事上和经济上有着紧密联系。早在三国时期，城陵矶因紧扼洞庭湖口，鲁肃便派军驻守，即成为巴丘城前哨。巴陵城驻军所需粮草常常在城陵矶起卸，过往船队亦停泊在城陵矶南面的翟家湖中。宋代，城陵矶既是漕粮中转地，又是茶叶、瓷器转运地，并设有巡检司，发展成为商业市镇。明代，在城陵矶设有岳州递运所和水驿。清末，主要出于政治军事上的考虑，岳州商埠的选址，没有设在岳州府城，而是选在与之关系密切的城陵矶镇。也由于商埠的设置，城陵矶镇得以完全划归巴陵县管辖。岳州府城为岳州府府署和巴陵县县署所在地，城陵矶商埠由岳州海关管辖。民国以后，岳阳县城为县政府所在地，城陵矶镇派驻有县政府的分支机构，而城陵矶商埠仍然由岳州海关管辖。1927年，岳州海关的管辖权才由中国政府收回。

商埠的设置，使得城陵矶镇在政治管理体制和经济性质上有别于岳阳境内其他普通商业市镇，与岳州府城的政治经济军事联系更为紧密。

二、城市用地规模扩张和城市扩展方向

（一）城市用地规模扩张

近代岳阳城市因商而兴，城市商业繁荣导致人口集聚。自开商埠之后，岳阳城市人口有显著增长。1924年，岳阳县城人口由开埠前的1.8万人增长到约5万人[1]。人口聚集体现在城市空间上，首先就是城市用地规模的扩张。清光绪十一年（1885年），岳州城池面积仅为1.99平方公里。至1949年，岳阳城区面积已经扩张为5.76平方公里。虽然1949年的数据是指行政概念上城区范围内的面积，包括建成区、建成区周围部分农田和水面等面积，比实际城市建成区面积要大。但是，从数据变化，我们可以大致判断出清末民国这段时间，岳阳城市用地规模有了很大发展。

根据湖南全省各城市的统计数据来看，岳阳城市经济地位的提高和

---
[1] 刘泱泱. 近代湖南社会变迁. 长沙：湖南人民出版社，1994：190.

城市用地规模的扩张大致一致。清末，湖南全省经济格局是以湘潭和常德两大商业城市为中心。清光绪十一年（1885年）统计数据也显示，除作为湖南省政治中心的省会城市长沙之外，湘潭和常德城区面积最大，分别为5.55和2.67平方公里，位于全省的第2位和第3位。而岳阳当时只是湘北地区中心城市，商品经济虽然有所发展，但并不发达，城区面积排列于全省的第6位（图5-2）。1899年，岳州辟为自开商埠；1904年，长沙也随后开埠通商。岳州和长沙的先后开关，改变了全省经济格局，变成以长沙为全省最大经济中心，岳州、湘潭、常德为辅助城市。从1949年统计数据来看，随着岳阳在湖南全省经济地位的上升，其城市用地规模也由清末第6位变为1949年第5位（表5-1）。

湖南省主要城市面积　　表5-1

城市	清光绪十一年（1885）				1949年		备注
	城池周长		城池面积		城区面积		
	丈	里	方里	平方公里	亩	平方公里	
长沙	2639.5	14.66	17.10	6.19	167738.60	112.39	附长沙县善化县城郭
衡州/衡阳	1270.8	7.06	3.97	1.44	323306.71	216.62	附衡阳县清泉县城郭
岳州/岳阳	1498	8.32	5.51	1.99	8602.74	5.76	附巴陵县城郭
湘潭	2500	13.89	15.36	5.55	12763.94	8.55	—
常德	1733	9.63	7.38	2.67	4836.69	3.24	附武陵县城郭
宝庆/邵阳	1529	8.49	5.74	2.10	16776.38	11.24	附邵阳县城郭
郴州/郴县	630	3.50	0.98	0.35	5371.16	3.60	附郴县县城郭
永州/零陵	1633.5	9.08	6.56	2.37	7836.31	5.25	附零陵县城郭
辰州/沅陵	966	5.37	2.30	0.80	4872.02	3.26	附沅陵县城郭
沅州/芷江	900	5.00	1.99	0.72	1935.21	1.30	附芷江县城郭
靖州/靖县	916.4	5.09	2.06	0.75	1628.14	1.09	今靖州县
澧州/澧县	1472	8.18	5.33	1.93	3496.27	2.34	今澧县
桂阳	528	2.93	0.68	0.25	1264.47	0.85	—

数据来源：《湖南省志建设志》第23页至第29页。

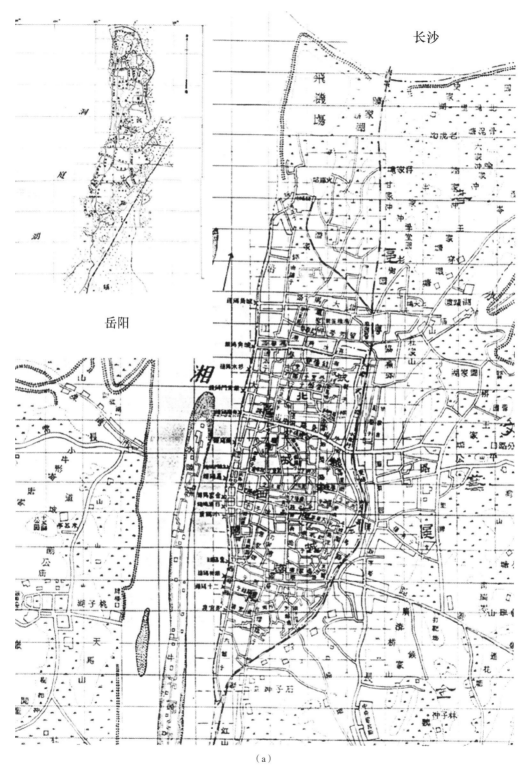

(a)

图5-2 近代长沙、常德、湘潭、岳阳用地规模(一)
(a)近代长沙、岳阳用地规模(同比例)

第五章 近代岳阳城市空间转型的综合特征

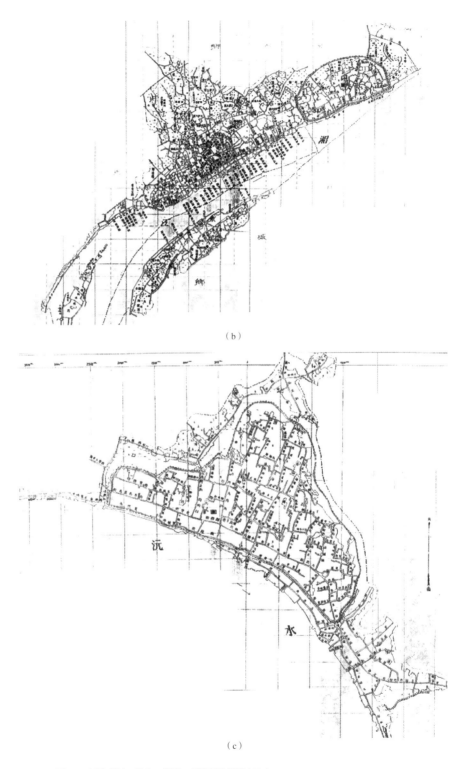

图5-2 近代长沙、常德、湘潭、岳阳用地规模（二）
（b）近代湘潭用地规模；（c）近代常德用地规模
（资料来源：岳阳市档案馆）

（二）城市扩展方向

古代岳阳城位于滨湖高地上，而且城池狭小。宋《岳阳风土记》载："宋元嘉十六年，立巴陵郡，城跨冈岭，滨阻三江"[1]。北魏时期郦道元《水经注》记载，"巴陵山有湖水，岸上有巴陵，本吴之邸阁城也，城郭殊隘迫，所容不过数万人，而官舍民居在其内"[2]。在第二章研究中，我们发现，明清时期岳阳就已经突破城墙限制，沿着城南滨水地带向南生长，形成城内政治军事文化中心，城南关厢地区为经济中心的空间格局。

近代以来，岳阳延续了城市沿洞庭湖岸向南扩展的趋势。清末新政时期，城市西南沿湖一带仍在原有基础上发展和扩张。《岳州开埠章程二十五项》划"岳州城陵埠红山头起至岳州南门外街口大街止，为挂号驳船往来免抽厘金船行准界"[3]。岳阳城北门外的平坦地带、西门岳阳楼下、城南沿湖一带，因此发展迅速（图5-3）。岳阳城外滨水地带商铺密集，码头设施众多，集聚着吊脚楼式的临时棚户，靠近湖岸的水面上还居住着以水为生的船户。城南滨水地带发展成为商业为主的混合功能区，并且建筑密度增加，建筑层数增高。临街商铺建筑呈现出面宽小，进深大的特征（图5-4）。民国前期，岳阳城市东面粤汉铁路的修筑，开始牵引城市向东发展。由于粤汉铁路连接广东和武汉，岳阳车站附近聚集南来北往的人流，形成近代岳阳城市交通新区。

图5-3 西门岳阳楼外密集的建筑
（资料来源：《千年古城话岳阳》）

图5-4 临街商铺建筑
（资料来源：《千年古城话岳阳》）

---

[1] 宋《岳阳风土记》.
[2] 宋《岳阳风土记》.
[3] 岳州开埠章程二十五项.岳阳市档案馆.

三、城市用地结构演替

随着近代城市社会转型,城市各个用地功能随之发生置换,进而导致城市用地结构发生演替。近代岳阳从中国传统城市"城+市"的用地结构,转变为初步具备近代城市各功能区的用地结构形态(图5-5)。

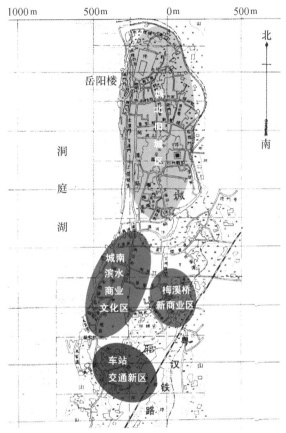

图5-5 近代岳阳城市功能分区
(资料来源:自绘)

1. 城北旧城区

岳阳城北原城墙范围以内区域为旧城区。历史上,旧城区为府城政治军事文化中心,是历代府署衙门所在地。近代以来,虽然旧城区仍为政治军事文化中心,随着社会政治经济环境的变化,城内空间格局也发生变更。据清嘉庆《巴陵县志》记载,岳州府城内共有官府机构14个,主要分布在城中和城北,其中军事机构5个[1]。其中,府署是城内最重要

---
[1] 清嘉庆《巴陵县志》.

建筑物，位于城西北的巴丘山，既便于控制全城，又可俯瞰洞庭湖。民国以后，原府署所在地变成城市广场。清乾隆年间，府城内仍有许多山丘和空地，和附近建筑一起形成城内游览去处。如城北的巴丘山，由小乔墓、剪刀池、灵官殿、药主宫、庆祝宫形成以历史人物、宗教、山水为主题的景区（图5-6）；城中的黄土坡、鲁肃墓、关帝庙形成一个历史景区（图5-7）；城南的府学、洗牲池、岳阳书院、文庙、文昌阁形成文化景区。乾隆十四年（1749年），知府黄凝道还在城东建奎星阁："阁二层，与岳阳楼正兑相望，其下有凤池，中莳荷旁植梧柳，一水盈盈为文星印泉石，堦十九级螺旋而等，云中叠嶂，树里重湖，皆游览"[1]。清末自开商埠之后，城内这些空地的功能发生置换。1906年，西班牙天主教司铎安熙光在黄土坡修建教堂和教会学校，包括经堂4座、传教士西式住宅1栋、职工宿舍1栋、修道院西式房屋1栋、育婴堂西式房屋1栋、修道院男女校舍1栋、修道院女生宿舍1栋和传教研究所房屋1栋，共有房间100多间，占地达19亩[2]。鲁肃墓和附近的空地，则于1927年改建为中山公园。此外，民国以后，原来城墙外的周边区域也有所发展。城西门岳阳楼外，因为在挂号驳船往来免抽厘金船行准界范围内，往来商船众多，建筑屋宇连片。城东门外兴建了操坪，成为集合开会的场所。城北门外，原来漕粮仓储用地发展成为码头区。城东城南城墙外的护城河，则逐渐淤塞，开辟成为菜园。

图5-6　小乔墓
（资料来源：《岳阳文史第十二辑》）

图5-7　鲁肃墓
（资料来源：《岳阳文史第十二辑》）

2. 城南滨湖商业文化区

城南新型商业的发展和教会学校的兴建，使得原府城城南关厢地区

---

[1] 清嘉庆《巴陵县志》．卷六．公署．
[2] 邓建龙主编．岳阳市南区志．北京：中国文史出版社，1993：563-564.

发展成为城南滨湖商业文化区，成为近代岳阳城市新中心。

城西南滨湖商业区是原岳州府城城南关厢地区。城南原为巴陵县署所在地，直到清初顺治年间，县治始迁入城内。清乾隆时期，府城南部关厢地区已经发展成为人口稠密地区。出于政治统治需要，当时就有拓城构想："今迁县入城，土门虽废，然南关一带地势宽平人口稠密，且庙学仓廒仍依故址，诚拓南城而并包之，使庐舍有卫而富庶益增"[1]。清末，随着商品经济发展，城南逐渐发展成为商业中心，行业会馆林立。自开商埠以来，城南出售洋货的商号增多，码头和货场等设施也增多，并出现二层商铺建筑，发展成为集中人流、物流、资金流的城市商业中心。

明清时期，岳州府城文化机构集中在城内。城内文化机构包括府学、岳阳书院、义学，以及科举考试所需的考棚、坐棚。这些设施分布在城南，多依靠环境优美的山坡建造。岳州辟为自开商埠之后，西方文化随着教会的渗入而传入。城南南正街、塔前街、油榨岭、竹荫街、乾明寺分布有教堂、教会学校和教会医院（图5-8）。其中，位于塔前街的教堂和教会学校建得最早，规模也较大。1900年，美国基督教复初会海维礼在塔前街修建礼拜堂，建筑面积约400平方米，高三层（包括钟楼）。南侧建有3栋三层楼牧师住房，北侧和后侧各建有工友住平房1栋，整个教堂占地20余亩。1901年，海维礼于塔前街和乾明寺地段创建贞信女中，设有中、小学两部。中学部建有教学楼、学生宿舍、教职员住房、公馆、图书馆、浴室、食堂等大小共9栋。小学部建有教室、教职员住房、办公室等。整个校园占地76亩，其中荒山、菜地21亩[2]。

3. 城东车站交通新区

水运是岳阳主要对外交通方式，城市扩展沿着洞庭湖岸向南发展。越靠近水的城市地段道路越密集，建筑也越密集。远离水边的城区以东则是人烟稀少的荒芜地带。近代，新修筑的粤汉铁路从城区以东经过，并在城区东南位置设置岳阳车站。车站成为城市新生长点，牵引城市向

---

[1] 清乾隆十一年《岳州府志》.
[2] 《岳阳市城乡建设志》编纂委员会编纂. 岳阳市城乡建设志. 北京：中国城市出版社，1991：258.

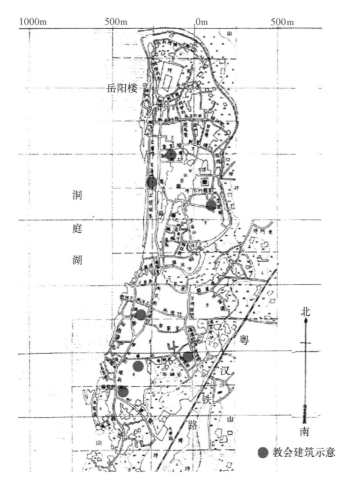

图5-8　近代岳阳教会建筑分布
（资料来源：自绘）

东发展，形成城东车站交通新区。车站附近的先锋路是外来人口密集区，集中了全城53家旅业中的40家。

4. 城东梅溪桥新商业区

梅溪桥地带原为城市郊区。在清光绪《巴陵县志》的县城街道图中，通往梅溪桥的道路还只是羊肠小道。近代随着城市向东发展，梅溪桥地带逐渐繁华起来。抗日战争期间，岳阳被日军占领，日军封锁沿湖一带，划定梅溪桥为市场。从而，梅溪桥逐渐发展成为城市新商业区。抗战胜利后，虽然很快沿湖商业区得以恢复，梅溪桥仍然是繁华商业区，街道两边为两层商铺。

四、城市空间层次演变

1. 城市垂直空间层次

中国古代城市的城墙是极其重要的形态要素,不仅仅因为城墙在水平方向上划分城内和城外的空间区域,也因为城墙是城市垂直空间层次中的一个重要内容。清末自开商埠以前,岳州府城城市空间可以分为四个垂直层次。第一层次是城墙内外的大量普通城市住宅。这类建筑数量众多,建筑层数为一层,建筑高度比较低矮,构成城市空间层次的基础(图5-9)。第二层次是城内外分布的官署、寺庙和道观。这类建筑数量也较多,尤其以城内居多,城内集中了府署、书院等重要建筑群。这类建筑群通常体量高大,建筑群局部有阁楼(图5-10)。第三层次是城墙。据明《隆庆岳州府志》记载,城池的城墙"高三丈六尺有奇"[1]。城墙在垂直层面上划分城内外空间,使城市空间呈现出"封闭"特征。第四层次是佛塔和城门楼等标志性建筑物。例如,城西门的门楼岳阳楼位于洞庭湖滨高地上,俯瞰洞庭湖,是岳阳城标志性建筑物(图5-11)。而城南晋代修建的慈氏塔,长期以来是往来于洞庭湖船舶的航标(图5-12)。

自开商埠以后,岳阳城市垂直空间层次逐渐发生变化。首先,城南滨水地带南正街、竹荫街、天岳山、塔前街、街河口、梅溪桥、红船厂等地均为木构架二层楼房。其次,西式教会建筑的修建,使得城市空间出现与中国传统城市不同的形态要素。岳阳城南和城北均分布有教会建筑,高大体量的教堂以及钟楼,形成城市新标志性建筑。岳阳车站建筑也以其大跨度和大体量,形成城市空间节点。但是,直到1923年岳阳城墙拆除之前,这些渐进的变化并没有从根本上改变岳阳城市垂直空间层次。1923年,岳阳城墙的拆除,才彻底改变岳阳城市垂直空间层次,城市空间由封闭走向开放。1923年之后的岳阳城市垂直空间被简化为三个层次。第一层次是一层的棚户建筑,建筑高度低矮;第二层次是二层的商铺建筑、高大体量的教会学校建筑、车站建筑;第三层次是教堂、岳阳楼、慈氏塔形成的城市标志性建筑。

---

[1] 明隆庆《岳州府志》.

图5-9 低矮的普通城市住宅
（资料来源：《千年古城话岳阳》）

图5-10 高大的文庙建筑
（资料来源：《岳阳文史第十二辑：岁月留痕》）

图5-11 位于湖滨高地的岳阳楼
（资料来源：《千年古城话岳阳》）

图5-12 慈氏塔
（资料来源：《千年古城话岳阳》）

2. 城市水平空间层次

近代岳阳城市水平空间层次变化体现在建筑密度的水平分布。城南滨水地区由于集聚了大量城市人口，有较高的建筑密度，建筑呈现出面宽小、进深大的特点。例如，洞庭庙街临街的4户商铺（含一通道）共宽30.33米（91尺），每户建筑平均约6米开间，每户进深40.33米（121尺）（图5-13）。羊叉街临街的7户商铺（含一小巷）共宽45.67米（137尺），每户建筑平均同样约6米开间；每户进深44.33米（133尺）[1]。而城北地带由于地势较高，交通不便，人口密度较低，建筑密度也相对较低。例如，位于提署街-麻家坡的周鸿钧宅地宽8.67米（26尺），进深114.67米（344尺）[2]。

3. 城市空间层次变化规律

城市空间层次变化与城市功能性质转变有密切关系。明清时期，岳州府城城市功能以政治军事为主。为了便于军事防御、政治统治，以及

---

[1] 岳阳市档案馆.
[2] 岳阳市档案馆.

防御洪水的目的，除了不断修筑城墙外，官署建筑也多选取城北，城墙以内地势高的地方建造。城南则以平民居住的低矮住房为主。城市建筑以及城市总体轮廓线呈现北高南低的格局。岳州自开商埠之后，商品经济得以发展，城市经济功能增强。城南地势平坦，水运交通便利，成为繁华商业区。在商品经济刺激下，城市土地经济价值日益突出。交通便利的商业区土地价格明显居于高位。体现在空间层次上的变化就是，城南商业区建筑密度增加，建筑层数增加。近代军事技术的发展，以及城市政治统治方式的改变，城墙在城市中的作用日益降低，封闭的城墙分割了城南城北，使得交通不便，反而成为城市经济发展障碍。城墙的拆除消除了传统中国城市空间层次中的封闭要素，使得空间格局向近代城市开放格局转变。

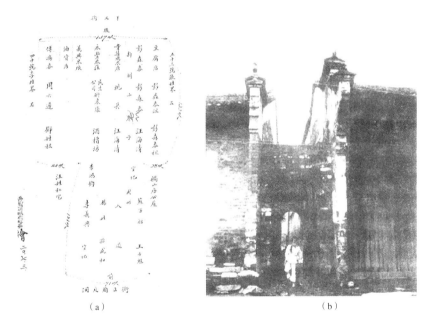

图5-13 面宽小、进深大的临街建筑布局
(a)羊叉街、洞庭庙正街临街建筑布局；(b)狭窄的巷道
(资料来源：岳阳市档案馆)

第二节 近代岳阳城市空间转型的演变特征

一、城市空间扩展形式

城市各种功能活动所引起的空间变化，促进空间的位移与扩张，这种位移和扩张实质上是一种空间演替，从整体上看，产生了城市外部空

间的演变。它主要以四种方式进行：同心圆式扩张、星状扩张、跳跃式生长、带状生长[1]。近代岳阳城市空间扩展是以"跳跃式"和"带状生长"两种方式交替进行。清末，岳州自开商埠，促使城市空间以"跳跃式"方式扩展，形成"一城一镇"的城市区域空间结构。进而，城和镇以洞庭湖和长江组成的江湖水系为发展轴呈"带状生长"。岳阳城市向南"带状生长"，导致城市中心由城北的府署、岳阳楼一带位移到城南南正街一带。

（一）跳跃式生长：一城一镇

跳跃式生长是一种不连续的用地发展方式，具体表现为城市空间发展脱离老城区而另辟新区。城市空间发展以跳跃式方式进行，其原因有以下几种：河道、地质等地理因素使得旧区空间有限无法扩展，或者旧区的地理条件不利于城市新功能的发展；新型工业区的开发；保护古城建立新城；利用资源开辟旅游观光等[2]。跳跃式生长是人对城市空间发展方向进行自主选择的结果，体现了人为意图。

近代岳阳城市空间的跳跃式生长在人为政治意图主导下进行，是近代中国特殊社会政治背景下的产物。近代中国早期自开商埠，大都由于政治军事的考虑，商埠的设置与旧城有一定距离。商埠与旧城之间的距离远近虽有不同，但都体现了"不能扰我政治"的意图。例如常德商埠位于郡城对岸的善卷村沙洲，城区与商埠被大江阻隔。济南商埠区位于旧城区以西，距离旧城区有数里。

这种"政治力"主导下产生的跳跃式生长，使得近代岳阳形成"一城一镇"的区域空间格局。岳阳县城和城陵矶镇各方面的联系日益紧密。

在政治上，镇归属城管辖。自清季开埠，城陵矶镇就由临湘县划归巴陵县管辖，岳州府城为岳州府府署和巴陵县县署所在地，城陵矶商埠由岳州海关管辖。民国岳阳县城为县政府所在地，城陵矶镇派驻有县政府分支机构，而城陵矶商埠仍然由岳州海关管辖。

经济上，城与镇存在着促进和竞争的关系。清季岳州商埠设在城陵

---
[1] 段进. 城市空间发展论. 南京：江苏科学技术出版社，1999：103.
[2] 段进. 城市空间发展论. 南京：江苏科学技术出版社，1999：103.

矶，主要是出于政治考虑，其次才是水文地理条件和经济的考虑。开关以后，不仅城陵矶由发展成为商务繁忙的港埠，岳阳县城商业也得到很大发展。而同时，也由于城陵矶商埠集中了主要的港口业务，岳阳县城商业发展受到一定限制。

军事上，城与镇相互依托。自古以来，城陵矶和岳阳城之间就存在军事依存关系。商埠区设在城陵矶之后，城陵矶与岳阳县城之间的军事联系更为紧密。

城市建设上，城与镇各自独立进行。由于存在地理上的空间距离，以及权属上的独立性，城陵矶镇和岳阳县城城市建设是各自独立发展。即使是相邻的城陵矶旧城区和新开辟的商埠区也存在不同的建设面貌。商埠区内以西式海关建筑和港口设施为主；商埠区外主要是一条南北走向的中式商业街。商埠区内外呈现出孑然不同的城市空间景观。

功能组织上，镇依赖城。岳阳县城具备政治、军事、文化、商业、交通多种职能。而城陵矶镇主体空间是商埠区，以及在商埠区刺激下形成的商业街，功能以商业为主，镇的居民也都是要依靠港口商务为生。城陵矶镇在功能上对于岳阳县城有依赖性，许多消费娱乐、文化教育，政治管理，要依托岳阳县城。城陵矶镇功能过于单一，使得镇的兴衰极其受港口商务影响。

从岳阳商埠发展来看，清政府选择的跳跃式发展方式的最初设想没有完全实现。商埠设在远离旧城区的城陵矶，岳阳县城地方事务的确避免了洋人干预，而且岳阳县城军事防御也完全由地方政府来自主进行。但是，同时也由于地远，商埠区发展不顺利。商务发展不畅，无法吸引更多洋人来此居住经商。清政府试图通过出售商埠土地，来获取利益的意图并没有实现。当然，我们也注意到，城陵矶商埠发展的不畅，从微观角度来说，固然与商埠距离城区较远有关；从宏观角度来看，主要还是因为岳阳商埠不过是以汉口为中心的长江中游商业圈内的一个次级转口口岸。由于洞庭湖水运条件的限制，顺长江而来的汉口货物，到达岳阳口岸，再由其他船只分散至洞庭湖区其他城市。岳阳在区域贸易网内的有限地位，也影响了商埠发展。

跳跃式生长的用地发展方式，在空间形态演变中，是由不连续通过相互吸引，又发展为连续的过程。但是每一个城市因为具体情况不同，由不连续演变为连续的时间进程是不一样的。例如，济南自开商埠之后，由于工商业发展迅速，原来商埠界限已不能满足使用要求。通过两次商埠区界限的扩展，1926年济南商埠区已经和旧城区连为一体。岳阳情形却与济南不同。由于城陵矶镇与岳阳县城距离太远，这种由不连续通过相互吸引，进而发展为连续的过程，一直到新中国成立后的70年代才开始进行。

跳跃式生长对于滨水港口城市而言，是常见的空间扩展模式。古代以水运为主要交通手段，水系是城市发展主要动力。通常是在交通联系方便的河口上段形成原始的城市。城市规模非常小，形态以点状为主。随着城市经济发展，城市规模扩大，形成地方性中心城市，城市形态发展成团块状。近代以来，随着水上运输技术的发展，船舶吨位不断加大，原有城市所在河道的地质水文条件不能满足继续使用要求，港口向河口下段推移，进行跳跃式发展。从而形成非连续的"一城一镇"，甚至是"一城多镇"的非连续带状群组城市形态。例如宁波、江门的城市空间发展就是如此。近代岳阳城市空间由"跳跃式"发展形成非连续的"一城一镇"区域空间结构，为今后岳阳城市向北扩张打下基础。

（二）带状生长：以水系为生长轴

带状生长是主轴线型城市空间结构的显相形态。城市空间结构由一条主要的交通线，如公路、河流等构成，交通线形成城市发展生长轴。城市沿着交通线生长，呈现出长椭圆带形发展[1]。这种城市沿一二条生长轴扩张的生长形式就是带状生长。

古代城市交通以水运为主，水系通常是城市发展的生长轴。城市空间沿着河岸、海岸、湖岸展开，形成原始带状形态。近代之后，陆地交通得到发展。公路、铁路增多，逐渐替代水运。城市沿着公路、铁路呈带状生长趋势。

岳阳位于洞庭湖东岸，水上交通一直是岳阳城市主要交通方式。据北魏时期郦道元《水经注》记载，当时巴陵城已有"扁担州"的称号

---

[1] 段进. 城市空间发展论. 南京：江苏科学技术出版社，1999：103.

第五章 近代岳阳城市空间转型的综合特征

（见第二章）。清乾隆年间，岳州府城城池"东西相距一里余，南北相距二里二分"[1]，呈现出东西短、南北长的带形城市形态特征。近代岳阳城市带状生长受到水运和铁路两种力量的牵引。但是，直到20世纪70年代之前，水运一直是岳阳主要对外交通方式。水系仍然是岳阳城市主要生长轴，带状生长方式也是城市空间扩展主要方式。商埠所在地城陵矶镇同样以带状方式扩展。商埠区位于城陵矶镇北端，南端的下街、上街、横街、堤街形成的商业街沿着湖岸线向南生长。整个城陵矶镇显现出典型的带状生长。我们注意到，虽然粤汉铁路在城陵矶设有车站，但是由于车站距离城陵矶镇过远，铁路对于城陵矶镇的发展影响微弱，水系是城陵矶镇发展的生长轴。

带状生长促使城市形成"带状"空间形态。历史上，存在许多沿路、沿海岸线和河岸线生长的带形城镇和村落。1882年，西班牙工程师马塔在马德里首次提出带形城市模型（图5-14）。带形城市建立在一条交通运输干线基础上，生产、生活、商业、服务设施分布于主干线两侧。次要设施建在主干线外侧的平行地带。带形城市模型的优点是所有城市居民平等享受服务、工作和使用活动场地的机会。城市能够根据地形曲折变化，灵活发展，并通过无限延伸来扩展城市。而且，城市道路交通系统可以高效率发挥作用，城市居民可以最大限度享受交通便利。但是，带形城市模型也有其缺点。城市各个要素之间的距离比一般紧凑城市要大；城市居民在交通方向和方式上的选择较少；由于缺乏城市空间核心，城市居民心理上也缺乏中心感[2]。

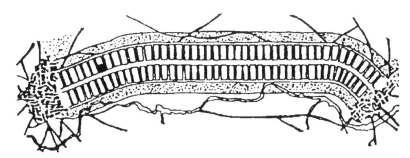

图5-14 西班牙工程师马塔的"带状城市"
（资料来源：《城市空间发展论》）

[1] 清乾隆十一年《岳州府志》.
[2] （美）凯文·林奇. 城市形态. 北京：华夏出版社，2002：259-260.

历史上的带形城市，其带状生长是一种自然有机的生长方式，并不是人为规划的产物。城市空间生长轨迹通常是由最初点状，发展成为团块状，再沿着水系或者道路生长轴伸展为带状。因而，历史上的带形城市虽然具有带形形态，但城市空间并不是线性均质的，城市也并不缺乏核心，历史上形成的城市核心仍然存在，并对城市居民心理产生作用。就岳阳情形而言，近代岳阳虽然沿着洞庭湖岸向南扩展，城南形成繁华的商业区，但是位于城北的岳阳楼仍然是主导城市整体空间形态的标志物，同时也是岳阳城市居民心理上的中心之一。

（三）城市空间中心的位移：由北向南

城市空间中心通常是城市生长点所在。城市中心的位移是城市空间形态变化的重要组成部分。城市功能的变化，导致城市空间的演替，城市空间的不断演替促使改变原有城市空间的结构关系，进而发生城市空间中心的位移[1]。

中国古代城市以政治职能为主，因而宫殿和衙署所在地通常就是城市空间中心。一般县城为方城十字街，每边一门，衙门居中。府州城为井字形街道，每边两门，中心为衙署。都城则以皇宫为城市空间中心。在中国古代城市布局中，首先就是城市中心位置的选定。以"仰观天象，俯察经纬"的方式，选定城址中心位置，然后以此为基点，向四周扩展，进而框定城市总体范围。近代以来，城市经济职能逐渐加强，商业街区日益繁荣和发展，形成城市新中心。这些新兴商业街区通常位于通商口岸城市商埠区内，或者在旧城区近旁新地段内，建造有适应资本主义商品流通和销售需要的洋行、商场、银行、市场，以及各种服务性建筑。例如上海的南京路、淮海路，广州的旧十三行、长堤，就是近代新形成的城市中心。

近代岳阳城市功能由政治军事向商业为主转变，城市中心也由城北的府署、岳阳楼一带位移到城南滨水商业街一带（图5-15）。明清时期，岳阳是以政治军事职能为主的府州城，城市空间中心位于城北的府署和岳阳楼一带。府署位于城内西北巴丘山的高地上，既便于控制全城，又

---

[1] 段进. 城市空间发展论. 南京：江苏科学技术出版社，1999：112.

第五章　近代岳阳城市空间转型的综合特征

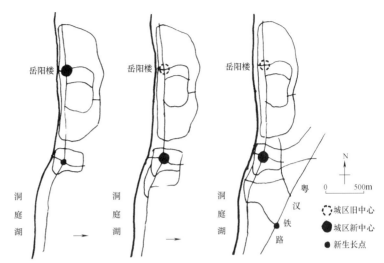

图5-15　近代岳阳城市中心的转移：从城北岳阳楼一带移到城南商业区
（资料来源：自绘）

可俯瞰洞庭湖。府署西边不远处就是城西门门楼岳阳楼。府署和岳阳楼构成古代岳阳城市空间中心。清末，岳州辟为自开商埠之后，城南关厢地区沿水商业街区逐渐繁荣起来。南正街、鱼巷子、竹荫街、天岳山、油榨岭等街巷都发展为商业街。其中，南正街最为繁华，集中了洋行、银楼以及各种有实力的商家，街道两边是两层高的商铺房，形成城市新中心。

二、城市空间结构模式

城市空间结构是指城市各物质要素在城市地域空间上的组合关系和变化位移的特点。不同空间类型有自己的区位，从而城市在整体上形成用地结构形态规律。在城市发展的不同历史阶段，由于地理环境的变迁，更多的是交通形式、营建技术、生产关系和生产方式的变化导致生活方式变化，城市从而具有不同的空间结构模式。近代中国社会的巨大变更，促使中国城市由传统城市空间结构模式向近代城市空间结构模式转变。

中国古代城市发展到明清时期，已经形成农业社会城市的成熟形制，其基本特征为方城和方格形街道；以宫殿或者府署为城市布局中心；规整的坊里和街巷体系；城外有集中布置的商业市场（图5-16）。整体而言，中国传统城市具有细密和均质的空间肌理[1]。近代中国城市社会转型导致城市空间结构模式的转变，城市空间结构由"封闭"型向"开放"型转变，并且由于新的物质要素和功能区的出现，城市呈现出"多区拼贴"的空间结构特征（图5-17）。近代城市功能区除老城区和关厢区外，还发展出商埠区或者租界区、自发形成的工业居住混合区、有规划的新市区等功能区[2]。这些传统城市所没有的功能区，区内的建筑

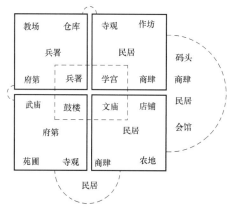

图5-16 明清中国城市空间结构模式
(资料来源：《城市空间发展论》)

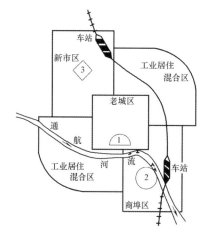

图5-17 近代中国城市空间结构模式
1—传统商业中心；2—西式新中心；3—新市区行政商业中心
(资料来源：《中国城市发展与建设史》)

---

[1] 段进. 城市空间发展论. 南京：江苏科学技术出版社，1999：59-60.
[2] 庄德林，张京祥编著. 中国城市发展与建设史. 南京：东南大学出版社，2002：194-195.

密度、高度、体量、布局方式也都有别于传统建造模式，形成整体不均质、较为粗糙的空间肌理。

以上论述的是中国城市由传统空间结构模式向近代空间结构模式转变的一般情况。对于不同地域、不同类型的城市，这个转变过程有所不同。岳阳城市空间结构模式的转变就有别于一般情形。首先，岳阳位于南方滨湖地区，明清时期岳阳城市轮廓不是方形，而是自由的曲线形，也不存在规整的坊里和街巷体系，道路网布局而是顺应地形自由弯曲。府署虽然是城市的中心，但并不是位于城的几何中心位置，而是位于城内的最高点。岳阳与中国城市传统空间结构模式的契合处在于，城内是政治中心，城外有集中布置的商业市场，以院落式布局作为城市空间基本单元，大体而言具有均质的空间肌理。近代以来，虽然岳阳自开商埠，并因商而兴，城市空间由传统"封闭"结构向"开放"结构转变，但出于各种原因，其空间结构与一般模式也存在区别。首先，由于政治军事的考虑，岳阳商埠区距离旧城区太远，对旧城区影响不大，旧城区的发展是在原有基础上演变；其次，近代工业比较缺乏，没有形成独立的工业区，工业散布在商业居住区中；再次，虽然规划了新功能区，但并没有最终实施。也就是说，近代岳阳"多区拼贴"的空间结构特征并不明显。近代岳阳总体功能分区，仍然保持着明清时期城北政治区、城南经济区的布局。在城市空间肌理方面，新修建的车站以及周边的附属设施、散布在城区内的教会建筑，以及少量的近代工业，还是改变了传统城市均质的肌理，城市空间肌理变得较为粗糙。

总体而言，近代岳阳城市空间结构模式的地方特征和传统特征较为明显。以水系为生长轴的发展方式，使得岳阳城市空间具有圈层式分布特征；新功能要素的分散布局，使得岳阳城市空间整体上具有传统特征。参考麦吉的东南亚港口城市空间结构模式（图5-18），我们可以归纳出近代岳阳城市空间结构的基本模式（图5-19）。与东南亚港口城市类似，近代岳阳以沿洞庭湖的港口和码头为中心，城市各功能用地呈现圈层分布规律，体现了水系对岳阳城市空间发展的主导作用。第一圈层是沿湖岸线的码头区；第二圈层是散布在湖岸的棚户区，建筑以单层简陋住宅为主，多居住靠码头生活的贫民以及来岳谋生的妓女，每当洞庭

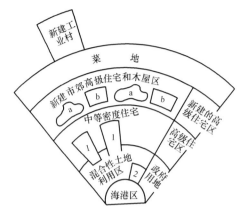

图5-18 麦吉东南亚港口城市空间结构模式
1—外来移民的商业中心；2—西式商业中心
a—木屋区； b—市郊高级住宅
（资料来源：《城市空间发展论》）

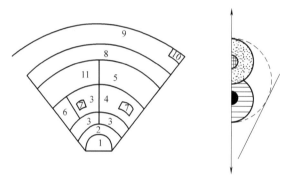

图5-19 近代岳阳城市空间结构的模式
1—码头区；2—棚户区；3——层商住；4—两层商住；5—新建商住；
6—政府用地；7—教会用地；8—菜地；9—铁路线；10—火车站；
11—城区空地
（资料来源：自绘）

湖夏秋涨水季节，这一区域就被湖水淹没；第三圈层是位于较高地势的商住区，由于仍较靠近岸线，建筑以一层商住为主，在遭遇某些重大洪灾的年头，这一地段内的建筑也不免面临被淹没的危险；第四圈层是岳阳城内地势最高的地段，又靠近湖岸，成为重要建筑密集的地带。这一地段的北面是历代岳阳府署所在地，南面是岳阳城内最繁华的商业街南正街，临街是高大的二层商住建筑，教会也大多选择在这一圈层内修建教会学校和医院。与东南亚港口城市不同的是，近代岳阳除了港口是城市发展的主导因素外，铁路也对城市发展产生影响。第五圈层位于城南的用地是因铁路修建而日益繁华起来的新商住区，位于城北的用地因为距离湖岸线太远，同时地势起伏不平，是城区内少有的未建设用地。第五圈层的外围是岳阳城郊的菜园和铁路线所在地。

第三节　近代岳阳城市空间转型的社会文化特征

近代岳阳城市空间转型包括整体空间形态的变化，以及城市内在空间要素的变化。内在空间要素演变突出表现为主要建筑类型的发展和演变。某个特定历史时期城市的主要建筑类型，综合反映了那个时期城市社会文化特征。这一部分通过微观层面对近代岳阳城市主要建筑类型的研究，来把握近代岳阳城市空间转型的社会文化特征。

古代岳阳是军事政治城市，城市建设主要在地方官府主持下进行，地方官员对岳阳城市空间形态发展有重要影响。根据明清地方志的记载，除岳阳城墙、堤防、岳阳楼是历任地方官员所关注的重点城市建设项目外，各级衙门的官署和府学、县学等教育建筑也在地方官员的主持下得以修建。封建政权机构及其建筑是岳阳城市社会关系和空间关系的主体。岳阳城内外官府建筑众多，其中府署和府学成为主导岳阳城市空间的建筑群。民国以来，这一格局发生了变化。一方面，近代岳阳地方政权更替频繁，任期短暂的地方官员大大降低对于岳阳城市建设的关注程度。岳阳城墙在经过长期失修之后，被地方官员出于补贴财政的目的拆除（见第四章）。其他官署和文庙建筑群也由于日久失修而破败下来。另一方面，由于开埠通商的影响，岳阳新型商业逐步发展起来，西方文化也随之传入。在地方政府势力日益弱化的同时，商会和教会势力兴起。南北军阀混战期间，岳阳商会作为岳阳地方利益的代表，和各路军阀周旋，以免岳阳城市受到战争破坏。教会也因其特殊的政治背景，其建筑成为战争的避难所。商会和教会不仅在岳阳地方事务中起到了重要作用，它们修建的建筑也替代以往的官署建筑，位居城内最繁华的地段，成为岳阳城市空间中的主要建筑类型。本节选取会馆建筑、教会建筑，以及大量分布的居住建筑，对近代岳阳城市空间转型过程中的空间结构和社会关系进行考察。

一、会馆建筑：传统公共空间的发展

会馆于明时兴起，清代极为隆盛。关于会馆，《现代汉语词典》注解为："会馆，是同省、同府、同县或同业的人在京城、省城或大商埠设立的机构，主要以馆址的房屋供同乡、同业聚会或寄寓"。《辞海》解释为："同籍贯或同行业的人在京城及各大城市所设立的机构，建有馆所，供同乡同行集会、寄寓之用"[1]。可见，会馆是以"地缘"（同籍贯）和"业缘"（同行业）为基础的社会组织形式，而会馆建筑则是会馆这一机构活动的特定空间场所。因而，通过对会馆建筑分布及其使用状况的研究，我们能得知这一城市的社会经济活动情况。

明清时期，随着商品经济发展，岳阳已经出现会馆建筑。清末自开商埠之后，会馆建筑进一步得到发展。根据会馆的功能，可以分为文人试馆、工商会馆、行业会馆、殡葬仪馆四种类型。岳阳会馆主要包括商业会馆和行业会馆两种类型。

（一）商业会馆

岳阳商业会馆是往来于岳阳进行贸易活动的外地商人按地缘建立的民间组织。清末自开商埠以后，作为湖南省第一个通商口岸城市，岳阳集聚了外地商人。据统计，民国时期岳阳商业会馆有9处（图5-20）。这些会馆建筑分散在城南滨湖商业区内，其中3处集中在临水的洞庭庙街，体

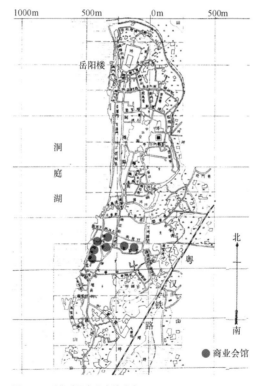

图5-20　近代岳阳商业会馆分布
（资料来源：自绘）

---
[1] 高文瑞，吴迪. 古都会馆春秋.

现出岳阳商业沿湖岸发展的特征，反映了岳阳滨水城市性质（表5-2）。

民国时期岳阳商业会馆　　　　　　　　　　　　表5-2

会馆名称	馆址	会员籍贯	备注
长郡会馆	洞庭庙街	长沙、善化、宁乡、浏阳、醴陵、湘阴、沅江、益阳、安化、茶陵、湘潭、湘乡等县商人	建有李公庙（又名李公真人庙）毁于抗日战争
衡州、宝庆会馆	洞庭庙街	衡阳、宝庆籍商人、船户，以资江邱船、毛板船（运煤炭的专用帆船）、湘江倒板子、小驳船、鸟江子（以上均帆船帮名）为其会员	
鄂城会馆	金家岭	湖北籍商人	
浙江会馆	金家岭	浙江籍商人	
新安会馆	油榨岭	安徽徽州籍商人	
江西会馆	油榨岭下	江西籍商人、居民	建有万寿宫庙毁于抗日战争
西湖辰州会馆	洞庭庙街	包括沅水流域的辰溪、泸溪、沅陵等地，为经营出省树木的湘西籍木排商人所组建	
湖北会馆	城陵矶	湖北监利籍船民	
湖北会馆	茶巷子	湖北籍商人	

资料来源：岳阳南区志，第538页。

商业会馆建筑是贸易活动过程各地商人交换信息情报、联系同乡情意、聚会欢宴、堆存货物的重要场所。而且，商业会馆建筑中往往还供奉故土神灵或商人共同信奉的神灵，举办固定祭祀神灵活动，成为社区文化活动中心。

为满足会馆各种社会活动功能需要，会馆建筑通常是具有表演、办公和居住等功能的一组公共建筑群。例如，李公庙（长郡会馆）、万寿宫（江西会馆）是岳阳当地唱庙台戏的主要场所[1]。节假日期间，在会馆举办的庙戏是岳阳市民主要社会娱乐活动之一。同时，人群集聚，也导致会馆附近街巷商业贸易的兴旺。《二三十年代岳阳城风情琐记》就记载了岳阳元宵节前后唱庙戏的热闹情景：

"岳阳古庙以洞庭庙和李公真人庙修得好些。庙中都修有木结构的戏台，设在神殿前空坪的正前方，台口面对菩萨前座，距离五六米，殿前空坪千余平方，地面用麻石板铺成，上无遮阳设备，戏台三面空敞，

---

[1] 洞庭庙、府城隍庙、火神庙、天王庙、南岳庙、武庙、李公庙、万寿宫是清末民国岳阳八大庙台。

以便两边站人看戏。戏台离地面约两米上下，站在台口附近看戏，须仰头上望，非常吃力。戏班子是岳舞台的，每天下午开锣，唱的全部是巴陵戏。唱庙戏什么人都可以去看，不要分文……在唱庙戏的日子里，附近几条街热闹非凡。沿街摆设地摊，叫卖香烛纸钱，各种水果，还有杂七杂八的小玩意儿，也有算卦占命的，热闹非凡"[1]。

（二）行业会馆

行业会馆与商业会馆的不同之处在于，行业会馆是以"业缘"为基础的商业组织，意味着包括大量同行业的本地商人。民国时期，岳阳城内行业丛多（表5-3）。事实上，岳阳近代商业行会组织长期以传统的行业帮会的形式进行，直到抗日战争胜利后，岳阳才大规模组织起具有近代意义的同业工会。

岳阳各行业都奉祖师爷为行业之神，大部分行会以祖师爷命名，行会成员或者店铺供有祖师爷神像或者牌位，天天膜拜，以求保佑。与商业会馆另一个不同之处是，不是所有的行业会馆都有专门会馆建筑作为固定祭拜和举行仪式的场所。在众多行业中，除泥木业修建有专门的鲁班庙外，其他大部分行业的会址都设置在已建有的神庙之中。例如，豆腐业会址设在观音阁中。而且，由于有些行业供奉同一个祖师爷，它们的会址往往设在同一个神庙之中。比如，鱼行业和水运业的祖师爷都是洞庭王爷，它们的会址也都设在洞庭庙中。

民国时期岳阳部分行业、行会　　　　表5-3

行业	行会	会址	祖师	祭祀日（农历）
泥木业	鲁班会	芋头田鲁班庙	鲁班	六月十三日
染织业	嫘祖会	—	嫘祖	
油漆业		—	乳安	十月四日
酿酒业	杜康会	—	杜康	八月十八日
酒席业	詹王会	—	詹王	八月三日
小吃业	雷祖会	老印山	雷祖	
药材业	药王会	—	孙思邈	四月二十八日
梨园业	梨园会	—	老郎君	
粮食业	神农会	—	神农	

---

[1] 二三十年代岳阳城风情琐记. 岳阳市南区文史. 第一辑. 邓建龙主编. 1992.

第五章 近代岳阳城市空间转型的综合特征

续表

行业	行会	会址	祖师	祭祀日（农历）
南货业	财神会	—	财神	
钱业	城隍会	—	财神	
绸布业	城隍会	—	财神	
豆腐业	淮南会	观音阁		
打铁业	拐李会	—	铁拐李	
书笔业	蒙恬官会	—	蒙恬	二月二日
屠宰业	张三爷	—	张飞	
瓷器业			老君	
鱼行业	三圣宫	洞庭庙	洞庭王爷	二月二日
水运业	洞庭会	洞庭庙	洞庭王爷	二月二日
缝纫业	轩辕会	—		

资料来源：岳阳市南区志，第539页。

岳阳滨湖，许多人以水为生，而且往来岳阳的商人也多以水运为主，因而洞庭王爷是众多行业神中受到最多膜拜的神。对于洞庭王爷的祭拜，并不局限于洞庭庙内，更多的是表现在行船过程的各种仪式之中。例如，每年年初，渔民出湖捕捞都要举行开湖仪式。各帮渔船聚在一起，头船泊于湖中，桅杆上挂红黄两面旗帜，用三牲（鸡、鱼、肉）、酒礼祭奠洞庭王爷[1]。而进入洞庭湖的大小船只，也都要敬奉洞庭王爷。大船上摆有铜锣，专门有船工司锣。一开船，船主燃点船钱，点香烛，敬开船酒，鸣鞭炮，杀雄鸡；司锣工开始打铜锣，敬洞庭王爷。然后连续敲响，船主则念："有请洞庭王爷，开船不遇风暴，不撞险滩，一路平安"。锣声停下，祈祷结束。小船不打锣，同样要燃纸钱，点香烛，祭拜洞庭王爷。船只经过其他地方洞庭庙时，也要备鞭炮礼酒祭祷。小礼一挂短鞭炮，一块小肉，一杯酒；大礼一挂长鞭炮，杀猪宰羊。前者求赐平安，后者多属向神灵还愿[2]。

行业会馆建筑与商业会馆建筑类似，都是综合有表演、办公、祭拜等多种功能的城市公共建筑。不同行业每年举办祭祀的时间不同，例如，水运业在每年的农历二月祭拜祖师爷，药材业在四月，泥木业在六

---

[1] 邓建龙主编．岳阳市南区志．北京：中国文史出版社，1993：541.
[2] 邓建龙主编．岳阳市南区志．北京：中国文史出版社，1993：542.

月，酿酒业在八月，油漆业在十月。几乎一年四季岳阳城内都有由各行业组织的祭祀活动。由于有了这些丰富的社会活动，行业会馆建筑不仅仅是岳阳城市空间中的公共中心，也成为岳阳地方居民的心理中心。

（三）会馆建筑与城市公共空间

一般认为，进入民国以后，会馆这一民间社会组织即进入衰亡期，会馆建筑也随之衰落下来。会馆衰落的原因大致有以下两种：（1）科举制度的废除，导致会馆功能日益丧失，会馆建筑被变卖或者占用，逐渐走向衰落；（2）近代铁路公路的兴起，某些依靠水运的城市商业衰落，商人四散，从而会馆建筑衰败下来，例如长治和晋城的会馆。然而，岳阳情形有所不同。首先，岳阳会馆主要类型是商业会馆和行业会馆，而不是以接待应试为主的文人会馆。因而科举制度的废除，对于岳阳会馆的影响不大。其次，清末岳阳自开商埠，民国初期粤汉铁路又得以修通，近代岳阳商贸总体而言是处于发展状态。

我们注意到，近代岳阳虽然成立了商会，但是作为传统商人团体组织的会馆和行会依然在城市经济、社会、文化生活中发挥重要作用。会馆建筑及其前面的广场既是社会活动的中心，也是城市公共空间核心。传统会馆建筑的大量存在及其在城市社会活动中所起的作用，进一步说明岳阳城市社会和空间都是处于由传统型向近代型转变的过渡阶段。

二、宗教建筑：新型公共空间的出现

（一）逐渐兴盛的教堂建筑

自清末开埠以来，城区逐渐兴建一批教会建筑。教会建筑中的教堂，其独特造型和超出周边建筑群的高度成为岳阳城区中新的标志性建筑物。

教会建筑资金大多由海外教会提供，设计图纸参考或延用中国其他地区已经建成的教会建筑样式，由当地建造商建造。例如，位于城南塔前街的基督教堂延用武汉市教堂营造蓝图，由柴家岭木器营造店老板赵松胜为工程师建造而成。基督教堂为砖木结构，教堂前部为三层，顶楼为钟楼，中部至后部为主厅，两边设有跑马廊，木板栏杆。厅内四根木

第五章 近代岳阳城市空间转型的综合特征

图5-21 黄土坡天主教堂内部
（资料来源：岳阳市档案馆）

柱支撑，顶棚为木板组成方格图案。屋顶为小青瓦双坡屋面[1]。位于岳阳城北黄土坡的天主教堂，教堂平面为长方形，内部为拱顶，教堂前部有钟楼，钟楼顶上竖有十字架，窗户为拱券形[2]。从现存天主教堂内部照片来看，教堂内部为巴西利卡式，主厅两边为侧廊（图5-21）。为体现对中国文化的亲近态度，教堂局部显示出中西合璧的特征。例如，天主教堂的大门两旁则贴有中国对联（图5-22）。

随着教会传教的展开，各派教会教堂不仅成为周边建筑群中心，也是岳阳新兴起的众多教徒们以及教会学生们社会文化生活场所。例如，贞信附小的学生每个星期天都要去福音堂作礼拜。先由牧师作祷告，然后钢琴伴奏，唱赞美诗，读圣经，听牧师传教。每年的复活节和圣诞节，教堂都会举行庆祝仪式，同时吸收一些市民接受洗礼，加入教会[3]。此外，教徒们的婚庆或者葬礼，也会在教堂举行仪式（图5-23）。

---

[1] 岳阳市建筑志编纂委员会编．岳阳市建筑志．1989：130．
[2] 据笔者对天主教会80岁老人的采访得来．
[3] 岳阳私立女中附属小学．岳阳文史．第三辑．政协岳阳市委文史资料研究委员会编．1985：168．

图5-22 黄土坡天主教堂大门
（资料来源：岳阳市档案馆）

图5-23 黄土坡天主教堂举行仪式
（资料来源：岳阳市档案馆）

在战争频繁的近代，教会由于拥有的政治特权，教堂多次成为岳阳城区市民、甚至交战士兵躲避战乱的避难所。军阀混战时期，1918年，北军百多人逃入天主教堂躲避；1920，数千岳阳商民携带细软，逃入天主教堂避难。抗日战争期间，西班牙传教士王一明为了保护教堂和岳阳的教友，与日本军官来往。因而日本士兵不敢随便闯进教堂，宗教生活照常进行，教堂也成为避难所[1]。

由此可见，近代岳阳教堂在日常生活以及特殊的战争时期，都对岳阳市民的生活发挥作用。可以说，教堂建筑兴起表明一种新的社会生活方式的产生，同时教堂成为岳阳城市新的公共活动空间。

（二）日渐衰落的寺庙道观

在天主教、基督教等西方教派在岳阳兴旺发展的同时，中国传统宗教佛教和道教却由于信徒的日渐减少，而日渐衰落下来。近代岳阳佛教寺庙和道观建筑日益败落，不是被改作其他用途，就是在频繁战争中被毁坏（表5-4）。

作为宋代佛教十方丛林的岳阳园通寺，在宣统光绪二年（1910年），就被改为县立第一高等小学堂。民国19年（1930年），岳阳名寺乾明寺主持和尚应波圆寂之后，寺内无人主持，寺舍年久失修，萧条冷落，后由信徒从长沙请来智化和尚主持。但由于佛教信徒日渐减少，香火不盛，又无田产收入。过境客僧挂单过多，难以为继，只好将寺院废墟出租给人种菜。民国22年（1933年），智化和尚还俗经商，寺内再无主持和尚。岳阳道教的情形也如佛教一般，面临衰落的命运。清光绪十七年

---

[1] 天主教传入岳阳简史. 岳阳文史. 第一辑.

（1891年），岳阳城区尚有各种道教场所数十处。此后，逐渐减少。原宋代属道教十方丛林的玉清观，在辛亥革命之后，已经无出家道士。民国初（1913年），借给咏霓戏院，后改为岳舞台，1938年被日本飞机炸毁。而其他宫观祠庙，也大都毁于战乱。1949年时，岳阳城内仅剩吕仙亭一处道教场所（图5-24）[1]。

民国时期岳阳寺庙道观　　　　表5-4

名称	位置	祀奉对象	状况
巴山庙	西门巴山巷	刘巴	已毁
云溪庙	西门岳阳楼外	—	1958年修洞庭马路时拆毁
董王庙	北门	隋巴陵校尉董景珍	已毁
刘公庙	北门江岸石矶	南宋抗金名将刘锜 邑人奉为水神	已毁
府城隍庙	北门	城隍爷	已毁
六贤祠	北门	鲁肃、陶侃、滕子京、张说、陶宗孔、李镜	已毁
庆祝宫	北门剪刀池	—	已毁
天竺庵	北门剪刀池	—	已毁
吴王庙	东门	东吴孙权	已毁
白马庙	东门	华光神	已毁
刘将军庙	东门	驱蝗神刘猛	已毁
鲁将军庙	东门	三国东吴鲁肃	已毁
东岳庙	东门	东岳大帝	已毁
乾元宫（火神庙）	东门	社稷二神	已毁
九龙庙	九龙堤	—	已毁
九华庵	九华山	—	已毁
太子庙	太子庙巷	后梁昭明太子肖铣	已毁
白衣庵（白云庵）	太子庙巷	—	已毁
天岳庙	天岳山街	—	已毁
文昌帝君庙（文昌阁）	学道岭	文曲星文昌帝君	已毁

[1] 邓建龙主编. 岳阳市南区志. 北京：中国文史出版社，1993：551-553.

续表

名称	位置	祀奉对象	状况
府文庙	学道岭	孔子	清末仅存大成殿与庑房
昭忠祠	学道岭	阵亡官兵乡勇	已毁
忠义孝弟祠	学道岭	已故忠义孝弟之人	已毁
县文庙	乾明寺街	孔子	1934年改为县立简易乡村师范，抗日战争时被毁
乾明寺	乾明寺街	—	1938年被日机炸毁
南岳庙	南岳坡	唐勇士张抃	1938年被日军飞机炸毁
关帝庙	黄土坡	关公	
莲花祠	黄土坡	—	1958年拆毁
准提庵	黄土坡	—	1958年拆除
关帝庙	洗马池	关公	抗日战争时毁
洞庭庙	油榨岭下	洞庭君王爷	1938年被日机炸毁
天后宫	油榨岭下	天上圣母妈祖	已毁
县城隍庙	竹荫街永庆坊	城隍爷	已毁
天王庙	玉清观巷	毗沙门天王	1938年被日机炸毁
玉清观	玉清观巷	元始天尊	1938年被日机炸毁
贝勒祠	卫前街	清安远靖寇大将军贝勒尚善	已毁
宁陵寺	卫前街	—	已毁
观音庵	观音阁街	—	已毁
园通寺	下观音阁街	—	1910年改为县立第一高等小学堂
孟府祠	三教坊	岳知州孟珙	已毁
吕仙亭	白鹤山	吕洞宾	1969年拆除
地藏庵	城内	地藏王	已毁
土地庙	城陵矶	土地神	已毁
五通庙	城陵矶	五通神	毁于抗日战争时期
宗公庙	城陵矶横街	北宋宗泽	已毁
刘公庙	城陵矶	观音、龙王、刘公	1967年港务居建仓库时拆毁
南岳庙	城陵矶	观音佛像	1938年被日军飞机炸毁
洞庭庙	城陵矶擂鼓台	扬泗将军	已毁

资料来源：岳阳市南区志，第552—557页。

第五章　近代岳阳城市空间转型的综合特征

图5-24　吕仙亭
（资料来源：《千年古城话岳阳》）

（三）教堂建筑与社会变迁

近代岳阳教堂建筑的兴盛和佛寺道观的衰落，是这一时期社会历史变迁的反映。西方资本主义国家在用坚船火炮打开中国贸易大门的同时，各国教会在充裕资金支持下，有组织有计划地渗入中国社会基层。近代岳阳教会除在现实的日常生活中，给予市民以实际好处，比如免费治病和免费教育，从而吸引市民入教之外，教会获取的政治特权还使得教会成为战乱时期人民的庇护所。与强大的西方教会力量相比，传统的佛教和道教却失去生存的社会土壤。近代西学东渐以来，中国传统思想和文化面临挑战。1905年，废除了以儒家经典为基础的科举考试制度。1911年，辛亥革命推翻了封建帝制，儒家赖以生存的政治基础彻底崩溃[1]。儒家意识形态的没落，使得素有儒佛会通传统的佛教也由此受到影响。同时，道教作为中国传统文化的一部分，在近代西学的文化冲击面前，也日渐势微。近代社会意识形态的变更，最终都体现在城市空间要素的更替之中。近代岳阳城市中教堂的兴盛，寺庙道观的衰落，不仅是建筑的兴盛和衰落，空间的产生和消亡，也是社会变迁的反映。

三、居住建筑：传统建筑风格的延续

明清时期，岳阳城市形成"城+市"的空间格局。城内是政治、军事、文化中心，居住着各级官员、士兵、封建知识分子、各种宗教人士，以及大地主。城南关厢地区主要是一般平民、手工业者和商人。自

---

[1] 李勇. 儒佛会通与现代新儒家、人间佛教的形成. 社会科学战线，1998（4）.

开商埠之后,虽然岳阳社会结构发生变化,从事商业的人口日渐增多。但是,社会各阶层的居住建筑本身并没有发生太大变化。

(一)住宅类型

1. 官绅住宅

岳阳城北由于地势高,近代仍然是政治军事中心。民国期间,岳阳临时统治者,或者是退职官员仍然选择城北作为居住地。例如,国民党专员王剪波就在岳阳北门剪刀池,兴建一栋深宅大院。建筑为两进住宅,有两个天井,共有房屋30余间,面积300多平方米。住宅大门前还设有两对石狮[1]。与政府官员不同的是,岳阳商绅居住在城南商业区内。民国10年(1921年),岳阳商会会长陈小平,在城南梅溪桥建造一栋深宅大院。住宅也是院落式布局,后院建有两层的八角亭,亭前花坛围绕,绿树常青[2]。总体而言,近代岳阳官绅地主住宅是"多青砖瓦舍,屋宇成片,外有围墙,内有影(照)壁"[3]。

2. 铺户住宅

近代岳阳商业铺户总体布局仍然保持前店后坊式的传统院落建筑形态。清末开办的戴同兴南货号是岳阳城内著名的商业铺户,位于天岳山街,以经营酱业为主。戴同兴南货号是前店后坊式的布局,建有一片面积为五百平方米的大型酱园,内设一整套酱腌业和食品糕点业制作工艺作坊。民国3年至7年(1914—1918年)的鼎盛时期,店员多达七十余人[4]。商业铺户的住宅多与商店、作坊结合,临街建店,后连住宅,贯串相通,但多以砖墙分隔,保持内宅安静。

3. 平民住宅

岳阳城内由于人口密集,用地有限,因而许多平民住宅采用面宽窄、进深大的建筑布局。例如,建于1912年周福珍住宅,建筑为二层砖木结构,长17米,宽6.2米,檐高5.5米,面积210平方米。建筑外墙为粗

---

[1]《岳阳市城乡建设志》编纂委员会编纂. 岳阳市城乡建设志. 北京:中国城市出版社,1991.
[2]《岳阳市城乡建设志》编纂委员会编纂. 岳阳市城乡建设志. 北京:中国城市出版社,1991.
[3] 邓建龙主编. 岳阳市南区志. 北京:中国文史出版社,1993.
[4] 戴同兴泰南货号. 岳阳文史. 第三辑. 政协岳阳市委文史资料研究委员编. 1985.

砂抹灰，屋顶为小青瓦双坡。两层建筑共有房10间。楼板、大门、窗框都为木制，顶为竹席铺面[1]。事实上，岳阳城内大部分平民住宅是单层建筑。

4."候民"住宅

近代岳阳城内还有一批随季节气候而迁移的城市贫民，被称为"候民"。他们通常以水谋生，居住在岳阳城外湖滩上。因每年洞庭湖水季节性的涨落，他们不得不像候鸟一样迁徙。每年三四月间，桃花汛起，湖水上涨，候民们从南岳坡、交通门、西门湖滩边迁徙到南津港去营生。等到九、十月间的夏季，湖水退去，南津港干涸，不能泊船，他们又搬到原地来，此时的南岳坡、交通门、西河门湖滩上又热闹兴旺起来。因为需要经常迁移，候民们住宅都是些芦柴搭成的简易住宅。一般用圆木做支柱，多以竹竿、柳条、芦苇、稻草等搭成茅棚；或以竹木骨架，芦苇或竹片绞裹稻草为壁，或加粉湖泥、牛粪的"绞缝子"茅屋。茅屋里面分隔成数小间[2]。较好的用满柱承檩穿斗构架，竹编粉壁，外露构架的瓦屋。俗语称："洲上茅屋几百家，家家盖的是芦花，柳枝柱头芦苇壁，东倒西斜很易垮"[3]。这些沿湖简易住宅常常采用吊脚楼形式，一方面争取空间，另一方面防水患，构成近代岳阳城市沿江外貌（图5-25）。

图5-25 近代岳阳湖岸候民住宅
（资料来源：《千年古城话岳阳》）

[1] 中国历史文化名城词典（三编）.上海：上海辞书出版社，2000：402.
[2] 二三十年代岳阳城风情琐记.岳阳市南区文史.第一辑.邓建龙主编.1992.
[3] 杨慎初主编.湖南传统建筑.长沙：湖南教育出版社，1993：264.

5. 城郊民宅

近代岳阳因商品经济的发展，城市向东向南扩张。一些进城谋生的农民在城郊建造住宅。他们的住宅与城内商业街区住宅不同，延续了乡间民宅风格。例如，周家屋民宅位于岳阳市东郊梅溪。建筑建于清光绪年间，建筑面积115平方米，房檐高5米，墙体为老式土砖砌筑，双坡屋面，覆小青瓦。室内墙面抹白灰，装有楼板，设木制双、单页拼板门，有门坎、木格子窗、原土地面[1]。因城郊住宅密度较低，有些住宅前面还围有院落（图5-26）。

图5-26 近代岳阳城郊住宅
（资料来源：《千年古城话岳阳》）

（二）居住空间分布呈现出阶层分化特征

就岳阳城市整体空间格局来看，城北桃花井和城南非主要商业街，如茶巷子、鱼巷子、油榨岭、观音阁、乾明寺等地，均为小青瓦砖木平房，属于平民住宅。城市以西滨湖一线，如岳阳楼、南岳坡、南津港一带，绝大多数为芦壁茅屋，夹有少量青瓦木构棚房，是"候民"聚居之处。南正街、街河口、竹荫街等主要商业街两旁，才有二层铺户住宅。城北剪刀池、铁炉街等地是官员等大户人家居住的地段，而商绅则分散在城南商业区内。此外，梅溪桥等城郊地段的住宅则以乡间民宅为主。

新马克思主义认为空间配置实质是各阶级地位高低的物质表现。由

---

[1] 中国历史文化名城词典（三编）．上海：上海辞书出版社，2000：405．

近代岳阳各社会阶层住宅的空间分布来看，官员占据了地势较高，不受洪水影响的城北中心地段，建筑密度较低，周边环境较好；商绅则占据经济利益最好，也不易受洪水影响，并且交通便利的城南商业核心区；而"候民"则居住在易受到洪水威胁的湖滩上；进城农民也被排挤在市中心之外。可见，近代岳阳城市空间形态布局体现出阶层分化特征。

（三）住宅的传统建筑风格

由于岳阳人口集中，用地有限，沿街形成密集居住条件。街道两旁商店突出马头山墙，形成统一的街景特色。总体而言，近代岳阳居住建筑还是以传统建筑的布局和风格为主，并没有发展出如上海里弄、汉口里分那样融合中国传统建筑形式的新城市住宅，这与岳阳当时的社会经济文化状况是相符的。近代岳阳虽然辟为通商口岸，但是政局的波动，频繁的战争，以及发展并不稳定的商业，使得岳阳无论在城市化水平，城市建设现代化程度方面，都无法与大城市相比，甚至也不如同等级的中等城市，不具备产生新型城市住宅的社会经济基础。而且，虽然教会传入了西方文化，但是官绅等地方精英仍然深受中国传统教育的影响，并没有接受过系统的西方教育，其自家住宅采用的建筑形式还是中国传统庭院式格局，并采用石狮、亭子为建筑装饰，体现了中国传统文化的审美情趣。具有示范作用的地方精英尚且如此，也由此可见一般岳阳普通民众的情形。缺乏适当的社会、经济、文化土壤，近代岳阳城市住宅也就延续了传统建筑风格。

第四节　近代岳阳、济南、南宁城市空间转型特征比较

在绪论中，我们提到，自开商埠城市是近代中国的一种城市新类型。清末中国的自开商埠城市共有36个，大致来说，通过自开商埠，因商而兴，带动城市近代化是这类城市近代共同的发展道路。从前面各章节研究，我们得知，作为自开商埠城市的岳阳虽然因开埠通商启动近代化进程，但空间形态近代化程度不高。那么，是不是所有的自开商埠城市都如此呢？为加深对自开商埠城市的认识，以及进一步把握近代岳阳空间转型内在规律，我们选取同为清末自开商埠城市的济南、南宁作为

参照城市，进行城市空间转型特征比较研究。

一、近代岳阳、济南、南宁城市空间转型特征比较

（一）近代岳阳、济南、南宁可比性分析

比较研究对象需要具有一定可比性，即比较对象具有相当程度的相似性。因而，我们首先对岳阳、济南、南宁可比性进行分析（表5-5）。

近代岳阳、济南、南宁可比性分析　　　　　　　表5-5

比较项目	岳阳	济南	南宁
地理区位	长江流域沿江城市	黄河流域沿河城市	珠江流域沿江城市
建城历史	1700年	1700年	1600年
城市等级	清岳州府府城	清济南府府城	清南宁府府城
城市性质	地区性政治军事中心	地区性政治军事中心	地区性政治军事中心
开埠时间	1899年	1905年	1907年

资料来源：自制

从表5-5中，我们可以看出，岳阳、济南、南宁都是沿着中国大江大河发展起来的城市，有上千年悠久历史。从城市等级和城市性质来看，开埠前，三个城市发展状况大体相似，都是农业社会地区性政治军事中心城市。在开埠时间上，三个城市都是清末开放的商埠城市，而且时间前后差距不大。根据清末民国自开商埠的整体历史，三个城市都属于清政府早期开放城市。近代岳阳、济南、南宁的众多相似属性使得三个城市之间可比度较高，为下一步比较研究奠定基础。

（二）近代岳阳、济南、南宁城市空间转型特征比较

岳阳、济南、南宁都是清末自开商埠城市，自开商埠启动岳阳、济南和南宁城市近代化，使得它们由传统农业社会政治军事城市向近代工业社会通商口岸城市转变。

岳阳是清政府批准开放的首批自开商埠之一。1899年，岳阳正式开埠通商。主要基于政治军事考虑，商埠设在城北15里外的城陵矶镇，中间有枫桥湖、东风湖、翟家湖和七里山与旧城区相隔。岳阳开埠之后，成为湖南几个重要商业城市之一。

1905年，在德国人要求下，济南自开商埠。虽然济南开埠比岳阳晚

6年,但当时清政府同样出于防备洋人的心理,商埠设在旧城区西关外,沿着胶济铁路布置,距离旧城区城墙有数里。济南自从开埠通商之后,商埠建设带动城市工商业发展,一跃成为山东省内陆第一大商贸中心。

早在岳阳开埠之后,广西巡抚就响应清政府提出的在沿海、沿江及江边"展拓商埠"的决定,请将南宁辟为商埠。得批准之后,经过数年筹划、制定相关章程以及商埠建设工作,南宁于1907年1月1日正式开关设埠。商埠设在旧城区以南下郭街一带,沿着邕江东岸设置,距离旧城区城墙有一定距离。开埠后,南宁商贸也大有发展,逐步取代桂林、柳州等广西传统商业中心的地位,成为全省仅次于梧州的商业中心和农产品集散地。

虽然同样是自开商埠城市,但是三个城市空间转型呈现出不一样的特征。总体来看,济南城市近代化程度较高,城市空间转型属于全面近代化型,城市空间有较大变化,"多区拼贴"和"多元混合"的近代化特征明显。而岳阳城市近代化程度较低,城市空间转型属于局部近代化型,城市空间局部发生变化,"多区拼贴"和"多元混合"的近代化特征相对较弱。与岳阳类似,南宁城市空间转型属于局部近代化型,空间形态近代化特征较弱(表5-6)。

近代岳阳、济南、南宁城市空间转型特征比较　　表5-6

阶段	空间形态要素	岳阳	济南	南宁
开埠前	城市空间生长方式	城市蔓延式发展 无意识自然生长	城市蔓延式发展 无意识自然生长	城市蔓延式发展 无意识自然生长
	城市整体空间形态	带状(扁担州) 府城+南门关厢地区	团块状(方形子母城) 府城+外郭地区	团块状(椭圆形城) 府城+城外关厢地区
	城市建筑形态	南方合院	北方合院	南方合院
开埠后	城市空间生长方式	人为引导城市跳跃发展 沿洞庭湖岸线带状生长	人为引导城市跳跃发展 沿胶济铁路带状生长	人为引导城市跳跃发展 沿邕江东岸带状生长
	城市整体空间形态	一城一镇 商埠区与旧城区 独立发展	双中心 商埠区与旧城区 连成一片	一城一区 商埠区与旧城区 连成一片
	城市建筑形态	传统建筑为主	商埠区与旧城区 成强烈对比	商埠区与旧城区 成较弱对比

资料来源:自制

1. 开埠前的城市空间形态

开埠前，岳阳、济南、南宁空间形态都处于自然生长状态。清中叶，济南溢出府城城墙，在城外形成关厢地区。为便于管理，济南在关厢地区另筑城墙，与府城城墙形成"子母城"的空间形态。岳阳在清代，城市发展溢出城墙，在城南关厢地区形成人口密集地区，形成"城＋市"的空间形态。明清时期，南宁也突破城墙范围，城区向城墙外西、南、东三个方向扩展，在城外形成关厢地区。

2. 开埠后的城市生长方式

城市生长方式上，虽然同样是跳跃式生长，并呈现带状生长趋势，但是岳阳、济南、南宁商埠依托的交通方式不同。济南商埠依托胶济铁路设置，商埠发展和新建的工业区、棚户区都沿着铁路线生长。铁路是城市主要生长轴。可以说，济南城市空间转型属于铁路主导型。虽然岳阳也有铁路，但是岳阳商埠发展以依托水运为主。岳阳商埠区以及旧城区的商业区、码头主要沿洞庭湖东岸线生长，岳阳城市空间转型属于水运主导型。与岳阳和济南相比，近代南宁没有修建铁路，是单一的以水运为交通的城市。南宁商埠区以及旧城区的商业区、码头主要沿邕江东岸生长，也是近代水运主导型城市。

3. 开埠后的城市空间形态

整体空间形态上，济南商埠区与旧城区距离较近，两者逐渐连成一片，在整体空间形态上形成"双中心"的空间格局（图5-27）。岳阳商埠距离旧城区过远，两者独立发展，形成了"一城一镇"的空间格局。南宁商埠距离旧城区较近，两者之间也通过道路逐渐连成一片。但是南宁商埠区没有如济南商埠一样，发展成为城市新中心。城市主要商贸功能和人口都集聚在旧城区内和城西门外，商埠区不过是一个局部新开发的经济功能区而已。南宁整体空间形态上呈现"一城一区"的空间格局（图5-28）。

4. 开埠后的城市功能分区

城市功能分区上，济南出现生产、销售、居住分离现象，沿胶济铁路、津浦铁路形成相对集中的工业区；商埠区内部也出现商贸办公中心、工业区、居住区、棚户区、公园区等空间分异现象。岳阳商埠距离太远，旧城区发展缺乏足够动力，影响其他功能区的产生，生产、销

第五章 近代岳阳城市空间转型的综合特征

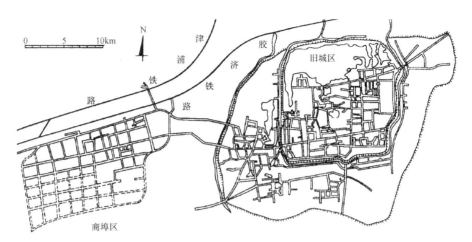

图5-27 近代济南"双中心"空间格局
(资料来源:《中国近代建筑史话》)

图5-28 近代南宁"一城一区"空间格局
(资料来源:引自http://www.gxnews.com.cn)

售、居住没有出现明显的分离现象。南宁除商埠区较为独立之外，因近代工业缺乏，没有发展出集中工业区，其他功能区划分都不明显，旧城区内也没有出现明显分离现象。

总体而言，济南传统旧城区、现代商埠区、新兴工业区、棚户区、新市区的"多区拼贴"特征更为明显。而岳阳县城表现为传统旧城区、新发展的滨湖商业区在同一个传统肌理上演进，"多区拼贴"特征不明显。与岳阳类似，南宁"多区拼贴"特征也不明显。也就是说，相比岳阳和南宁，济南有更清晰的功能分区。

5. 开埠后的城市建筑形态

城市建筑形态上，济南商埠区内中西古典主义、折中主义、现代主义等多种建筑风格混合特征明显，商埠区多种风格的建筑风貌与旧城区传统建筑风貌形成强烈对比（图5-29）。岳阳县城除了教会建筑之外，大部分建筑以传统风貌为主，商业建筑也少见西式建筑风格，城市总体风貌的"多元混合"特征较弱。南宁虽然商埠区发展不如济南，但旧城区内城市面貌有较大变化。1927年，南宁城内出现具有西式建筑立面的骑楼街，位于民生路西段。此后，城内主要街道兴宁路、中山路、德邻路、南环路、仁爱路等街道都先后建起骑楼。这些具有岭南地域特色的西式骑楼街，与开埠通商后陆续兴建的一些西式教会建筑一起，较大程度上改变南宁城市面貌，城市建筑形态呈现出较强的"多元混合"特征（图5-30）。与旧城区相比，南宁商埠区建设较为缓慢。

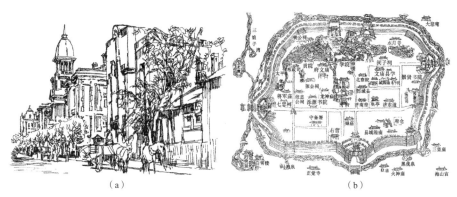

图5-29 近代济南商埠区和旧城区风貌
(a) 济南商埠区街景；(b) 济南旧城区景观
(资料来源:《中国近代建筑史话》)

图5-30 近代南宁旧城区街景
（a）德邻路；（b）仁爱路；（c）兴宁路；（d）仓西门大街
（资料来源：引自http://blog.nnsky.com/blog_view_64657.html）

二、近代岳阳、济南、南宁城市空间转型因素分析

为什么同样是自开商埠城市，但是岳阳、济南、南宁城市空间转型呈现出如此不同的特征呢？我们可以从宏观区位、商埠距离、政治军事、交通技术多个因素进行分析（表5-7）。

近代岳阳、济南、南宁城市空间转型因素分析　　　表5-7

比较因素	岳阳	济南	南宁
宏观区位	长江中游地区	黄河下游地区	珠江上游地区
交通技术	粤汉铁路 洞庭湖、长江交汇处	胶济、津浦铁路交汇处 小清河水运通渤海	无铁路 邕江中段、左右江交汇处
商埠距离	商埠距离城区较远	商埠距离城区较近	商埠距离城区较近
政治军事	政权更替频繁 战争直接破坏严重	政局较稳 战争直接破坏较少	政局较稳 战争直接破坏较少

资料来源：自制

从表5-7可以看出，同为内陆地区自开商埠城市，济南与岳阳和南宁相比，之所以能有突出发展，是各个因素综合作用的结果。首先，济南处于黄河下游地区，近代烟台、青岛等沿海新兴城市崛起，使济南成为沿海城市向内陆倾销商品基地。其次，济南不仅有便利水运交通，胶济、津浦铁路开通使济南成为山东中部经济贸易中心点。再次，济南商埠与旧城区位置较为适中，既有足够发展空间，又能依托旧城区人口和服务设施，商埠区在设置之后逐步兴旺起来，吸引许多中洋商民。为便于商埠区和旧城区的联系，先后在商埠区和旧城区之间建成两条公路。1918年、1926年，济南商埠两次扩展界限，商埠与旧城区相向发展，两者逐渐连为一体。最后，近代济南虽然也经历过战争，但战争对于城市建设造成的直接破坏较少，即便在日军长期占领期间，日本人也出于军事和殖民需要，进行一定程度的城市建设，并制定相关规划。

南宁虽然商埠位置距离城区较近，但是位于珠江上游偏远地区条件的限制，以及周边梧州、柳州等城市的竞争，使得商埠发展缓慢，外人较少，商业仍然集中在旧城区内，商埠发展远远比不上济南，而与岳阳相当。尤其在交通技术上，近代南宁没有修建铁路，仍然以传统单一水运作为对外交通方式，这很大程度上限制商埠发展。幸运的是，较为偏远的区位和交通的相对不便，也使得南宁较少受到直接战争破坏。民国时期兴建的几条西式骑楼街以及近代建筑相当部分保存下来。

与南宁相比，岳阳虽然宏观区位较好，位于水陆交通便利的长江中游地区，但是商埠距离城区太远。开埠之后，岳阳商埠与旧城区各自独立发展。失去旧城区依托，商埠区发展比较缓慢，较少外人居住。同时，如同南宁一样，岳阳不得不面临周边城市（如长沙、常德、湘潭）的激烈竞争，因而发展不旺。加上岳阳军事地位重要，政权更替频繁，城市屡次遭到战争直接破坏，岳阳近代城市建设发展相当缓慢，比不上南宁。

通过对近代岳阳、济南、南宁城市空间转型特征及其因素的比较和分析，我们可以得出以下结论：

1. 对近代自开商埠城市而言，优势的宏观区位和先进的交通技术是城市得以发展，最终促进城市空间全面转型的主要因素。

2. 在城市空间转型过程中，人为因素有着重要的指导作用。同样是自开商埠城市，但是岳阳和济南商埠选址的不同，导致城市空间形态的近代化程度有较大差异。这对于我们当前的城市建设有着重要借鉴意义，新区开发和建设要充分考虑到和旧城的关系，以促进新区的顺利发展。

3. 近代能有较大发展的自开商埠城市不是单一因素作用结果，而是具备较好综合条件的城市，例如济南。

4. 空间转型受到城市转型的直接制约作用。同为自开商埠城市，岳阳、济南、南宁近代城市发展的差异，最终体现在城市空间形态上。

第六章 近代岳阳城市空间转型的影响因素

第五章对近代岳阳城市空间形态转变的特征进行归纳和总结，这一章是对近代岳阳城市空间形态转变的影响因素进行综合分析。

城市空间形态发展演变过程中的影响因素有很多，包括自然环境因素、社会文化因素等。目前学术界关于城市空间形态影响因素的研究，我们认为，可以概括为两类。一类是单影响因素分析法。单影响因素分析法往往抓住某一时期内影响城市空间形态的主导因素，就单一影响因素自身发展和城市空间形态演变之间的关系进行分析。例如，近年来有相当篇幅的论文就交通方式对城市空间形态影响进行实证研究。另一类是多影响因素分析法。多影响因素分析法从地理环境、历史传统、文化价值取向、经济增长方式及交通方式等多个角度来研究城市空间形态演变的影响机制。例如，东南大学陈泳的博士论文《城市空间：形态、类型与意义——苏州古城结构形态演化研究》和东北师范大学郐艳丽的博士论文《东北地区城市空间形态研究》都运用多影响因素分析法。

我们认为，单影响因素分析法由于简化影响城市空间形态的各种因素，集中关注于影响城市空间形态的某一个主导因素，因而能从一个侧面较深入解释城市空间形态演变过程中出现的某些现象。但是，由于城市自身是一个具有时间和空间复杂性的研究对象，多影响因素分析法更能综合展现城市空间形态演变的内在机制。

岳阳是个地理环境特征鲜明的城市。作为中国为数不多的几个滨湖城市之一，岳阳既滨湖又滨江的地理特征更为突出。在长期历史发展过程中，水系是影响岳阳城市空间形态长期发展的主要因素。然而，在从1899年自开商埠至1949年新中国成立这短短的五十年内，城市的政治体制几经变更，中西文化在此碰撞，交通方式发生了巨大变化，频繁的战争更是在一段时间内直接改变城市空间形态。近代岳阳城市社会转型的广泛性，使得无法从地理环境单一影响因素来解释近代岳阳城市空间形态所发生的各种重大变化。因而，本章采用多影响因素分析法，就建设环境因素、政治军事因素、经济技术因素、社会文化因素对近代岳阳城市空间形态转变的影响进行分析。

与其他研究者运用多影响因素分析法有所不同的是，本章除了分别论述城市空间形态的各影响因素之外，在本章的最后一节，对各影响因素如何综合作用进行专门论述。各部分之和并不简单地等于整体。各影响因素并不是单独作用于城市空间形态，各影响因素的综合作用才最终促进城市空间形态演变。鉴于综合方法之难度，本章只是在这方面的初步探索，以期今后更为完善。

第一节　建设环境：长期影响因素

一、自然环境

（一）山水形势与城市职能

因地理环境优越，岳阳自古即为水陆交通枢纽和军事重地。据清嘉庆年间《巴陵县志》记载，交通地理方面，"岳阳左枕巴邱，右踞洞庭，天岳君山耸其秀，九江五渚汇其流，虽夙称名胜，而实则南北交衢水陆要区也"[1]。军事地理方面，岳阳"背山襟湖，左湘右江，四势厄塞，三面阻险，散则可战，聚则可守，其地为有力者所必争"[2]。便利的水陆交通和易守难攻的山水形势，使得岳阳成为地区政治军事中心。

鸦片战争之后，中国陆续兴起一批近代商业城市。这批城市大都位于大江、大河口的三角洲地带，例如上海和汉口。历史证明，城市商业贸易的发展，首先需要城市具有运输商品的便利交通。清末，岳阳成为首批自开商埠城市之一，与其滨湖滨江的交通优势不无关系。清总理衙门的奏折称："查湖南岳州府地方，滨临大江，兵商各船往来甚便，将来粤汉铁路既通，广东、香港百货皆可由此出口，实为湘鄂第一要埠"[3]。岳州第一任海关税务司马士也认为，岳州虽然商业不及湘潭发达，但"对于外国人来说，它因提供了一个理想的水上通道而被认可"。清初，湖南省商业最发达的城市并不是省会长沙，而是湘潭。清代容闳在《西学东渐记》中提到："湘潭亦中国内地商埠之巨者，见外国运来货物，至广东上岸后，必先集湘潭，由湘潭再分运至内地，又非独进口货为然，中国丝茶之运往外国者，必先在湘潭装箱，然后再运广东放

---
[1] 清嘉庆《巴陵县志》．
[2] 清嘉庆《巴陵县志》．
[3] 转引自李玉．长沙的近代化启动．长沙：湖南教育出版社，2000：150．

洋，以故湘潭及广州间，商务异常繁盛"[1]。英国人利用"中英借款"这一事件，向清政府提出开放的湖南城市是商业重镇湘潭，并不是岳阳。与湘潭相比，岳阳突出优势在于地理位置和水文条件。首先，湘潭深居湖南省的内地，而岳阳是湖南省的北门户。其次，每年冬季，湘潭濒临的湘江就会干涸，运输货物的船只难以进出；岳阳滨洞庭湖和长江，冬季货船仍然可以出入。一方面由于清政府对于保护湖南利益的坚持，另一方面，也因为岳阳水运交通确实比湘潭更为便利，英国人最终接受了"以岳州易湘潭"的折中方案。

凭借突出的地理交通优势，岳阳获得了清末自开商埠的历史契机，进而走上了"因商而兴"的城市近代化道路，城市职能也由传统政治军事为主转向近代经济为主（见第三章）。

（二）地形地貌与城市建设

城市发展在受到地理交通的影响之余，地形地貌更为深入地影响着城市建设的方方面面，并形成城市空间形态特征。岳阳位于洞庭湖和长江汇合处，地貌以岗丘地貌为主，地势东高西低，呈阶梯状向洞庭湖倾斜，城市周围湖泊密布。冈丘和湖泊是影响岳阳长期城市建设的主要地理要素。

1. 商埠的选址

第一章中已经提到，中国近代城市商埠设置与原有城市存在三种关系。岳阳情形属于第三种，即商埠与原有城区距离较远，商埠设于府城北15里外的城陵矶。虽然主要原因是基于政治军事的考虑（见第三章），其中也是由于旧城区附近缺乏建设商埠所需的适宜建设地段。

岳阳城区西临洞庭湖，洞庭湖湖面长期以来的不断扩张，不仅阻止城市向西发展，还不断蚕食已有建成部分。唐宋时期，洞庭湖水逐步逼近岳阳城池。宋《岳阳风土记》载："岳阳并邑，旧皆濒江郡城西数百步……今去城数十步即江岸"[2]。到明代时，"城西已无江岸，夏秋水泛即浸城麓，历年崩塌，逼近府署矣"[3]。从清乾隆年间府城图也可以看

---
[1] 容闳. 西学东渐记. 上海：商务印书馆，1915：54.
[2] 宋《岳阳风土记》.
[3] 明隆庆《岳州府志》.

出，宋代修建的偃虹堤已被湖水包围。据史料记载，随着洞庭湖扩展和水位变化，岳阳城西城门楼岳阳楼在唐宋之际、明隆庆年间、清光绪年间先后三次东移。

岳阳城南门外地势平坦，水运交通便利，可以用来发展。但是到清朝末年，城南关厢地区早已发展成为人口稠密地区。据1874年英国人金约翰编辑的《长江图说》记载："岳州府城建于洞庭湖束口东岸，为商贾屯集之区域，城垣绕越山岭，惟西门最高，可由拾级以登，其西南面水深四拓至五拓之处，甚便泊船，南面民舍极多，并有大小二塔，城西南与大塔西面之间，有浅滩，自北至南长约一里，三月间恒现"[1]。一方面，城南关厢地区已经发展起来，另一方面，可能基于避免华洋混杂的考虑，城南无法成为清政府心目中的理想商埠位置。

为了便于运输货物，通商埠址要临水。除城南关厢地区之外，城北就是唯一的可选地段。确实，地方官最初的设想就是将岳州商埠设在岳州府门外旧漕仓一带。但是，城北地段有几个不利因素。岳阳城区地形是北高南低，城北"驳岸过高，舶船不便"[2]；其次，城外有礁石，而且城北门外就是坟地，不便于行舟设关；再次，城区以北不远处就是枫桥湖，用于建设商埠的地段有限，不利于商埠发展。与岳州府城城北地段相比，城陵矶不仅有利于政治防范和军事防御，而且"水道萦回，风波安谧"，"沙岸不过十丈，冬夏皆可湾船"，显然更适合作为商埠。

2. 街道和建筑

岳阳沿着洞庭湖岸呈带状发展，街道和建筑的建设也呈现出与滨水相适应的形态。地势低平的城南商业区，平行于湖岸的南正街、天岳山、羊叉街、塔前街形成城市南北主要交通要道。其他次要街道则是东西走向为主，垂直于南北向主要街道，向西延伸至洞庭湖边。街道网络呈现出"鱼骨"状的结构。而且，滨水地区东西向街道的尽端往往就是码头。

例如，与南正街垂直的街河口街，街道西端就是街河口码头，清代，岳阳出口的土布、茶叶、粮油、干鱼，进口的绸缎、南货、淮盐

---

[1] 长江图说，[英]金约翰辑，傅兰雅口译，王德均笔述，蔡锡龄校对，刊行于1874年。
[2] 民国22年《湖南地理志》.

图6-1 被水淹没的下街河口街
（资料来源：《千年古城话岳阳》）

图6-2 位于地势较高地段的沿街建筑
（资料来源：自摄）

都在此转运。自开商埠之后，岳阳进口的洋货煤油、糖、布等也是在此集散。但也由于近水，街道时常都有被湖水淹没的危险。街河口、洞庭庙、南岳坡地段，每遇到洪水肆虐时节，即遭淹没（图6-1）。为了减少水淹损失，地势低平的近水街道皆采用青石板材料，质量较好的建筑则建在地势较高地段（图6-2）。地势低缓的街河口下街，建筑大都是一些低矮的简易房屋，设置不怕水淹的行业，如牙行和鱼行。居民每遇到洪水，总是先搬迁异地，待到水退之后，再搬回原来住所。而那些怕水淹的行业，如粮、油、盐、布商行，往往布置在地势较高的街河口上街，建筑也都为体面的二层楼房。

3. 船埠、码头和防洪堤

滨水的自然条件使得船埠、码头、防洪堤的建设成为岳阳历来城市建设重要内容。宋《岳阳风土记》载，"岳阳楼旧岸有港，名驼鹤港，商人泊船于此地"[1]。宋代，滕子京修建偃虹堤，"外可障城垣，内可泊舟楫"，并特意请欧阳修做《偃虹堤记》，云"昔舟之往来湖中者，至无所寓，则皆泊南津；其有事于州者，远且劳，而常有风波之恐，覆溺之虞。今舟之至者，皆泊于堤下，有事于州者，近而且无患"。明清时期，岳阳地方官员陆续修建连接岳州府城和城陵矶的永济堤（图6-3）、岳阳楼外的护城堤、城东的九龙堤等。清末，岳州辟为自开商埠之后，除主要码头街河口之外，还逐渐兴建了一些专门码头，如洞庭庙专运煤炭的炭码头、上柴家岭专运木材的西门码头、太子庙专运砖石的砖码头等。

---

[1] 宋《岳阳风土记》.

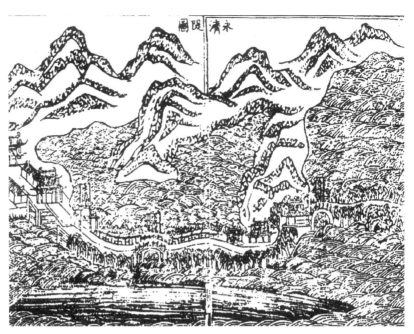

图6-3 清光绪永济堤图
(资料来源：清光绪《巴陵县志》)

抗日战争胜利后，重建城市过程中，修建韩家湾船埠计划成为岳阳县政府主要关注点。1946年的《岳阳县政》记载，亟待举办的数事中，"开辟韩家湾船埠，联络水陆交通，繁荣岳阳商埠"成为首要之事[1]。

总体而言，岳阳岗丘地貌以及湖泊众多的地形地貌，在宏观层面上，影响城市新区选址；在中观和微观层面上，影响了街道走向、建筑布局，以及市政基础设施项目的建设。

二、人为环境

除了少数新建城市外，大部分城市发展是在已有建成环境的基础上通过更新演替的方式进行。在城市演变过程中，原有城墙、街道、建筑、桥梁等人为建成环境，总会对新空间产生造成影响。一方面，建成环境为新空间创造提供依据，另一方面，又在一定程度上限制新空间形式的生产。近代岳阳城市空间在很大程度上延续了明清时期形成的城市空间肌理。

---

[1] 1946年《岳阳县政》. 藏于岳阳市档案馆.

（一）城市街道网络的延续

岗丘起伏的地形使得明清岳阳城市街道自由弯曲。城南关厢地区，虽然地势较为平坦，大多数道路走向也并不是正南北和东西向。例如，南正街走向顺应洞庭湖岸线而弯曲，茶巷子、上观音阁街则是随着城墙的走向，向东北方向延伸。

近代以来，虽然城市有所扩展，但仍然延续这种自然有机生长的城市街道网络格局。一方面，是因为原有城市街道格局对于城市发展的限制；另一方面，我们注意到，明清岳阳城市街道网络得以延续主要是由于近代岳阳政权更替频繁，地方政府对于城市空间难以进行大规模的更新和改造。新改造的洞庭路、先锋路都是在原有道路基础上的扩建工程。而一旦有机会，政府就会试图以新的方式来改造原有城市肌理。例如，战后重建时期，国民政府提出岳阳历史上第一个现代城市规划方案《城区营建计划》。方案中虽然提出"迁就地形高低建筑城市，修葺名胜古迹，建设公园"。但是，从规划图中，我们可以看出，街道布局体现出方格网的特征。并且，方案中指出"原有街巷位置暂不变更，惟就原街道拓辟宽度"。可见，国民政府的规划意图是对现有街道系统以新的功能方式进行改造，只是迫于资金和形势的限制，暂不实施而已。

（二）城市功能分区的延续

中国古代城市功能以政治军事为主，城市功能分区通常是城内为官署衙门所在地，在交通便利的城外关厢地区逐渐发展出商业。岳阳也是如此。明清岳州府城城内分布有府署、县署、教谕署、训导署、察院、督粮厅通判署、司狱廨署、岳州卫守备署、参将署、中军守备营署等众多行政军事机构；城南关厢地区则是市场集中区。

清末岳州自开商埠，促进城市商业发展，并先后兴起了先锋路车站和梅溪桥新商业区。但总体而言，城市功能分区仍然大体延续明清形成的城北政治中心、城南商业中心的空间布局。县公署和县议会都是位于城北旧城区内。与明清时期有所不同的是，部分管理城市财税的机构设置在城南商业区内。例如，杂税局位于城南繁华的商业街竹荫街，稽查处位于城南的塔前街。

第二节　政治军事：短期影响因素

一、政治政策

（一）政治意识和空间干预

在之前的章节中，已经提到影响岳阳城市空间转型的重大历史事件，背后往往是政治因素在起作用，如自开商埠主要是西方势力和清政府、中央政府和地方政府政治"博弈"的结果（见第三章）。此外，当权者的政治思想意识，通过更为具体的政令、措施、规划影响城市发展和城市建设，最终塑造出不同的城市空间形态特征。

1. 晚清政府的"主权"意识

虽然是在外力逼迫下设置商埠，清政府出于保护主权的政治考虑，确定岳州为自开商埠，提出"举凡购买民地，修筑剥岸、马路、楼房、货栈，及营造关署，添置巡捕"，均需"自行筹备"，并且商埠内不设租界。在筹备开埠期间，日本曾借口沙市日本领事馆失火事件，要求在岳州等地设立日本专管租界。但由于岳州是自开商埠，日本企图未果。由于不设立租界，岳州商埠在空间形态上也因此有别于其他设立租界的商埠，西式建筑数量不多。

为设关开埠，清政府制订了《会议开埠章程二十五项》和《岳州城陵矶租地章程》。《会议开埠章程二十五项》划定通商岸线和通商场范围："自岳州城陵埠红山头起，至岳州南门外街口大街止，为挂号驳船往来免抽厘金船行准界。惟自七里山起，至街河口止，两岸土地不在准界内"，"自城陵埠红山头起，至七里山北止，为停船为界"，"自城陵埠红山头起，至城陵埠月蟾洲止，为上下货物之界"。通商场地分三段："以红山头至刘公庙为北段，以刘公庙至华民保障止为中段，以月蟾洲独立之洲为南段"。并且，该章程对于商埠内的建设管理事宜也作了规定："买地挪房及迁移坟墓等，概归岳、常、澧道作主，外人不得干预"。"凡所租地内葬有坟墓，均圈留不租，不能强之迁移；其有自愿迁移者，听民间自便"。"通商场内，不准搭盖草屋并下等板屋。凡欲起造房屋，须由巡捕验明无碍，方准兴工"。"埠内遇有特动紧要工程，当按租户租地多寡派捐，一切事宜，归三处会商办理：（1）监督与税司；（2）各国领事官；（3）由众租户公举公正商董一人"[1]。从以上内容来看，《会议开埠章程二十五项》确定自开商埠的建设和管理权属主要在于中方，这与许多通商口岸租界内的建设情况有所不同。

岳州开关之后，很快又制定维持界内治安的巡捕章程，以解决华洋共处问题。巡捕章程包括《巡捕总章程》、《巡捕啕役应遵章程》和《巡捕啕与地方官交涉公事章程》。与约开商埠相关章程相比，岳州自开商埠章程更体现了清政府在商埠内积极维护国家司法主权的意图。

清政府在自开商埠的设置中体现出的"主权"意识，从政治角度说，维护了国家权利。但也由于商埠设置和建设过程中政治因素考虑过多，商埠自身经济功能有一定局限性，没有得到充分发挥。同时，在清政府"主权"意识作用下，西方力量在岳阳的渗透受到限制。虽然是口岸城市，但岳阳社会结构和城市空间体现出更多传统特征。

2. 日军的"殖民"意识

日本侵占期间，岳阳是日军多次进攻长沙的后备军事基地。出于军事防御和殖民统治目的，日军将岳阳城区空间划分为军事区、日华区与难民区。城东梅溪桥一带为难民区，城南塔前街一带为日华区，原城南滨湖繁华商业街南正街、街河口、竹荫街以及城北滨湖一带全划为军事区（图6-4）。

军事区占据了岳阳城市主要水运码头岳阳楼码头和街河口码头，以及岳阳城市地势最高的城北地段。此外，岳阳城市滨水一线大部分被军事区所占据。可以说，军事区控制了岳阳水上交通和城市制高点，因而日军军事机关都设置在此区域内。日华区实质上是日本

图6-4 日本侵占时期岳阳城区的空间划分
1—军事区 2—日华区 3—难民区
（资料来源：自绘）

---

[1] 会议开埠章程二十五项. 藏于岳阳市档案馆.

人商业和居住区,通过对洞庭湖水运的控制,日华区内只有日商经营的洋行,进行垄断式经营。例如,日军宪兵队长经营的洋行,独家收购茶叶、光洋。而中国人开设的商店只能通过洋行进货,并且以日钞交付贷款。难民区内居住的则是岳阳居民,由日军发给"难民证",以加强殖民管理。

除了对岳阳城区重新进行空间划分,对城区人口以种族进行区分外,日军还对城郊农村地带进行殖民控制。岳阳城郊农村成立"附城乡维持会",下编八个保,会址设在梅溪桥。

日本长期殖民统治对于岳阳城市空间的影响是,原来繁华的商业中心南正街和竹荫街衰败下来,而且由于位于军事区内,成为军事打击目标。抗战胜利后,南正街和竹荫街已经是一片废墟。而随着难民区内人口逐渐增多,难民区商业随之发展。在抗日战争胜利之后,梅溪桥成为城区新商业区(图6-5)。城南日华区内,为满足日本人居住需要,出现一些日式风格建筑。

3. 国民政府的"现代"意识

国民政府成立后,致力于建立现代国家的构想。在城市建设方面,国民政府逐步建立现代城市规划和管理体系。

(1)《城区营建计划》和城市总体布局

民国35年(1946年),岳阳县政府根据《收复区城镇营建规则》编

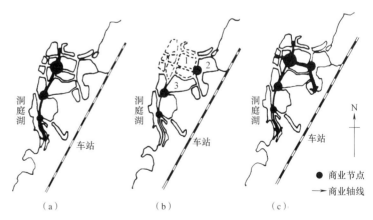

图6-5 日本侵占时期"殖民"意识对岳阳城南商业区的影响
(a)抗日战争前的商业轴线;(b)日本侵占时期的商业点;(c)战后商业轴线的恢复和发展
1—军事区;2—难民区;3—日华区
(资料来源:自绘)

制《城区营建计划》，对战后岳阳城市整体空间布局进行系统规划（见第四章）。根据岳阳城市建设现状，以现代功能分区原则将城市用地划分为商业区、住宅区、工业区、公用地、绿地；以现有道路为基础，重新规划方格网加环城马路的道路系统（图6-6）。由于政府财力不足，又忙于战事，除对城区主要街道拓宽、修整、更改街道名称外，规划没能得到全面实施。除了主要街道之外，战后重建大部分是市民自发进行。而且，很快就基本恢复战前城市总体空间格局，失去了调整城市总体布局的机会。

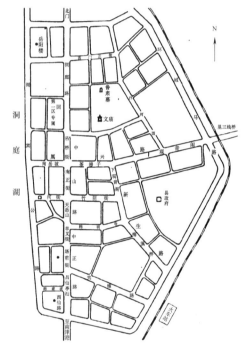

图6-6 民国35年岳阳《城区营建计划》
（资料来源：《岳阳市城乡建设志》）

（2）城市管理法规和图则

抗日战争胜利后，岳阳县政府颁布一系列法规和图则来指导战后城市重建，对于城市街道空间和建筑形态的形成起到一定引导作用。

《岳阳县建筑管理规则》对建筑相对街道（主街、支街、火巷、十字街口）的退让、不同建筑材料（砖石、木柱、水泥）建造的建筑层高和层数作了规定，最高不过三层。这有助于形成良好而统一的城市街道界面。并从改善居住环境角度，对建筑布局、排水、采光作出规定，如"一基地

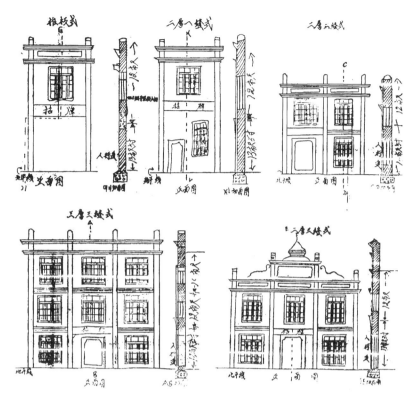

图6-7 岳阳县城主街道两旁商店门市标准图
(资料来源：岳阳市档案馆)

内建筑二栋以上房屋，必须有天井设备，厨房厕所须与正栋隔离"[1]。

《岳阳县建筑管理规则》颁布之后，起到一定作用。但由于并没有涉及建筑样式，所以出现各种建筑样式参差不齐的现象。为统一市容，1946年11月7日岳阳县政府颁布岳阳近代第一个，也是唯一一个建筑图则——"岳阳县城主街道两旁商店门市标准图"（图6-7）（以下简称"标准图"）[2]。"标准图"对城市沿街建筑立面尺度、样式、材料作了详细规定。"标准图"通过标准图样的方式，对城市主要街道空间的建设起到引导作用。

抗战胜利两年之后，由于自然灾害和车辆压损，城区街道面临进一步改造的问题，为此1948年9月岳阳县政府制订《岳阳县整修城区街道实施办法》，规定"主街道，宽度并人行道三丈二市尺"，"支街道，宽度并人行道二丈六市尺"，"小巷，宽度为五市尺至六市尺"，并要求修

---

[1] 岳阳县建筑管理规则. 藏于岳阳市档案馆.
[2] 1946年岳阳县城主街道两旁商店门市标准图，藏于岳阳市档案馆.

缮沟渠，拆除交通要隘及街巷有碍交通的建筑，公私汽车应向警察局取领通行证，否则禁止通行[1]。

为了清洁市容市貌，岳阳县政府颁布《岳阳县城区清洁卫生执行办法》。《执行办法》不仅对于城市垃圾处理作了规定，还针对当时影响城市街道空间使用和景观的行为进行取缔和引导。例如，公共场所不准吐痰、便溺、晾晒衣物；街道不准抛弃烟灰纸屑等废物，取缔通车街道摊担；宣传广告标语布告等物，按照警察局规定贴于指定处所[2]。

这些城市管理法规和图则对于战后城市街道的改造、公共空间、建筑形态和质量起到引导作用，使岳阳初步呈现出近代城市面貌。

（3）韩家湾船埠计划

抗战胜利后，为了发展岳阳商务，便利水路运输，民国35年（1946年）7月，岳阳县政府向省政府递交《建修岳阳韩家湾船埠计划书》。

早在抗日战争前，岳阳县政府就有修建韩家湾船埠的构想。民国26年（1937年），前省政府秘书周容、县参议曾芷凡，"发启疏濬韩家湾以其地势低洼曲折，而入可避风涛之激荡，可以开辟船埠，更名曰公益港"，呈请湖南省政府建设厅交通部批准在案[3]。后因为经济原因，并没有实施。抗日战争胜利后，这个计划重新提上日程。岳阳滨湖滨江，其水路交通对于城市发展的重要性自是不言而喻。岳阳县政府充分认识到这一点，岳阳县萧县长汇报中指出，工程完工后，"滨湖沿江数十县之农产品均可集此外运，或设厂加工，即大规模之碾米厂、纺织厂亦可就此建立，其于国民经济之发展，工商业之繁荣，于省于县均有莫大利益拟恳[4]"。在地方政府争取下，岳阳县政府韩家湾船埠计划获得湖南省政府在资金和技术上的支持。不久，政权更替，韩家湾船埠计划未能实施，并没有对岳阳城市空间形态起到实际影响作用。

总体而言，由于受到当时社会经济条件的制约，《城区营建计划》、韩家湾船埠计划以及一系列法规图则的执行并不彻底，其对于城市空间形态的影响程度也受到限制。

---

[1] 1948年《岳阳县整修城区街道实施办法》，藏于岳阳市档案馆.
[2] 岳阳县城区清洁卫生执行办法. 藏于岳阳市档案馆.
[3] 为以工贷赈疏濬河湾以利船舶而惠灾黎事. 藏于湖南省档案馆.
[4] 萧县长. 12月20日. 藏于湖南省档案馆.

(二)政权更替和空间发展

近代中国是政治变动频繁的时期,经历了从传统中央集权——地方分权——现代中央集权的政治转型过程。岳阳由于是军事要地,地方政权更替更为频繁。

政权频繁更替限制了城市空间发展,因为政权每一次更替便意味着城市施政重点的转移,近代岳阳各个时期的地方统治者都从自身利益出发来建设和管理城市空间,造成城市空间发展的不连续性。其中尤为明显的是日军殖民统治时期,军事区、日华区、难民区的人为空间秩序划分,打破岳阳城市空间发展遵循的内在经济秩序,使得原本最为繁华的商业街南正街衰落下来,城市整体经济发展受到严重破坏。

其次,由于在位时期过于短暂,地方统治者关于岳阳城市发展和建设的设想许多都处于构想阶段,难以得到实施。例如,岳阳楼是岳阳标志性建筑,受到历任地方官员重视。自光绪六年(1880年)大修之后,经过民国时期南北军阀混战,频繁兵祸破坏已经让岳阳楼残破不堪。民国十三年(1924年)至民国16年(1927年),驻岳两湖警备司令部军务处长葛应龙和驻岳旅长张国威等,都先后倡议重修岳阳楼。但最终因为战事的变动,其设想未能实施。直到民国21年(1932年)年,政局相对稳定,在湖南省政府主席何键提议,蒋介石指令下,岳阳楼才得以大修[1]。

二、军事战争

岳阳由于地势险要,是历代水陆战场。清乾隆元年《岳州府志》载"岳踞洞庭之险,为古战场,子敬士行之筑城捍御,武穆之水攻奏绩,以战则克,以守则坚,诚要害地也"[2]。清代,湖南湖北分江而治,岳阳成为湖南北门户。清《湖南险要总论》云:"岳州不守,则南可以扰长沙,窥衡岳而通岭外,西可以掠常德而遥达辰沅,故岳州为湖南北边水

---

[1] 重修资金来源除了地方捐款1.8万元(银圆)之外,湖南省政府拨出专款1.2万元(银圆)用于岳阳维修。维修始于1932年10月10日,历时约一年半方才完成。从开工日期所蕴含的意义(国民党统治时期的"双十节"),省政府的重视程度,可以看出这次重修是有计划地展示新统治时期的城市新面貌,除了有效地保护了历史建筑之外,也充分体现出这次建设活动的政治意义,属于当时的政府形象工程。
[2] 清乾隆元年《岳州府志》.

陆门户也"[1]。岳阳的军事地位，使得它在近代饱受战争摧残。太平天国战争、南北军阀混战、抗日战争对岳阳近代城市发展和空间形态产生重要影响。

（一）战争和城市交通通讯的现代化

在近代频繁战争中，为保障军队后勤供应的及时和充分，交战双方都致力于城市军事交通通讯方面的建设，客观上促进城市交通通讯的现代化。岳阳是军事要地，其交通通讯现代化很大程度上是基于军事目的。清政府在甲午中日战争失败后，认为当时调兵运饷迟缓是交通不便所致，遂决定修筑粤汉铁路（见第四章）。由于滨洞庭湖，岳阳一直以水运为主，直到民国5年（1916年），长沙至岳阳的军用公路开始修筑，才成为岳阳第一条近代公路。同样在民国27年（1938年），驻岳日军也出于军运需要，修筑岳阳至长沙的简易公路[2]。通信方面，民国14年（1925年），长沙至岳阳驻军的长途电话开通，成为岳阳长途电话之始[3]。

（二）城市军事防御设施

岳阳自古是军事要地，其城市布局以及重要城市建设活动都与军事防御有关。岳阳地势北高南低，重要的政治军事机构布置在北面丘陵高地上。城北顺应地势高低，筑有城墙。西城门楼岳阳楼自古便是阅军楼。历代地方统治者都重视城墙修筑。城池以西是洞庭湖，北是九华山，东面南面环绕护城河，便于防守。清康熙初年，岳阳成为吴三桂部将与清军对抗的战场。岳阳城、城陵矶周围都修筑了军事防御工程。清康熙《巴陵县志》载"康熙十三年，昆明之变，郡北九龙堤、郡东双路口、郡南金鄂山，皆掘壕筑堤，上为女墙绵亘二十余里"。"城陵矶七里山，本朝贝勒大将军驻师其地，虑敌溃围，亦设防筑堤数里为备"[4]。清末，太平天国战争中，洞庭湖是主战场。岳阳和城陵矶成为攻守要地，修筑了许多防御工事。清同治《巴陵县志》载："咸丰二年冬，粤贼陷岳州"，"於岳州城外，掘壕三重环竹木为坑"[5]。

---

[1] 清《湖南险要总论》.
[2] 岳阳县志.
[3] 邓建龙.岳阳市南区志.北京：中国文史出版社，1993.
[4] 清康熙《巴陵县志》.
[5] 清同治《巴陵县志》.

民国以来，随着战争逐渐由冷兵器时代进入热兵器时代，城墙在军事防御中的作用逐渐减弱，历来捍卫城池的城墙被拆除，岳阳逐渐发展出新的军事防御体系。民国26年（1937年）"七·七"卢沟桥事变后，岳阳成立防空指挥部，国民政府在岳阳城区九华山一带，修筑少量简易防空洞。日本侵占时期，日军把城南滨湖主要商业街以及城北都划为军事禁区，并在军事区内增筑运送物资的部分铁路。抗日战争胜利后，1947年，岳阳营建委员会重新设计岳阳城厢守备阵地，决定在吕仙亭、金鹗山、马号三处利用旧有工事碉堡，加以修缮。九华山、砂嘴两处另行构筑新型排碉。太子庙、九龙堤、沙嘴北端，嘴上各构筑一个班碉[1]。

（三）战争对城市的直接破坏

战争对于城市的直接影响主要表现为对城市物质本体的损毁，城市人口的损失，城市经济的发展脉络和内在运行机制的中断与破坏。明清时期，岳阳商品经济已经有一定发展，但由于清末太平天国战争以洞庭湖为主战场，岳阳城市建设和经济都遭受到破坏，城内许多重要建筑物被摧毁（表6-1）。

清末太平天国战争期间岳阳被摧毁的部分建筑　　表6-1

建筑类别	建筑名称			
官府建筑	府署	县署	训导署	典史署
	督粮通判署	经历司署	兑粮公所	县监狱
	中军守备营署	驻防千总署	岳州卫守备署	校军厂
	参将署	府教授训导署	试院	—
仓储和驿站	岳州卫常平仓	岳州卫社仓	巴陵县常平仓	岳阳驿
寺庙	圆通寺	庆祝宫	二孝庙	吕仙亭

资料来源：清同治《巴陵县志》

民国年间，南北军阀在岳阳进行七次割据战。期间，不仅城内衙门、公馆、祠堂庙宇成为驻兵场所，每当军队溃败时，岳阳城都要遭到洗劫。1918年1月，北军败退时放火焚烧岳阳城，城中房屋被毁达一千数百户。竹荫街至茶巷子，南正街至府城隍庙一带的建筑物几乎荡然无

---
[1] 岳阳市档案馆．

存,死伤者达二三千人[1]。

抗日战争期间,岳阳城市遭受最严重破坏,开埠通商以来大部分城市建设成果毁于一旦。期间,岳阳城区遭受日军、盟军飞机轰炸有6次之多。除了飞机轰炸,抗日战争期间攻占双方对城市的人为破坏也很严重。1938年11月11日,日军侵占岳阳。驻守岳阳的中国军队在撤离时,放火焚烧南正街、街河口、天岳山、茶巷子等地。据统计,至1945年抗战胜利前,城区共毁房屋5767(间)栋,南正街、西正街、先锋路、棚厂街、卫门口、滨阳门等繁华街区尽成废墟[2]。由于战争中军事打击主要目标是车站码头等交通枢纽,城北政治军事设施所在地,城区内重要建筑几乎都遭到破坏,只剩下一些残破民房。

(四)战争对城市的间接破坏

战争对于城市的间接影响主要表现为交通网络、区域腹地、财政分配与支付、社会环境状况等诸多城市生存与发展空间环境条件的异变。岳阳现代化始于自开商埠,由此引发商业化,但未像其他通商口岸城市一样,由商业化进而工业化。其中的原因,除地理经济等条件限制外,与岳阳在近代频繁受到战争破坏,社会环境不稳定很有关系。

第三节 经济技术:根本影响因素

一、经济区位和经济环境

(一)经济区位

1. 湖南省的商业格局

19世纪后半期,湖南省仍然保持着自给自足的自然经济形态。全省商业格局,主要在湘潭、衡阳、益阳、津市、常德、洪江。岳州市场仅有南门外一处,商业不旺。

1899年,岳州辟为自开商埠后,岳州在全省的经济地位发生变化,成为外国进口商品进入湖南省内地的传输口岸。岳州关进出口船只增多,贸易额不断增长。岳州关开关头两年税收增长迅猛,由1900年的

---

[1] 南北军阀七次争夺岳州记.岳阳市文史资料.第八辑.
[2] 邓建龙.岳阳市南区志.北京:中国文史出版社,1993.

790两（银两）增长到1903年的101 077两。1930年，长江沿江各重要商埠（除了镇江）的进出口净值与1900年相比，最高岳州增加了131.4倍。商埠市场繁荣带动城市发展。城陵矶开关之后，往来的商船，使得城陵矶由一个普通小镇发展成为商业重镇。据1903年《湖南官报》报道："城陵矶，岳阳一小市镇耳，从前异常寂寞。自近年设立洋船税关，生意顿盛。洋纱一宗，尤为畅销。业此者现仅四五家，而每日所获，综计不下三四百金"[1]。岳州城南原关厢地区也发展成为繁华商业区。

1904年长沙开关后，岳州关地位下降。湖南省对外贸易70%集中于长沙，岳州关只占全省对外贸易约30%。同时，岳州还面临常德竞争，湘西贸易集中在常德。即便如此，岳州贸易仍然保持一定的曲折发展。湖南全省原先以湘潭、常德两大商业城市为中心的经济格局，变成以长沙为全省最大经济中心，岳州、湘潭、常德为辅助城市（图6-8）。

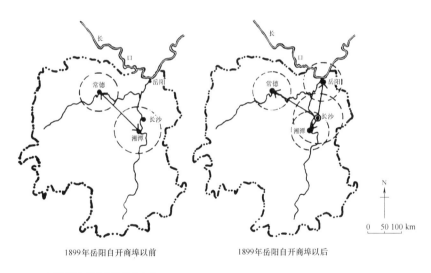

图6-8 近代湖南省商业格局的变化
（资料来源：自绘）

2. 汉口为中心的长江中游商业圈

长江中游，原先只有汉口、宜昌、九江三处对外通商。自岳州自开商埠后，长沙得以开放，武昌、常德、湘潭也辟为自开商埠。由此，长江中游外贸市场网络形成。岳阳实际充当了汉口贸易的转口口岸。岳

---

[1] 1903年《湖南官报》.

阳滨临长江，背后是浩瀚的洞庭湖，经汉口出入洞庭湖的土产、洋货常常在岳阳转口。由于位于汉口为中心的长江中游商业圈内，岳阳城市经济发展受到汉口牵制作用（图6-9）。

岳阳开埠之后，外国洋行逐渐进入岳阳市场。这些急剧倍增的洋行，其总行一般设于本国或香港、上海，再设分行于汉口，而汉口又设分支机构和经营点于岳阳

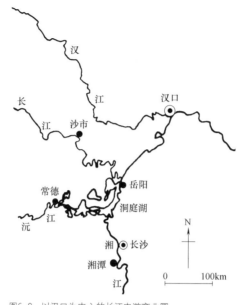

图6-9 以汉口为中心的长江中游商业圈
〔资料来源：自绘〕

等其他中小城市。外商公司在岳阳设立经销机构，均与汉口资本家有隶属关系（表6-2）。本地商行多与汉口外商代理人建立购销关系。所以岳阳商业利润多为汉口中、外资本家赚取，对岳阳商业的再投资为数甚微。本地商民资金有限，获利不多，巨富亦为数甚少。

民国时期部分汉口资本家在岳阳县城开设洋行　　　表6-2

名称	营业时间	歇业时间	投资人	位置	开业资金（光洋）	备注
福记	1919	1937	姚顺记	下河街口	2万元	汉口经营外贸、出口鸡蛋商号姚顺记派族人姚仲华为管事（即经理），经销英商亚细亚煤油公司铁锚牌煤油
和记	1920	1925	杨芝泉	上鱼巷子	1万元以上	汉口咸宁邦资本家，经销德士古洋行幸福牌煤油，在原籍购置田产歇业
申昌	1928	1938	柯宜生	上街河口	2万元以上	汉口大资本家唐晋记五金号老板柯宜生，派妹夫梁松泉为管事，经销德士古洋行幸福牌煤油，1938年沦陷前，资金及盈利约光洋肆万元，已先期存入汉口美国花旗银行
正大	1920	1937	杨某	下街河口	2万元	汉口浙江邦巨贾杨某派女婿，经销美孚洋行鹰牌煤油
荣昌	1931	1937	王珏	下街河口	2万元以上	汉口大资本家，经销光华牌煤油（苏联）
艮记	1920	1927	钟艮斋	上街河口	—	在汉口经商多年，开办英商太古车糖公司岳阳经理处，邀请原岳阳商业银行营业长郭炳初为管事
怡和	1923	1924	—	油榨岭	—	汉口浙江邦商人，开设怡和车糖公司岳阳经理处（英）

资料来源：据《外商在岳阳的经营情况》，岳阳文史．第一辑资料整理。

由于汉口资本家从岳阳商业经营中获取的大量利润并没有投入到本地消费市场，而是投入汉口进行其他商业投资或者消费。还有的保留传统商人习惯，回原籍买地建宅。岳阳本地商人资本薄弱，导致无法组织进行大规模城市建设活动，商业区建设也是缓慢自发进行。

（二）经济环境

除经济区位变化外，近代岳阳城市工商业发展还受到社会经济环境影响。因为战乱、政局变化等原因，岳阳县城工商业发展呈现明显波动。

1899年至1916年，尽管这一时期有南北军队交战，但岳阳城并没有受到太大破坏。加上岳州开埠影响，商业发展呈现繁荣景象。辛亥革命前后，出现一批商业资本雄厚的店铺。这一时期进入岳阳的外国公司和商品有销售日药的日本日清公司，销售化工原料的德商爱理司洋行，以及英、美、日等烟草公司。粤汉铁路长武段通车后，吸引南北商旅来市牟利。流动人口增加，促使茶楼、旅栈业兴起。当时在岳阳消费的除各地商人外，还有驻守岳阳的北军。北军是北洋军阀的嫡系部队，饷银充足，也带旺了岳阳商业市场。1917年至1920年的南北拉锯战中，岳阳城市损失惨重。1921年至1937年，这一时期虽然经历了几次战争，但战争损失较小，商业逐渐复苏和发展，手工业也有一定发展。据1935年出版的《中国实业志（湖南部分）》记载，岳阳城镇手工业有18个行业198家。1937年8月，岳阳由于是水陆枢纽，为西南各省军队增援前线，沦陷地区人民逃往后方的过境地点。市区人口骤增，军民日用生活必需品，供应繁忙，工商各业，出现短时兴旺。日本侵占期间，商业又萧条下来。直到抗日战争后，城市商业才逐渐恢复，但已无法与战前的繁荣景象相比。

二、经济结构和经济规律

（一）经济结构

岳阳在清代已出现资本主义萌芽。但当时的统治者推行抑商政策，禁止民间开矿，限制织布户的织机张数，并且课以重税，致使一些工商业者转向农村购田地当地主。

清末辟为自开商埠之后，洋货倾入岳阳市场，冲击本地商业和手工业，岳阳传统的自然经济被迫解体。如机器加工的洋纱、洋布，价廉物美，使得岳阳本地手工家织土布受到排斥。与此同时，岳阳发展出新的商业形式。五口通商以后，湖南产生了与资本主义发生直接联系的茶叶出口贸易。清末，岳阳茶叶面积达30万亩，产量达20万担。岳阳茶叶销售与国际资本主义市场挂钩，使茶叶生产取决于市场需求。当时，岳阳附近茶庄数十所，拣茶工人不下2万人。每到产茶旺季，岳阳城里"塞巷填衢，寅集酉散，喧嚣拥挤，良贱莫分"。商业资本家的出现、新式商业经营方式的出现，以及随之产生的金融资本主义的发展，表明岳阳由商而兴，逐步发展成为新型商业城市。

商业发展使得岳阳市场日趋专业化。南正街集中了布庄、金号、银楼、药店、百货商店、酱园等。鱼巷子市场主要进行水产品交易。梅溪桥为农贸市场，专营东乡进城的各类农副产品。街河口专营水路贸易，如水果行、食盐行、煤炭行等。

与商业相比，岳阳工业发展相当缓慢。根据《近代湖南资本主义发展与辛亥革命》中《晚清湖南手工业行业一览表》(1840—1919)的统计，长沙手工行业37个，岳阳只有9个，排在安化、武陵、益阳之后[1]。工业发展缓慢的状况，体现在城市空间布局上。近代岳阳并没有集中的工业区，除一些前店后坊的手工业作坊外，几个为数不多的机器工场也是散布在城内，与居住和商铺混杂在一起。直到新中国成立初期，岳阳城区内的私营企业只有15家（表6-3），多分布在城南商业区内（图6-10）。

新中国成立初期岳阳城区企业　　　　表6-3

工厂名称	行业名称	所在街巷名称	从业人数
岳阳电气股份有限公司	电厂	观音阁	12
新民油榨厂	油榨业	西门正街	16
劳工卷烟厂	卷烟业	塔前街	24
三联卷烟厂		羊叉街	13
二联卷烟厂		梅溪桥	10
一联卷烟厂		天岳山	16

---

[1] 岳阳冶炼业始于1902年，制皂业始于1909年，发电业始于1914年，机器织布业始于1919年，机器印刷业始于1925年。

续表

工厂名称	行业名称	所在街巷名称	从业人数
李树记机米厂	米业	上街河口	10
济生机米厂	米业	—	9
新岳机米厂	米业	—	10
民生公机米厂	米业	—	9
大盛染料厂	染料业	南正街	26
镇湘染料厂	染料业	南正街	19
协力染料厂	染料业	天岳山	14
汉兴制皂厂	制皂业	街河口	10
新和建袜厂	袜业	—	—

资料来源：改制自《岳阳南区志》第344页表格。

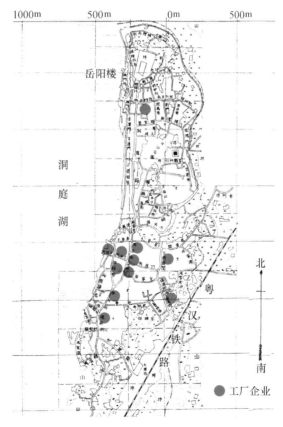

图6-10 新中国成立初期岳阳城区工厂企业分布
(资料来源：自绘)

商业兴盛，人口集聚，导致服务娱乐业兴起。开关以前，岳阳主要唱庙台戏。当时，城内外有洞庭庙、府城隍庙、火神庙、天王庙、南岳庙、武庙、李公庙（长沙会馆）、万寿宫（江西会馆）等八座庙台。其中，南岳庙唱文昌会、子案会；棚厰街洞赐宫唱火神会；吕仙亭唱太乙真人会、娘娘会；洞庭庙唱洞庭王爷。除唱戏之外，这些场所活动内容还包括菩萨寿诞祭祀、迎神、赛会。1899年，岳阳辟为通商口岸，随着经济发展，文化艺术交流也日益频繁。此时，京剧进入岳州，演出于南岳庙、火神庙等处。地方剧巴陵戏更趋于鼎盛。随着近代建筑功能逐渐走向专门化，岳阳也随之产生独立的剧院建筑。剧院大都由官僚、商人私人投资建设，或族人、商会组织兴建，多为改建而来。1900年兴建的咏霓剧院园内可坐500多人，砖木结构，汽灯照明。1913年兴建的恰恰剧院则有了很大发展。圆形舞台中间以砖墙隔开，分内外台。冬春季节演内台，夏秋炎热演外台。院内可坐近700人。恰恰戏院的兴建，是一个结合地方剧种和地方气候特点，因地制宜地的创新之作。1949年岳阳大戏院也采用恰恰剧院格局，亦分内外台。后台并列共用，根据天气冷暖，内外台轮换演出。并且首创电灯照明[1]。此外，民国期间，交通巷内还有几家附设在茶馆内的皮影戏场，在武庙内有一家上映无声电影的百代电影院[2]。妓院则分布在汴河园的半边街及上鱼巷子、南岳坡与西门岳阳楼下沿河地带。

（二）经济规律

随着岳阳城市职能中经济功能的增强，城市土地价格逐渐体现市场需求。土地经济学认为，市场经济条件下，地租决定土地利用形态，不同地价导致不同的土地使用，地价是空间形成的最基本因素。通过对民国时期岳阳城市土地价格空间分布的分析，我们发现近代岳阳土地使用体现出地价这一经济因素的作用。

表6-4显示，抗日战争胜利后，民国后期岳阳城内土地价格最高的街巷为街河口、竹荫街、天岳山、羊叉街、梅溪桥、塔前街、南正街、先锋路、观音阁一带。街河口、南正街、竹荫街是岳阳自明清以来就得

---
[1] 岳阳剧院发展及京汉楚湘等剧种进入岳阳概况. 岳阳文史. 第八.
[2] 二三十年代岳阳城风情琐记. 岳阳市南区文史. 第一辑. 邓建龙主编. 1992.

以发展的传统商业街区；先锋路是因粤汉铁路修筑，围绕火车站形成的新商业区；梅溪桥、观音阁是日本侵占期间发展起来的商业街。城内土地价格最低的是阴阳门、剪刀池、火药局、学道岭、文庙山、麻家坡、双井巷、易家巷、府下坡等街巷（图6-11）。这些街巷位于城北，是岳阳的政府衙门、教育文化机构所在地。从土地价格空间分布，以及与土地使用形态之间的关系，可以看出岳阳城市土地价格变化规律。滨水地区和车站地段地价最高，土地利用形态是商业；而城北高地地价最低，土地利用形态是作为政府衙门，或者居住用途。这反应交通越便利的地段，土地价格越高；土地价格越高，需要能承受相应地价的土地利用形态。因而，在地价作用下，导致岳阳城市滨水地区、车站附近商业的进一步集聚。

图6-11 民国后期岳阳城区土地价格分布
1—5000~6000元；2—3000~5000元；
3—1000~3000元；4—1000元以下
（资料来源：自绘）

民国后期岳阳城市土地价格分布　　　　　　　　　　　表6-4

每亩土地价格（元）		地名
5000~6000	6000	上街河口，竹荫街
	5500	天岳山，竹荫街，羊叉街，上梅溪桥，下街河口，塔前街下段
	5200	塔前街中段，先锋路，南正街，下观音阁
3000~5000	4800	塔前街上段，先锋路，吊桥街
	4400	先锋路，下梅溪桥，茶巷子，洞庭庙，河巷子，鱼巷子，万寿宫，洞庭路
	4000	茶巷子，洞庭路，乾明寺，金家岭，吕仙亭，油榨岭
	3600	鱼巷子，洞庭路，南岳坡，汴河园，红船厂，
	3200	洞庭路，上马家湾，下马家湾，

续表

每亩土地价格（元）		地名
1000~3000	2800	梅溪桥横街，上观音阁，韩家湾，鲁班庙，三教坊，长郡巷，
	2400	吕仙亭，汴河园，君山巷，汤家坡，邓家湾，
	2000	大鄢家巷，宝剑山，小鄢家巷
	1600	芋头田，铁路外，南门城口，棚厂街，翰林街上段，上下柴家岭，洗马池，城隍内街
	1200	交通门，金潭门，迎祥门，西门外街，翰林街下段，守备巷，提署街，桃花井，西门正街
	1000	忠义祠，老县门前，洗马巷，颜家巷，黄土坡，衙门口，铁炉街
1000以下	800	西门外河下北头，学道岭，文庙山，麻家坡，双井巷，易家巷，府下坡
	600	阴阳门，剪刀池，火药局
	240	南津港

资料来源："岳阳县城厢标准地价等级表"，藏于岳阳市档案馆

三、科学技术

（一）交通技术

在第五章与济南、南宁城市空间转型特征比较中，我们认为，近代岳阳是水运主导型城市，水系是近代岳阳城市空间发展主要生长轴。相比水运，岳阳城郊东面经过的粤汉铁路对城市虽也有影响，但还不能代替水运。而与水运和铁路相比，以古代驿道为基础修建的公路对于近代岳阳城市空间则几乎没有产生影响。

1. 水运

清末，岳州开关之后，单一的木帆船运输方式被打破，呈现出轮船取代木帆船运输的势头（图6-12）。以城陵矶商埠而言，有英、美、日、俄、法、意、荷兰、丹麦、挪威等国和沪、汉各埠轮船出入，每年少者千艘，多者上万艘[1]。

航运业的兴盛带动城陵矶港口商务发展。城陵矶成为轮船货物中转中心，主要中转货物是煤油、米盐。开埠后，湘煤出口改为轮船、木船并运，城陵矶桂花园下、翟家湖边，经常有数以百计的民船停靠，其中大部分是从沅水下来的运煤船。1906年，位于堤街与横街交汇处的汉冶

---
[1] 岳州开埠始末. 中国人民政治协商会议湖南省岳阳市委员会文史资料研究委员会编. 岳阳市文史资料第八辑（内部发行）. 1986.

第六章 近代岳阳城市空间转型的影响因素

图6-12 洞庭湖上的帆船运输
（资料来源：《千年古城话岳阳》）

萍煤运道城陵矶煤栈正式开始储煤，建有煤栈和煤货场，并于河坡设有一简易码头，俗称"炭码头"。1925年，汉口美孚公司于城陵矶莲花塘下、红山头角口处始建储油栈，设有油厂安置机油桶等，并建有房屋五栋。1929年，又增建一个可储1万吨重质柴油的油池。随着轮船停泊数的增加，大米日益集散于城陵矶转轮船出口，市场上米商逐日增多。抗战前，城陵矶上街和横街几乎为米商和米贩所占有，高峰时达110家。湖南食盐，向由大木海船从淮扬运至岳阳、城陵矶一带，再转民船运至各埠。1911年，湖南盐政处设拨运淮盐处于城陵矶，为全省分配食盐。湘省盐的进口，改由轮船木船并运。由于城陵矶位于湘汉航路中腰，是理想的中途补给站；在内河枯水季节，江轮不能直航时，城陵矶又是最佳的江河联运港，城陵矶港域不断扩展，库场、堆栈有增无减[1]。

商务发展以及随之而兴盛的服务业，使城陵矶空间形态发生巨大变化。开关前，城陵矶仍是一自然港。杨柳堤岸，青芜平冈，茅屋参差，住房错落。据光绪二十六年（1900年）岳州海关呈江汉关报告称："吾侪初入城陵矶，仿佛武陵渔夫之入桃花源（本埠桃花冬月开，亦一奇）"。开关后，城陵矶沿着岸线，形成横街、上街、下街、堤街四条街。

水运发展促进岳阳县城港口的发展。开关后，岳州府城下的南岳坡、岳阳楼、街河口等处，坡度平缓，常成为货物堆垛场所。韩家湾、红船厂、南岳坡、街河口、新码头、岳阳楼等处为旅客上下船码头（图

---

[1] 城陵矶港史．

图6-13 近代岳阳城区码头分布
（资料来源：自绘）

6-13）。南津港、柴家岭等处是竹木材交易的水上场所。民国期间，城墙拆除之后，原来的内城外港逐渐形成港市一体的空间格局，港口水域陆域面积不断扩大。

此外，围绕城陵矶和岳阳港，岳阳及其周边水域又新开辟许多小港，形成卫星式港埠群，如南津港、北津港、磊石等埠口。码头、站房、堆栈等设施不断增多[1]。

2. 铁路

除传统水运，粤汉铁路开通之后，岳阳开始了铁路运输，城区随之向东蔓延。随着铁路修筑而产生的车站、铁路线、调车场等附属设施，改变城市已有空间景观和尺度，体现出近代城市空间特征。

---

[1] 岳阳市交通委员会编．岳阳市交通志．北京：人民交通出版社，1992.

3. 城区交通工具

明清时期，岳阳主要交通工具是马车和轿子。民国，开始出现近代交通工具。人力车、自行车、汽车的陆续出现，对城区道路提出新要求。民国12年（1923年），为了修筑环城道路，将大部分城墙拆毁，仅留岳阳楼附近十数丈未拆。1929年，修筑火车附近的先锋马路。1931年，又修筑洞庭马路，自岳阳楼西门正街经黄土坡至吊桥，拆除民房数百间，修成一条1000多米长，9米宽的泥石路[1]。抗日战争胜利后，制订的《城区营建计划》中，以近代城市道路交通规划原理区分了道路等级，确定主街道宽度为三十二市尺，两旁人行道每边四市尺在内；支街道宽度为二十六市尺，两旁人行道每边三市尺在内；小巷宽度为五市尺至六市尺；以及计划修筑滨湖公路及环城马路[2]。

（二）营造技术

随着近代营造技术的演进，岳阳建筑群向水平和垂直方向发展，并且出现一些大体量建筑。如民国6年（1917年）3月建成的岳州车站，建筑面积400余平方米，设有男女候车室、售票室、电报电话室、站长室、行李室、灯具房和员工住房等。1947年重建后，站房为砖木结构，面积为571.5平方米[3]。而抗日战争胜利后，重建的岳阳机车库房系瓦楞铁架或钢轨架，两侧系砖砌成墙，全长67.8米，宽20.6米，有效面积达1292.4平方米[4]。这些大体量站房、库房建筑使得岳阳呈现出近代城市空间面貌。

第四节 社会文化：潜在影响因素

一、商人和商会

中国传统社会和政治体制依托的是士、农、工、商组成的"四民"社会结构。鸦片战争之后，受到近代商业文明冲击，"重商思潮"得以产生，商人社会角色发生转变，商人群体从社会边缘走向社会中心。近代岳阳由商而兴，是一个商业城市，除传统会馆、行业之外，商会组织

---

[1] 邓建龙主编. 岳阳市南区志. 北京：中国文史出版社，1993.
[2] 民国时期岳阳《城区营建计划》. 藏于岳阳市档案馆.
[3] 邓建龙主编. 民国时期的岳阳火车站. 岳阳市南区文史. 第一辑. 1992.2.
[4] 岳阳市交通委员会编. 岳阳市交通志. 北京：人民交通出版社，1992.

在城市空间形态的形成中发挥重要作用，促进城市空间转型。

（一）岳阳商会

岳州自1899年自开商埠之后，即设立商务管理局。清宣统元年（1909年），根据《湖南商务总会试办章程》撤销商务管理局，成立岳州商会。原有各行、帮、会馆仍旧保留，作为会员祭祀祖师及联谊场所，会员356人[1]。民国15年（1926年）12月，岳阳县商民协会成立，会址设上鱼巷子原商会内。日本侵占期间，成立日伪政府组织下的"岳阳商会"。抗日战争胜利后，重新成立岳阳商会，会址设在天岳山原来的大化积善堂[2]。

岳阳作为一个商业城市，担任商会会长职务者往往都有一定的社会地位，并具有雄厚资本。因此，岳阳历届地方政府都很倚重商会，商会在岳阳近代城市发展方面起到重大作用。尤其是近代岳阳并没有形成完善市政机构，商会力量几乎渗透到城市建设和管理各个方面。在南北军阀混战，岳阳政府权力出现真空时期，岳阳商会甚至替代部分政府职能。这与某些通商口岸城市在市政机构建立后，商会职能被市政机构所取代的情形完全不同。自清末建立商会，延续到新中国成立前，岳阳商会不仅没有衰退，反而在战后重建中发挥更积极作用。

（二）商会及其城市管理

相比而言，作为地缘组织的商帮和会馆比作为亲缘组织的宗族进步，作为业缘组织的行会和公所又比作为地缘组织的商帮和会馆进步。由近代知识化商人组成的商会，参与社会意识很强。自清宣统二年成立商会，商会就积极参与岳阳城市建设和管理，具体体现在以下几个方面：

1. 组织城市消防：除了警察局之外，商会是近代岳阳城市消防救火的主要民间力量。近代岳阳城市人口增加，建筑密度增大，又多为木构建筑。一旦发生火灾，容易蔓延。为此，商会向各商户集资，成立水龙局，购置消防器具；并在街河口、鱼巷子、上观音阁等街道，修建储水池[3]。

2. 组织城市街道建设：商会在城市街道修筑过程中起到重要作用。

---

[1] 岳阳工商史料．藏于岳阳市档案馆．
[2] 抗战后岳阳商会的组建情况．岳阳文史．第一辑．
[3] 岳阳工商史料．藏于岳阳市档案馆．

根据《岳阳县城区街道修筑委员会组织简则》，主任委员由县府建设科长担任，副主任委员由商会理事长担任[1]。此外，在修筑塔前街、羊叉街、天岳山、上下观音阁、下街河口、吕仙亭等街道的招标过程中，商会还起到监督作用[2]。

3. 协助政府执行城市管理法规：抗日战争胜利后，岳阳县政府为统一街道立面，颁布了"岳阳县城主街道两旁商店门市标准图"。在实施过程中，出现了少数商人不遵守规定式样建筑房屋的情况。岳阳县政府除责令该屋主限期改造之外，并要求商会监督实施。而商人也通过商会，向政府提出申请暂缓改造的请求。在得到县政府坚决否定的答复之后，又提出变通改造的请求。最终，与政府达成一致[3]。可以说，通过商会的协调工作，县政府变通地解决"标准图"在执行过程中出现的问题。

4. 筹备城市建设资金：抗日战争之后，商会与原国家农民银行及湖南省银行洽商，开办"小本贷款"和"建筑贷款"。申请户只要有建屋基地平面图及建筑设计图纸，报请商会鉴证，银行审批，就可得到巨额建筑贷款[4]。建筑贷款缓解战后重建过程中资金短缺问题。

5. 维护城市安全：岳阳是军事要地，自清季至民国期间，一直是驻军重点。由于民国期间政权更替频繁，商会成为接待军队和维护城市安全的主要力量。尤其是军阀混战期间，地方政府出现权力真空时期，商会起到主要作用。在联军驱傅期间，商会会长吴尧臣联合美国教会福音堂主教牧师德国人韩理生，组织"大美国福幼会、岳州福音堂临时妇女救济会"，设在塔前街原福音堂及贞信女中。1918年张敬尧撤退期间，商会会长陈小平等，联合天主教神父以及福音堂牧师建立避难地点三处：城内天主堂黄土坡、塔前街福音堂、黄沙湾湖滨学校[5]。商会与各路军队的周旋，对于保存城市建设成果起到了一定作用。

6. 提出城市建设构想：当获悉岳阳县政府韩家湾船埠计划之后，岳阳商会联名提交了一份《岳城开港意见书》，其中就船埠选址问题进

---

[1] 岳阳县城区街道修筑委员会组织简则. 湖南省档案馆.
[2] 岳阳县商会修街道代电. 民国三十五年十一月二日. 岳阳市档案馆.
[3] 岳阳市档案馆.
[4] 岳阳工商史料. 藏于岳阳市档案馆.
[5] 岳阳工商史料. 藏于岳阳市档案馆.

行了详细探讨，认为韩家湾存在水位浅、淤泥大、工程困难，容纳船只的容量太小，周围地皮有限，无繁荣余地，而且偏于一隅等缺点，提出选择原汴河作为港址，从北门外廖家码头起，至吊桥止（图6-14）。认为这条线路可以利用原有水城及便河故道，工程更容易，而且具有水位深、淤泥少、容量大，便于衔接铁路等优点[1]。虽然最后此意见并未被采纳，但由此可见商会对于城市建设的积极参与。

此外，商会还具备管理工商企业、城市救济、协调地方民事纠纷等功能。

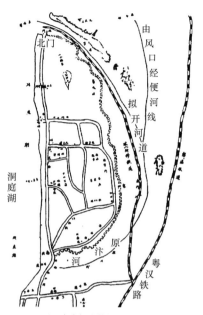

图6-14　岳阳商会提出的船埠选址
（资料来源：岳阳市档案馆）

政治经济学认为城市主体在城市发展中的作用力包括政府、城市经济组织、居民。从以上论述可以看出，由于近代岳阳战争频繁，政局不稳，政府职能趋于弱化，突显了经济组织——商会的作用。商人在积极参与城市空间建设和管理的过程中，逐渐成为社会的中坚力量。

二、外来文化

自1899年辟为自开商埠，岳阳受到外来文化冲击，新建筑类型和建筑风格出现。

首先，城陵矶新建造的海关关房全然是西方建筑布局和建筑风格（图6-15）。三座海关建筑格局基本一致，为典型的英国"殖民地外廊样式"（Colonial Veranda Style）。海关建筑平面为简单长方形，首层三面为外廊，二层一面设有外廊。岳阳位于南方地区，夏季炎热，当地建筑除临街建筑随街道走向布置外，多南北向布置。而海关建筑主要面向西

---

[1] 岳城开港意见书．藏于湖南省档案馆．

第六章 近代岳阳城市空间转型的影响因素

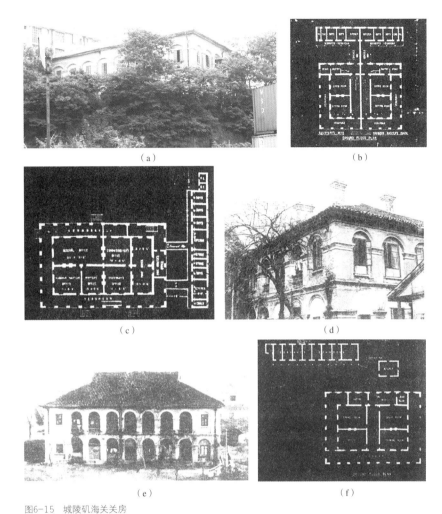

图6-15 城陵矶海关关房
(a) 上洋关外观;(b) 上洋关平面;(c) 中洋关平面;(d) 中洋关外观;(e) 下洋关外观;(f) 下洋关平面
(资料来源:(a) 笔者自摄;(b)、(c)、(f) 岳阳市档案馆;(d)《岳阳市建筑志》)

边的洞庭湖,上洋关为西南向,中洋关为东南向,下洋关为正西向。建筑除了地形条件限制外,显然是出于便于观测湖面的功能性考虑。外廊设置也适应这种功能要求,三面外廊的设置既便于防暑,也便于观测湖面。海关建筑立面为英国新文艺复兴时期(Neo-Renaissance)风格,外廊和窗饰为拱券造型,外廊内的墙面设有罗马式落地窗,属于中国中晚期外廊样式。据东京大学藤森照信研究,这种简单盒子似的建筑周围包上外廊的作法是中国近代建筑起点,并认为维多利亚女王时代样式中属古典系的新文艺复兴样式在1880至1900年间消失。岳阳海关建筑的实例证明即使在19世纪晚期此样式还在建造。事实上,1904年开关的长沙海关，建筑样式也是新文艺复兴式。海关建筑完成之后，代理岳州关税务司三等帮办韩森报告称："查本关房屋建造完成，奂轮奂美，舟艘一新，四方乡民来观者，络绎不绝。虽其规模宏敞，不逮申江，幸喜坐落高阜，滨临大江，进出口船了如指掌，诚一绝妙之码头也"[1]。这段文字除了表达韩森对海关建筑的美观及其功能的满意外，也可以看出当时相对封闭的岳阳人对于与中国传统建筑样式迥然不同的西式建筑的新奇心态。

与海关建筑不同的是，教会建筑体现出与湖南地方建筑融合的趋势。例如，基督教在城郊黄沙湾修建的湖滨大学建筑群。湖滨大学教师住宅的屋顶采用歇山顶的样式，覆盖湖南民居经常采用的小青瓦；而住宅平面却采用外廊式布局，廊道立面采用连续拱券。住宅整体显示出中式屋顶、西式墙身的建筑形象。再比如，位于城区的基督教堂，其大门主体为中式牌坊，再嫁接西式拱门或者山墙。此外，在教会建筑的建筑装饰上，显现出中国化的特征。例如，位于城区黄土坡的天主教堂，它的大门两侧贴有一幅中国对联。

在海关建筑和教会建筑影响下，岳阳也出现一些中国人建造的带有西式建筑风格的建筑。岳阳城区第一个中国人建造的西式建筑可能是岳州车站。据文献记载，民国6年（1917年）3月，岳州车站建成时，站房是英国式建筑，青砖瓦顶（四坡出水），外观较精致。岳阳日本侵占期间，站舍被炸毁。抗日战争胜利后，由当时的复兴营造公司于1947年8月重建[2]。从现存抗战后车站照片看来，重建的岳阳车站已改为典型的现代建筑样式。20世纪20年代，岳阳南正街的裕成绸缎匹头号为城区唯一的两层西式门面。大门两边墙上镶嵌有巨大玻璃窗户，装潢摆设仿照汉口同行式样。与周围封闭的传统铺面形式形成鲜明对照。同一时期，岳阳商会在上鱼巷子建造有一栋西式两层办公楼[3]。但是，总体而言，近代岳阳中国人建造的西式建筑相当稀少。

直到抗日战争胜利后，西式建筑符号才被岳阳地方政府所接受。1946年11月7日岳阳县政府颁布"岳阳县城主街道两旁商店门市标准

---

[1] 光绪二十七年岳州口华洋贸易情形论略．185．
[2] 岳阳市交通委员会编．岳阳市交通志．北京：人民交通出版社，1992．
[3] 外商在岳阳的经营情况．岳阳文史．第一辑．

图"。"标准图"由县政府建设科设计,并且规定:"凡欲于本城主街两旁建筑铺屋者,必须依照所颁标准图样,呈由本府核发建筑执照,方准建筑,否则一经查实,除勒令拆毁外,并予相当处罚"。[1] 从五种标准图看来,推板式、二层一缝式、二层二缝式、三层三缝式都是中式牌楼,而二层三缝式是中式牌楼加西式山墙。尽管由于经济等原因,"标准图"实施进展并不顺利,但从中可以看出,西式建筑风格已经成为设计师手中可以运用的建筑符号之一,并得到政府的推行。

总体而言,外来文化对于岳阳城市空间面貌的影响主要体现在一些建筑立面上,由于这一部分建筑数量并不多,而且比较分散,所以近代岳阳城市空间形态"多元混合"特征不明显,更趋向于在以传统建筑风貌为基调的基础上,进行局部"糅杂"。

第五节 影响因素作用机制的综合分析

城市空间形态演变是各个影响因素综合作用的结果。影响城市空间形态变化的因素很多,为了便于展现各个因素及其相互之间的内在关系,列表比文字更能清晰地说明问题。从近代岳阳城市空间转型影响因素作用机制综合分析表(表6-5)中,我们发现:

1. 导致近代岳阳城市空间结构性形态要素转变的通常是一些重大历史事件,比如自开商埠、铁路的修筑、城墙的拆除。这些重大历史事件不是某个单一影响因素的产物,而是多个因素共同作用结果。例如,清末岳阳自开商埠是政治、军事、地理、经济因素共同作用的产物。清政府开放岳阳作为素有"城堡"之称的湖南省第一个通商口岸城市,是与英国人、湘省地方官绅通过多番政治利益权衡之后达成的协议;在商埠选址过程中,清政府主要从便于政治统治和军事防御的角度出发,并综合考虑了地理水文情况,以及地价情况,最终选定岳阳府城以北的城陵矶为商埠所在地。同样,粤汉铁路的修筑不单单是科学技术进步的产物,而是包含当时清政府的政治和军事意图;近代岳阳城墙拆除也并不

---

[1] 岳阳县城主街道两旁商店门市标准图. 现藏于岳阳市档案馆.

表6-5 近代岳阳城市空间转型影响因素作用机制综合分析表

影响因素类型			各因素内在机制的转变过程		各因素对城市空间形态的影响	
			古代（明清时期）	近代（清末民国）	对近代城市形态的影响	近代城市空间形态综合特征
建设环境因素	自然环境	山水形势	·滨湖滨江的优越地理位置	·外国人眼中"理想的水上通道"	·清末首批自开商埠之一	·"一城一镇"的形成 ·城市"跳跃式"生长 ·城市延续向南"带状"生长势头 ·城市建设发展规模影响有限
		地形地貌	·岗丘地貌，周围湖泊密布，城池三面临水	·岗丘地貌，地势东高西低，呈阶梯状向洞庭湖倾斜，城池周围湖泊密布	·商埠的选址：城北15里外的城陵矶 ·商埠的建筑：与滨水相适应的形态 ·街道网络呈"鱼骨"状结构 ·近代街道材料采用青石板 ·质量较好的建筑建造在高处 ·船埠、码头、防洪堤等基础设施建设成为城市建设的重要内容	
	人为环境	城市街道	·顺应地形自然有机生长	·顺应地形自然有机生长	·街道走向顺应地形	
		功能分区	·城内政治军事文化中心，城南关厢地区商业中心	·城北政治军事文化中心，城南新的商业文化中心	·延续了城南城北两大功能分区的总体格局	
政治军事因素	政治政策	政治意识	·传统中央集权的"封闭意识"	·晚清政府的"主权"意识 ·日军"殖民"意识 ·国民政府"现代"意识	·自开商埠，不设立租界，商埠建设和管理权属主要在于中方；商埠章程体现维护国家司法主权的意图 ·行政建制的更迭；商埠草桥民区的控制 ·日华区与难民区的划分；城市管理法规和图纸的制订；《城区营建计划》的编订；韩家湾船埠计划的提出	·城东梅溪桥新商业区的发展 ·城市空间演变自发进行 ·城市空间由封闭走向开放 ·城市商业区的发展规模影响有限
		政权更替	·相对稳定	·更替频繁	·城市空间发展的不连续性 ·城市发展和建设设想许多都处于构想阶段，难以得到实施	
	军事战争	军事设施	·冷兵器时代	·热兵器时代	·城市现代交通和通信设施的发展 ·城墙的拆除 ·修筑碉堡等现代军事防御设施	
		战争破坏	·冷兵器时代	·热兵器时代	·城市建筑物的摧毁 ·城市工业化的缓慢	

第六章 近代岳阳城市空间转型的影响因素

续表

影响因素类型			各因素内在机制的转变过程		各因素对城市空间形态的影响和结果	
			古代（明清时期）	近代（清末民国）	对近代城市空间形态的影响	近代城市空间形态综合特征
经济技术因素	经济产业	经济区位	·湖南省以湘潭、常德两大商业城市为经济中心	·以长沙为湖南省最大的经济中心，岳州、湘潭、常德为辅助城市·位于汉口为中心的长江中游商业圈内	·城陵矶由一个普通小镇发展成为集中商业区·城南原关厢地区发展成为商业重镇·无法组织进行大规模的城市建设活动，商业区的建设缓慢自发进行	·商业空间为城市主体空间·城市中心由城北移到城南滨水商业区·城市"多区拼贴"的空间特征并不明显，更具有地方性和传统性·商业空间占据城外港口条件便利的地段·城市空间由封闭走向开放
		经济环境	·相对稳定	·波动频繁	·城市商业区的发展有限	
		经济结构	·自然经济为主体，传统商业和手工业得到发展	·自然经济解体，商品经济逐步发展，近代新型商业出现，服务娱乐业兴起	·街道市场的专业化·街道市场没有集中的工业区·城市体现出消费城市的性质	
		经济规律	·农耕经济	·市场经济	·地租作用下，城市滨水地区、车站附近商业进一步集聚	
		水运交通	·木帆船	·轮船、木帆船	·城陵矶自然港发展出四条商业街·县城内城外港逐渐形成港市一体·区域形成卫星式的港埠群	
	科学技术	铁路交通	·无铁路交通	·有铁路交通	·铁路车站及其相关设施的出现·城市向东发展	
		交通方式	·马车、轿子	·人力车、自行车、汽车	·城墙的拆除·城市主要街道宽度的拓宽·《城区营建计划》中新道路系统的规划	
		营造技术	·砖木结构	·砖木结构、钢铁结构	·厂房、车站等大跨度大体量建筑的出现	
社会文化因素	社会	商人商会	·"士农工商"的四民社会结构	·商人群体从社会边缘走向社会中心	·商会积极参与城市街道建设；组织城市消防；组织城市街道建设；协助政府执行城市管理规则；筹备城市建设资金；维护城市安全；提出城市建设构想	·近代岳阳城市空间形态的"拼贴"特征不明显，更趋向于在以传统建筑风貌为基调的基础上，进行局部的"移柴"
	文化	外来文化	·排斥西方文化	·逐渐接受西方文化	·西式海关建筑；中西合璧的教会建筑；中国人建造的带有西式建筑风格的建筑；政府推行的西式建筑符号	

资料来源：自制

是近代交通方式变革单一因素作用的结果，还受到当时城市经济发展状况和社会观念影响。

2. 重大历史事件对于城市空间形态的影响可以分为两个层面。一方面，短期内直接导致城市空间结构性形态要素的变化，如粤汉铁路为城市空间划定新边界线；城墙的拆除使得城市空间结构由"封闭"转为"开放"。另一方面，重大历史事件作用于城市社会机制，通过社会机制的长期作用，进而影响城市深层次的空间肌理。例如，清末岳阳自开商埠，不仅城陵矶商埠设置使得岳阳城市空间"跳跃式"发展，呈现出"一城一镇"的区域空间结构；而且通过自开商埠，岳阳在湖南省的经济地位得以提高，城市经济结构由自然经济向商品经济转变，城市土地经济价值逐渐凸现，从而导致商业在城南滨水交通便利地段的集聚和发展，并最终导致城市中心由城北南移到城南商业区（图6-16）。

3. 从时间进程上来看（表6-6），近代岳阳城市空间转型过程中，政治军事、经济技术、社会文化、建设环境等因素交替发挥主导作用。城市空间转型初始期，经济因素主导城市空间发展秩序；城市空间转型演变期，政治因素主导空间发展秩序；城市空间转型形成期，社会因素和军事因素是主导因素；城市空间转型延续期，经济因素又一次成为主导因素。概括而言，在城市社会较稳定时期，政治经济因素主导城市空间发展秩序；在城市社会较动荡的时期，社会军事因素则主导空间秩

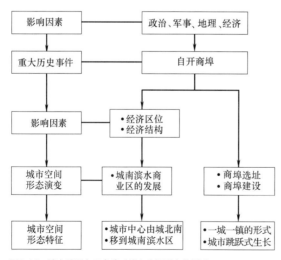

图6-16 清末岳阳自开商埠对城市空间形态的影响
（资料来源：自绘）

序；而环境因素虽然在每个短时期内并不是主导因素，但始终都影响着城市空间形态发展。通过对城市空间形态各影响因素作用机制的详细分析，可以看出，各影响因素对于城市空间形态的作用在时间上、作用力上是不等效的。建设环境因素是长期作用因素，政治军事是短期作用因素，经济技术是内在根本作用因素，社会文化是潜在作用因素。

近代岳阳城市空间转型各时期影响因素构成　　表6-6

影响因素	城市空间转型的初始期	演变期	城市空间转型的形成期	延续期
建设环境				
政治军事				
经济技术				
社会文化				
时间事件	1899~1916年 自开商埠	1917~1922年 粤汉铁路	1923~1937年 拆除城墙 / 1938~1944年 日本侵占时期	1945~1949年 战后重建

资料来源：自绘

第七章 岳阳近代城市历史保护的策略探讨

梁思成先生曾说过，一个没有历史记忆的城市，注定是没有将来的城市。对于一个城市而言，历史记忆是一个城市形成、变化和演进遗留下来的空间痕迹。历史记忆把时间变化凝固在城市空间中。一系列不同时期的建筑、街道、文物古迹就是时间在城市空间中留下的坐标点。保护不同时期的历史遗存是留住城市历史记忆的首要途径。

前面各章研究表明，岳阳在1899年自开商埠至1949年这五十年间，城市由中国传统农业社会政治中心城市向近代工业社会通商口岸城市转变。作为中国首批自开商埠城市之一，近代岳阳城市转型和空间转型的历史过程及其特征具有一定代表性。历史发展到今天，岳阳已经成为"环洞庭湖经济圈"首位城市，是湖南省北大门、重要的工业基地和唯一的长江对外口岸城市。岳阳也早已突破近代城市空间格局，向现代城市空间转变。在新一轮转型过程中，如何保护上一次转型的历史遗存，留住城市历史记忆成为当前城市发展和建设的突出问题。

近代是中国以自然经济为主导的传统农业宗法社会向商品经济为主导的近代工商社会转变的重要时期。近代转型的历史是城市历史记忆中重要的一部分，可以说没有近代历史的城市，是记忆缺失的城市。在城市日益快速发展的今天，这一段历史正变得越来越模糊，大量近代建筑以没有文物价值的名义被拆除。对此，我们或许要认识到，历史不仅仅是追溯遥远的过去，昨天同样值得保护和珍藏。本章是在前面各章研究基础上，结合现场调研，对岳阳近代城市历史保护的策略进行探讨。

第一节 岳阳现代城市空间转型和历史保护

一、岳阳现代城市空间转型

新中国成立之后，我国进入社会主义发展阶段，经历"大跃进"、"文化大革命"、改革开放一系列变革。国家政治、经济、社会机制的变化，再一次影响岳阳城市空间形态。岳阳城市空间逐渐由"一城一镇"的"带状"形态转变为"带状组团式"结构。概括而言，现代岳阳城市空间经历了"内向填充"（1949~1965年）、"新区建设"（1966~1978年）、"连续发展"（1979年至今）三个阶段。

（一）城市"内向填充"式发展（1949~1965年）

新中国成立后直到1966年以前，岳阳城市空间大体保持着近代形成的"一城一镇"带状空间格局，城市在原有基础上"内向填充"式发展。旧城区仍然紧临洞庭湖岸线，局限在铁路线以西范围内。吊桥、南正街、竹荫街一带仍为主要商业区。住宅建设集中在旧城区内，由工厂、铁路、学校等单位分散修建。城市道路也主要限于拓宽、改造、延伸旧城区道路。1959年，兴建城区至城陵矶沿湖路，加强了城区与城陵矶之间的联系。近代岳阳工业基础薄弱，这段时期在国家"变消费城市为生产城市"方针指引下，工业有一定发展。1952年，于旧城区城北九华山一带建成中南军区后勤部军需部岳阳总厂（3517工厂）。1958年"大跃进"时期，城区掀起大办地方工业热潮，城区各街道居民与手工业者共兴办103个工厂[1]。

期间，岳阳编制了几次城市规划，规划范围大体限制在铁路以西，空间布局主要思路是围绕旧城区发展工业。1956年，岳阳县计委编制《岳阳城镇建设规划》（第三稿）（图7-1），将城区划分分五个功能区：牛皮山、九华山、城陵矶、冷水铺为工业区，湖滨为仓库运输区，汴河园为中心区，其他为商业区和住宅区[2]。但这些规划并没有获得审批，也没有彻底实现。

（二）城市"新区建设"（1966~1978年）

"文化大革命"期间，许多地方城市建设进入停滞阶段。而岳阳由于1964年设立岳阳专署，新设立的机关事业单位牵引城市跨越京广铁路线，向东发展，开始城市的"新区建设"。许多机关企事业单位在城东东茅岭、五里牌、螺蛳港、金鹗山等地进行建设，形成单位制空间格局。1976年，新建成东茅岭大道，成为连接城市新区和旧区的东西向主干道，沿路形成城市新繁华区。但由于新区建设并没有统一规划，各单位分散建设，使得城市功能混乱。这段时期，城市工业有迅猛发展。70年代初，岳阳在城区以北陆续兴建一批大中型石油化工企业，如路口铺的长岭炼油厂，云溪镇的岳阳石油化工总厂。这些工

---

[1] 岳阳市建设委员会编撰办公室.当代岳阳城市建设（1949—1985）.1986.
[2] 岳阳市区规划.

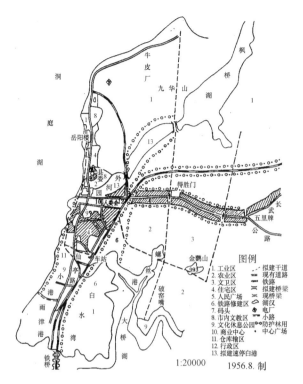

图7-1　岳阳城市总体规划（1956）
（资料来源：《岳阳市城乡建设志》）

厂设在城区之外，内部生产生活功能齐全，形成独立的工业镇。1971年，在长沙省城带动下，城区内部大力兴办街、会两级企业，又一次兴起城区内建设工厂热潮。工业的发展，使得城市性质也发生变化。1976年《岳阳城市总体规划》修编，首次提出，岳阳为"湘北重镇，水陆交通枢纽，政治经济文化中心，化工工业为主体的工业城市"[1]。

（三）城市"连续发展"（1979年至今）

1979年改革开放后至今，城市由外扩跳跃式的"新区建设"进入新旧城区连成一片的"连续发展"阶段，最终形成以中心城区为中心的"带状组团式"空间结构。1982年，建成横跨铁路的巴陵大桥，使得城市铁路以西旧城区与铁路以东新区连成一片。东茅岭、巴陵西路一带成为新商业区。随着计划经济向市场经济的转变，城市住宅由单位小区向

---

[1]　岳阳市区规划.

商品住宅小区发展。在城市新区旧区连成一体的同时，城区也逐渐向北蔓延。城区与七里山、城陵矶沿湖岸线连成一体；城市北区工业镇迅速扩大。1984年后，一些国营大中型工业企业从"三线"陆续迁来岳阳城区，更加强岳阳城市工业实力。

改革开放之前，虽然岳阳制订了城市总体规划，并修改过多次，但是那些规划并没有经过正式审批，规划实施也不彻底。城市发展和建设被当时国家政治方针主导，并不是在城市规划指导下有序进行。改革开放之后，岳阳城市才开始在总体规划引导下发展。由1979年至今，《岳阳城市总体规划》共经历三次修编，逐步明确岳阳城市性质和城市空间布局。

1982年的《岳阳城市总体规划》确定岳阳城市性质为"湘北石油化工、轻纺工业基地、对外贸易港口、风景旅游城市"。城市按功能分区原则，共划分七个功能区。城市市中心设在火车站以南，为地、市机关和商业、服务、文化经济中心。城市文化教育区集中在四化建以南。岳阳楼、君山、南湖、洞庭湖为风景旅游区。城市工业区分布在云溪、路口、七里山（包括冷水铺）、城陵矶、城北及枫桥湖、城南至湖滨等6处。仓库区位于城陵矶、三角线、马壕。从韩家湾至街河口、城陵矶至擂鼓台为港口作业区。街河口至岳阳楼为对外交通航运区。

1986年《岳阳市城市总体规划》（图7-2）修编，确定城市性质为"湖南省对外贸易口岸，以石油、化工、轻纺、食品、风景旅游为主的综合性城市，建设成为长江中游重要的经济贸易城市之一"。城市空间布局沿长江口以南，洞庭湖东岸至湖滨，形成以中心城区为核心的带状组团式"城镇群"体系。按"一城四镇，大分散，小集中"的结构布局，建成1个中心区、4个工业镇。即岳阳中心城区，云溪、路口、陆城、湖滨镇。在中心城区与城郊工业镇之间，以大片农田、绿地、山林、水面隔开，保持"山、水、田、园与城市交相辉映"的良好空间。

1994年，岳阳被评为国家级历史文化名城。1996年，《岳阳市城市总体规划》重新确定岳阳城市性质为"国家历史文化名城和重点风景旅

图7-2　岳阳城市总体规划（1986）
（资料来源：《岳阳市城乡建设志》）

游城市；是湖南省的北大门、重要的工业基地和唯一的长江对外口岸；将发展成为长江中游地区现代化的中心城市之一"。并且，1996年规划进一步明确城市"带状组团式"，"一中心四组团"的空间布局："沿长江、洞庭湖东岸，形成以中心城区为核心的多组团山、水、田园相间的总体空间布局。"并且确认城市用地发展方向为"东扩南延"（图7-3）。城市用地使用模式由单位制向城市用地成片开发，配套建设，社会化服务和集约化使用模式转变[1]。

（四）岳阳现代城市空间转型特征

1. 城市用地形态由"一城一镇"转变为"一中心四组团"

新中国成立至今，岳阳城市用地不断向东、向北扩张，已经由近代"一城一镇"发展成为"一中心四组团"的现代城市空间格局（表7-1）。近代岳阳县城和城陵矶形成的"一城一镇"，在新中国成立后城市向北扩张的进程中，已经连为一体，属于今天岳阳中心城区地域范围。此外，在中心城区以外，形成四个新组团，即云溪—松杨湖—道仁矶组

---

[1]　岳阳市区规划.

第七章 岳阳近代城市历史保护的策略探讨

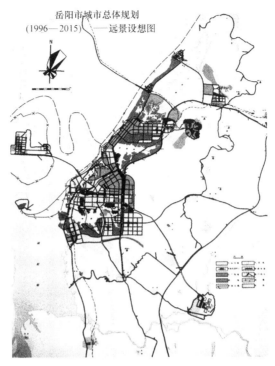

图7-3 岳阳城市总体规划（1996）
（资料来源：《岳阳市城市总体规划（1996—2015）》）

团、路口—陆城组团、柳林—林阁佬—君山区组团、筻口机场组团。

岳阳现代城市空间发展阶段　　　　　　　　　　　　　　　表7-1

时间	城市空间发展阶段	城市空间形态特征	城市规划
1949~1965年	城市"内向填充"式发展	一城一镇	1956年《岳阳城镇建设规划》
1966~1978年	城市"新区建设"	城市跨越京广铁路向东发展	1976年《岳阳城市总体规划》
1979至今	城市"连续发展"	"带状组团式"空间结构	1982年、1986年、1996年《岳阳城市总体规划》

资料来源：自制

2. 城市建筑形态由"传统建筑为主"转变为"现代建筑为主"

近代岳阳城区建筑以湘北地区院落式传统建筑群为主体，混杂着少量西式建筑和现代建筑（见第五章）。新中国成立后，经过50多年发展，岳阳城区已经具备一座现代化城市的面貌。不仅城市新区内现代建筑风格的高楼大厦林立，铁路以西旧城区也都经过多次改造，现多为现代住宅和工厂，仅残存少量传统建筑风格的建筑（图7-4）。

图7-4 岳阳现代城市建筑形态
(a)岳阳新城区日景;(b)岳阳新城区夜景;(c)岳阳旧城区岳阳楼地段;(d)岳阳旧城区慈氏塔地段
(资料来源:(a)、(b)引自岳阳政府网站;(c)、(d)自摄)

3. 政治经济和地理环境因素主导的现代城市空间转型

在对近代岳阳城市空间转型的研究中，我们发现，城市社会较稳定时期，政治经济因素主导城市空间发展秩序；城市社会较动荡时期，社会军事因素起主要作用；环境因素始终影响城市空间形态的发展（见第六章）。从新中国成立后岳阳现代城市空间转型发展来看，主要影响因素是政治经济和地理环境，与近代城市空间转型规律相符合。

首先，总体而言，新中国成立后国家在一个政党领导下发展，虽然其中有所波折，但岳阳城市社会是相对稳定的，从而政治经济因素主导城市空间秩序。长期以来，国家计划经济体制对岳阳现代城市空间形态发展起了重要作用。1966年，城市突破近代城市空间框架，向铁路以东跳跃式发展，建设新区，是由于岳阳地方专署的成立；70年代初，城区以北各工业镇的大规模建设，是在计划经济体制下国家宏观工业布局的产物；改革开放之后，一批大型国营大中型工业企业从"三线"迁来城区，从宏观上影响岳阳城市空间形态的发展。而且，与近代相比，现代岳阳城市空间转型一个突出特征，就是城市空间发展一直在政府城市规划指导下进行。从新中国成立至今，岳阳制定8次城市总体规划（见附录4）。历次城市规划的编制为岳阳城市长远发展指明方向，并逐步确立岳阳"带状组团式"城市空间骨架。

其次，地理环境特征成为城市空间形态发展中重要的制约因素。从现代岳阳城市空间格局来看（图7-5），近代形成的带状发展格局并没有完全消失，滨洞庭湖、沿长江"带状"生长趋势依然明显。而且，岳阳周边众多的湖泊和丘陵山地不仅限制城市空间扩展方向，也决定了城市"大分散、小集中"的空间布局。

由于新中国成立后处于长期和平时期，岳阳现代五十年城市建设成果远远超越了近代五十年的城市发展。城市人口由新中国成立初期的2万余人发展到78万人，城区面积由不足2平方公里扩展到824平方公里。岳阳近现代城市空间转型的历史再一次证明，稳定和平的社会环境是城市快速发展的必要保证。

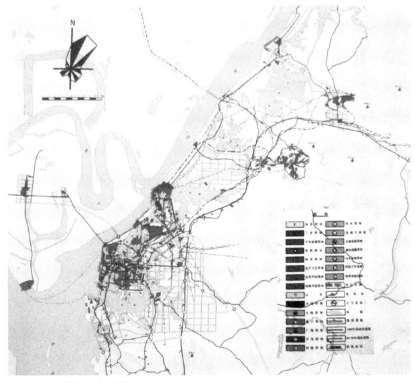

图7-5 现代岳阳城市空间形态
（资料来源：《岳阳市城市总体规划（1996—2015）》）

二、岳阳城市历史保护现状

1949年至今，国家政治经济体制的阶段性变化，使得城市发展并不是直线式进行，对于城市历史文化保护的认识也是一个逐步加深的过程。

（一）岳阳近代建筑的消失

在岳阳现代城市发展过程中，近代形成的城市肌理逐步被改变。目前，岳阳遗留下来的近代建筑和街区已经不多。岳阳近代建筑消失主要出于三种原因：

1. 战争的破坏：抗日战争时期，岳阳城区遭受巨大破坏。清末岳阳自开商埠以来的城市建设成果许多毁于抗日战争。战后在市民努力下，岳阳城区很快恢复战前格局，一些教会建筑也得以重建。

2. 政治斗争和政治运动的破坏：解放初期，城陵矶基督教堂及其附属建筑毁于反革命分子的大火；"文革"期间，部分教会建筑也受到破坏，但为数甚少。

3. 城市建设和发展带来的拆除：近代建筑的拆除大部分是由于城市建设和发展造成。新中国成立后，岳阳城区建筑被分为私房和公房两大类。一部分建筑质量较好的建筑被收归国有，成为公产，包括祠堂、庙宇、善会、会馆、行会及旧政府机关所属房地产；另一部分大量民房属于私房。收归公产的建筑被再分配作为各单位的用房，归属各单位管辖。在各单位管辖过程中，扩建、改建、甚至拆除近代建筑的情况都有发生。解放初期，普济医院改为人民医院，旧屋拆除殆尽。20世纪60年代，天主教5栋主体建筑拆除，以建造武装部宿舍。1992年，城陵矶港扩建港区时，3栋海关建筑拆除2栋，仅存"上洋关"，原有小山丘地形也已经铲平，修整成为货场。80年代新地方志上还记载的塔前街基督教堂，在笔者调研时也已经拆除，代之一栋欧陆风格的现代建筑。而私房部分，在岳阳现代城市发展建设过程中，成为不断改造的对象。1958年，整治洞庭北路，拆除上下柴家岭、半边街居民住房893间，将路面拓宽至15~18米。1962年，改造长年失修危房512平方米。1970年，改造危房2238平方米。1979年，为兴建巴陵大桥，拆除观音阁、洞庭北路、洞庭中路大片旧房。1982年改造危房8栋4000平方米。1986年，拆除南正街、岳阳楼、天岳山等处一些旧危房，改建成仿古商业街、营业铺面及多层综合服务楼。1989年，重点改造了君山巷17号、梅溪桥光明旅舍等多处危房。1977年至1982年，因修建岳阳楼公园门楼、围墙、游览道路等配套设施时，拆迁附近居民[1]。

以历史眼光来看，岳阳近代建筑的消失有其必然性。城市历史是动态的历史，而不是静止不变的。随着社会经济发展和人们生活方式的改变，城市也会随之更新。许多近代建筑经过一定时间之后，成为危房，对居民使用造成不便。为改善人们居住环境，适应城市发展需要，对一些质量较差、保护价值不高的近代建筑进行拆除，是符合城市历史发展规律的。城市面貌本来就是在"遗存"和"变动"共同作用的过程中逐步形成。但是，一批有特殊意义的近代建筑，如教会建筑、海关建筑，其建筑质量较好，建筑风格融汇中西建筑特征，代表了岳阳近代自开商埠的历史，具有不可替代的历史意义。它们的拆除，并不是历史必然选择，而是由于人们对于历史认识的偏差。它们的消失，使得岳阳城市近代历史记忆日益模糊，不禁让人扼腕叹息。

（二）岳阳城市历史保护

岳阳是一个历史悠久的城市，岳阳楼更是因其深厚的历史文化内涵名闻天下。但是新中国成立后相当长一段时间内，由于频繁的政治运动，城市历史文化保护一直没有系统进行。1994年，岳阳被评为国家级历史文化名城。此后，岳阳城市历史文化保护工作才进入正轨。1996年，《岳阳城市总体规划》修编，首次编制《历史文化名城保护规划》。2001年，市规划局组织编制专门的《岳阳市历史文化名城保护规划》，于2003年通过审批。1999年，在"旅游兴市"战略下，岳阳市开始沿湖风光带的规划工作，其中牵涉到历史地段和建筑的保护和开发。

1. 1996年和2001年的《岳阳市历史文化名城保护规划》

1996年《岳阳市历史文化名城保护规划》将保护区划分为岳阳楼历史文化保护区、南湖自然风景保护区和芭蕉湖自然风景保护区三部分（图7-6）。岳阳楼历史文化保护区包括京广铁路以西28平方公里的区域，

[1] 邓建龙主编. 岳阳市南区志. 北京：中国文史出版社，1993.

图7-6 岳阳市历史文化保护区
(a) 中心城区历史文化保护区；(b) 岳阳楼历史文化保护区
(资料来源：《岳阳市城市总体规划(1996—2015)》)

是文物古迹和传统街道分布的地区，主要古迹包括岳阳楼、文庙、慈氏塔、吕仙亭等。保护规划以岳阳楼、慈氏塔、吕仙亭、文庙为中心，划定了不同等级保护区的范围。一级保护区包括以岳阳楼为中心向南北延伸，扩大到3.36公顷，九华山至鲁肃墓周围200米范围内；以慈氏塔为中心，以塔高三倍为半径的圆形地区；以吕仙亭为中心，周围50米的范围；文庙现有规模占地范围。二级保护区包括岳阳楼公园围墙外围300米，与九华山形成一个整体；文庙与庙前街连成一个整体；慈氏塔一级保护区外周围300米；吕仙亭一级保护外围100米。其他包括东到铁路西侧，北起九华山，南至吕仙亭，西至东洞庭湖岸线的广大区域属于三级保护区范围。保护规划还对各级保护区的相关保护措施做了规定[1]。

2001年《岳阳市历史文化名城保护规划》以1996年规划为基础，进行了更系统的保护规划。规划包括风貌规划、景观规划等内容，对保护地段建筑高度进行控制。并且，规划将洞庭南、北路划为历史街区加以保护（图7-7）。根据规划，洞庭南、北路街道将被保留，街道两侧建筑形式以明清时代地方传统店铺形式为主，即白墙、小青瓦、双坡屋面、马头墙。

---

[1] 岳阳市城市总体规划.

第七章 岳阳近代城市历史保护的策略探讨

图7-7 岳阳市历史街区保护规划
（资料来源：《岳阳市历史文化名城保护规划（2001）》）

1996年和2001年的《岳阳市历史文化名城保护规划》改变了岳阳市无历史文化保护专门规划的局面，从城市宏观层面促进历史文化保护工作。其中，2001年保护规划对滨湖一线的历史街区进行划定。但是，从保护对象来看，历史街区范围较广，近代历史地段保护并未能涉及。

2. 岳阳洞庭湖风光带

洞庭湖风光带临洞庭湖东岸，北起城陵矶，南至慈氏塔，全长11公里，总投资约13亿元，是集城市防洪、城市交通、生态环境、人文景观于一体的滨水休闲风光带，是洞庭湖风景名胜区的核心景区。洞庭风光带包括四个景区，即城陵矶港区、洞庭大桥区、岳阳楼区、慈氏塔区。

岳阳楼—慈氏塔段规划为历史岸段，南北总长度3600米，东西宽度50~200米不等，总面积80公顷。分为三个段落，即楼区、塔区和北段绿带区。其中塔区指南岳坡以南至吕仙亭，为市井民俗风貌区。楼区指巴陵西路至岳阳楼公园一带，为雅文化展示及演绎区。再往北至北门渡口用地狭窄，为林荫漫步带（图7-8）。

2006年3月，岳阳楼核心景区全面启动建设。该景区分为五大区域：岳阳楼公园景观区域，传统风貌街区一级平台景观区域，滨湖二级平台景观区域，城楼、城墙部分和楼前广场区。该工程以"三国"文化为主题，主要新增景点有南城门、城墙、岳州府衙、双公祠、五楼观奇、雕塑、碑廊、传统风貌街等（图7-9）。

图7-8 沿湖风光带（岳阳楼—慈氏塔段）规划
（资料来源：引自http://bbs.yueyang.cn/）

(a) (b)

(c)

图7-9 岳阳楼核心景区规划
(a)南城门效果；(b)北城门效果；(c)岳阳楼核心景区沿湖立面效果
（资料来源：引自http://bbs.yueyang.cn/）

（三）岳阳城市历史保护述评

从岳阳城市历史保护工作来看，岳阳地方政府是极其重视历史文化保护的。就岳阳楼核心景区建设项目而言，地方政府多次组织专题论证会，并且邀请规划、建筑界两院院士周干峙、齐康等多名专家学者评审景区规划。岳阳楼核心景区建设规划方案也多次反复修改。在公众参与方面，岳阳楼景区规划模型在岳阳市规划展览大厅展出，以征求公众意见。应该说，岳阳在城市历史保护方面，规划设计先行，专家论证，群众参与的方法，对于岳阳城市历史文化保护起到广泛宣传效果，使得历史保护概念得到广泛普及。但是，岳阳城市历史保护仍然存在一些问题。

1. 目前，岳阳城市历史保护仍然以文物建筑为主体，岳阳楼景区保护、岳阳文庙保护，主要围绕重点文物建筑进行，对于岳阳整体城市肌理的保护关注不够。

2. 对于岳阳历史文化的认识不充分，过分关注岳阳古代历史，忽略岳阳近代历史。岳阳是历史文化名城，其历史不仅仅包括三国时期的鲁肃建城，宋代滕子京重修岳阳楼，以及范仲淹的名篇《岳阳楼记》，近代也是岳阳历史上很重要的一部分。近代岳阳自开商埠，开始城市近代化历程。岳阳是近代湖南省第一个对外开放城市，建成一批独具风格的近代建筑。虽然经过"大跃进"、"文化大革命"以及城市发展的冲击，许多近代建筑被拆除，但仍然遗留一批近代建筑，以及几条颇具近代城市风貌的商业街。然而，与如火如荼的岳阳楼景区、岳阳文庙景区建设相比，近代历史建筑以及历史街区保护显得重视不够。对于岳阳近代建筑以及历史街区的保护，需要在充分了解岳阳近代历史的基础上，采取专门保护措施。

3. 存在着保护和开发建设之间的矛盾。2001年《岳阳市历史文化名城保护规划》的历史街区规划中，慈氏塔周围划为绿化公园。而在洞庭湖风光带慈氏塔段规划中，慈氏塔周边规划为居住小区。可见，目前岳阳历史保护还存在着保护和实际开发建设相脱离的问题。

第二节　岳阳近代城市历史保护的策略探讨

一、岳阳近代城市空间形态要素的梳理

从岳阳城市历史保护现状来看，对近代岳阳城市历史认识不足，使得在历史保护上存在"重古代、轻近代"的现象。因而，有必要以前面各章研究为基础，梳理出能代表岳阳近代城市空间转型历史的形态要素。

1. 城陵矶海关建筑——岳阳近代自开商埠的历史见证

岳阳是清末首批自开商埠城市之一，也是湖南省近代第一个对外开放城市。1899年，岳阳自开商埠，商埠设在城陵矶镇，由此开始近代岳阳城市转型和空间转型。其中，城陵矶岳州海关建筑群成为商埠区建设重点内容（见第四章）。在经历过抗日战争、解放战争以及新中国成立

后城市开发和建设之后,城陵矶发展成为长江中游重要港口,原本三组海关建筑群只剩下位于山坡上的"上洋关"(图7-10),周边历史环境已被破坏。

2. 铁路线以西的旧城区——岳阳近代城市由"封闭"走向"开放"的历史见证

自开商埠之后,岳阳旧城区空间逐渐由"封闭"走向开放,城市沿洞庭湖岸向南带状生长,受粤汉铁路(今京广铁路)牵引向东发展(见第四章)。直到20世纪70年代之前,岳阳城区都局限在铁路线以西范围内(图7-11),今天旧城区仍然是岳阳城区重点发展和建设区之一。

在岳阳旧城区中,最能代表近代历史的空间形态要素可以概括为"历史建筑、历史设施、历史街区"三个层次(图7-12)。

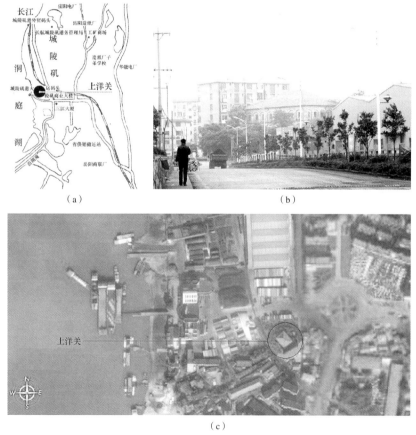

图7-10 城陵矶"上洋关"
(a)上洋关位置;(b)上洋关建筑现状;(c)"上洋关"已经被住宅、仓库、铁路线所包围
(资料来源:(a)改绘自岳阳地图;(b)自摄;(c)改绘自google earth航拍图)

第七章 岳阳近代城市历史保护的策略探讨

图7-11 铁路线以西的旧城区
(资料来源：改绘自google earth航拍图)

图7-12 岳阳旧城区近代历史空间形态要素
(资料来源：改绘自google earth航拍图)

（1）历史建筑：黄土坡天主教教堂、塔前街基督教教堂、先锋路岳阳火车站

黄土坡天主教教堂和塔前街基督教教堂是近代西方文化在城区内传播的见证。先锋路岳阳火车站是近代交通技术发展的产物。教堂和火车站的出现改变岳阳城区原有的垂直空间层次（见第五章），它们形成城区中新的标志性建筑。

235

(2)历史设施:岳阳楼码头、街河口码头

近代岳阳开埠通商的历史,还记录在码头的兴衰之中。岳阳楼西门外在宋代就是商人泊船的码头;街河口码头在清代成为岳阳货物中转码头。开埠通商之后,岳阳楼和街河口成为城北和城南主要人流和货流集散的码头(见第六章)。

(3)历史街区:滨水商业区

清末自开商埠之后,岳阳旧城区原城南关厢地区也日益繁荣,成为商业资本雄厚的店铺集中的地段。城市中心也由城北岳阳楼一带南移到城南南正街一带(见第五章)。直到今天,滨水商业区仍然是人口密集的商业地段。

3. 黄沙湾湖滨教会大学——岳阳近代西方文化殖民的历史见证

黄沙湾湖滨教会大学是岳阳历史上最早的大学,是近代西方思想传播基地,促进了近代岳阳社会转型(图7-13)。因为远离岳阳城区,目前建筑群保存较好。

总而言之,城陵矶海关建筑、铁路线以西的旧城区、黄沙湾湖滨教会大学见证了近代岳阳城市转型和空间转型的历史进程,在今天岳阳城市空间格局中仍然占据重要位置,它们的保护和发展需要纳入今天城市建设计划之中。

图7-13 黄沙湾湖滨教会大学位置
(资料来源:改绘自google earth航拍图)

二、岳阳近代城市历史的保护策略

城市历史保护是个复杂系统工程，牵涉到大量社会、经济、政治和技术问题，包括政府对于城市发展的设想，开发商对于地段经济价值的评估，维持居民的现代化日常生活等等。这里，我们首先对岳阳近代城市历史保护策略做一个总体探讨。

1. 提高近代城市历史的保护意识

岳阳是国家级历史文化名城，但由于是军事重地，在历次战争破坏下，古代历史遗存并不多，岳阳楼、文庙、慈氏塔、三眼桥也是仅存的了。此外，有近百年历史的建筑就是近代海关建筑、教会学校建筑群和滨水商业区等为数不多的近代建筑和街区。无论从中国近代建筑风格演变史、岳阳城市发展史，还是近代革命史角度，这些近代建筑和历史街区都是岳阳近代自主开放和早期现代化历史的重要见证，不仅具有学术研究价值、历史教育价值，即使从经济角度而言，也有潜在旅游开发价值。事实上，近代城市历史保护所需的资金投入要远远少于复原古代历史景点，而其潜在的旅游受益并不少于古代历史遗存。岳阳作为历史文化名城，在走向现代化的过程中，要认识到近代史在岳阳历史中的地位，加强对岳阳近代史的宣传，提高近代城市历史的保护意识。

2. 设立相应管理机构

根据笔者现场调研，目前岳阳近代建筑仍然归属所在地各个单位所有，其使用和保护都是分散进行（而所谓保护也不过是停留在暂不拆除的阶段而已）。因而，有必要设立相应管理机构，对近代建筑的保护、再利用实行统一管理。

3. 编制有关规定和规划

当前城市历史保护需要以法制化的形式固定下来，才可能达到实际保护效果。建议编制《岳阳近代建筑保护管理办法》，对近代建筑实行分级分区保护，对近代建筑的维修、保护和再利用，制定相应措施和办法。

同时，城市历史保护需要制定专业化的保护和再利用规划，将城市历史保护和城市开发建设结合起来，避免保护和开发建设之间的矛盾。建议编制不同层面的保护和再利用规划，将各层面的保护和再利用规划与"旅游立市"的宏观策略结合起来，以加强各层面规划之间的衔接性。

4. 保护近代城市空间结构

根据对岳阳近代城市空间形态要素的梳理，我们可以发现，能代表近代岳阳历史的不仅仅包括近代历史建筑，还包括历史设施和历史街区。因而，岳阳近代城市历史的保护从宏观上来看应包括近代城市空间结构。城陵矶海关建筑、铁路线以西的旧城区、黄沙湾湖滨教会大学都应该纳入近代城市历史保护范围。

5. 明确近代城市历史的保护原则

（1）保护和开发利用相结合

历史文化是不可再生资源，对于近代建筑和历史环境的破坏，其损失是无法弥补的。每拆除一栋近代建筑和一条历史街区，城市近代历史遗迹就被抹去一点。对于历史文化，首要工作是保护。但保护并不是静止的保护，而要和当前的开发利用相结合。岳阳近代教会建筑由于质量较好，虽然长年失修，但目前仍然具有一定使用功能。近代滨水商业区也还是城市商业网络中的一部分，居住着大量居民。所以，必须在保护其历史价值的同时，满足当前人们现代化生活的需要；而不是把历史凝固成博物馆，供人瞻仰。

（2）保留当地居民的居住权益

《马丘比丘宪章》指出："城市的个性与特征取决于城市的体形结构和社会特征。因此，不仅要保存和维护好城市的历史遗址和古迹，而且还要继承一般的文化传统"。岳阳近代城市历史保护不仅包括依然留存的建筑物、街道、构筑物，还要保护相应的历史文化信息。当地居民通常都是街区历史文化信息的保存者，保留他们居住在当地的权益，也是保护街区文化传统的一种方式。

（3）社会各界多方参与的保护机制

城市历史是人们共同的历史。城市历史保护不是某一个部门的事情，需要动员尽可能多的社会力量来共同进行，成为一项社会事业。历史保护需要长期的资金投入，政府、市民、企业等各社会人士和团体的共同参与能对城市历史进行更有效的保护。

（4）"渐进式"保护和开发方式

岳阳近代城市历史保护和开发要以"渐进式"的方式进行。目前，岳阳近代滨水商业区内近代建筑与现代建筑混杂，许多居民还在近代建筑中生活。大规模拆建的改造模式不符合岳阳当前实际情况。历史文化保护不能以"突变"的方式进行，小规模"渐进式"有机更新的方法更符合保护目的。

（5）确实加大近代历史建筑的保护力度

近代历史建筑的保护除需要获取地方政府的认同和支持外，还需要有一定保护力度。据城陵矶的老人反应，1992年拆除海关"中洋关"和"下洋关"时，地方政府也曾试图阻止，但最终还是失败。历史文化的保护需要有力度的保护措施。

6. 加强近代历史地段的保护

根据岳阳近代建筑现状及历史文化价值，建议划定具体的近代历史地段保护区，并明确相关保护措施。

第三节 岳阳近代历史地段的保护措施

一、岳阳近代历史地段的概念和类型

（一）岳阳近代历史地段的概念

岳阳是国家级历史文化名城，其保护对象牵涉的空间范围比较广，时间跨度比较大。而且目前，国内城市历史文化保护涉及历史文化名城、历史地段、近代历史地段等概念，有必要先对近代历史地段进行概念界定。

1. 历史文化名城和历史地段

我国历史文化名城保护始于改革开放之后。1982年，国务院公布首批24个国家级历史文化名城。1986年，公布第二批38个国家级历史文化名城。岳阳属于1994年经国务院批准的第三批37个国家级历史文化名城之一。

根据《中华人民共和国文物保护法》，历史文化名城是指"保存文物特别丰富，具有重大历史价值和革命意义的城市"。历史文化名城的审定标准包括：(1)不但要看城市的历史，还要着重看当前是否保存有较为丰富完好的文物古迹和具有重大的历史、科学、艺术价值。(2)历史文化名城和文物保护单位是有区别的。作为历史文化名城的现状格局和风貌应保留着历史特色，并具有一定的代表城市传统风貌的街区。(3)文物古迹主要分布在城市市区或郊区，保护和合理使用这些历史文化遗产对该城市的性质、布局、建设方针有重要影响。

历史文化名城的设定，表明我国对于历史文化遗产的尊重和重视。历史文化名城是通过法律形式赋予城市的荣誉称号，促使城市政府采取相应保护措施，唤醒市民保护意识。但值得注意的是，历史文化名城只是一个与城市行政范围相关的政策概念，强调是城市曾经的历史状况，以及城市历史遗存现在的分布状况。历史文化名城并没有具体明确的保护范围，并不等于说这个城市整个市域或整个城区都是保护范围。历史文化名城的保护对象、保护范围、保护措施还需要通过城市总体规划中的专项规划来进行。例如，岳阳于1994年批准为国家级历史文化名城，但直到1996年，城市总体规划中的历史文化名城保护规划才明确划定历史文化名城保护区范围。

由1964年至今，"历史地段"的概念在国内外逐步明确（表7-2）。

"历史地段"概念的发展　　　　　　　　　　　　表7-2

时间	概念来源	概念内容
1964年	《威尼斯宪章》	首次提出"历史地段"的概念，指出"必须把文物建筑所在的地段当作专门注意的对象，要保护它们的整体性，要保证用恰当的方式清理和展示它们"
1987年	《华盛顿宪章》	"历史地段"是指"城镇中具有历史意义的大小地区，包括城镇的古老中心区或其他保存着历史风貌的地区"
2005年	《历史文化名城保护规划规范》	"历史地段"是"保留遗存较为丰富，能够比较完整、真实地反映一定历史时期传统风貌或民族、地方特色，存有较多文物古迹、近现代史迹和历史建筑，并具有一定规模的地区"

资料来源：《威尼斯宪章》、《华盛顿宪章》、2005年《历史文化名城保护规划规范》。

我们可以看出，历史文化名城和历史地段是两个不同层面的保护概念。历史文化名城是我国赋予某一城市的称号，有法律依据，具有一定审定标准，需要通过一定审批程序；而历史地段强调的是地区自身历史意义，具有历史意义的地区都可以称为历史地段，不需要通过某个部门审批和认可。其次，历史文化名城保护范围是不确定的，需要通过历史文化名城专项保护规划来确定。而历史地段范围通常是具体明确的。最后，历史文化名城保护规划中确定的保护区范围，不仅包括具有历史意义的历史地段，还包括非历史地段。例如，岳阳历史文化名城保护规划中，将保护区划分为岳阳楼历史文化保护区、南湖自然风景保护区和芭蕉湖自然风景保护区三部分。其中，岳阳楼历史文化保护区符合历史地段的范畴。

2. 近代历史地段

目前所谓"传统历史街区"，大都具有近代城市空间形态特征，以近代建筑为主体，事实上更准确地说，属于"近代历史地段"。关于近代历史地段在历史保护概念中的定位问题，李百浩先生认为，近代历史地段是在近百年发展起来的，由于近代历史地段特殊的历史背景和自身鲜明的可识别特征，以及近代历史风貌特色文化支持主体的异域性特质，以及其存在的普遍性和保存的完整性，近代历史地段应该作为一种单独的历史比较类型而存在。历史地段应该分为三类：文物古迹地段，传统风貌地段和近代历史地段。并且，李百浩先生进一步确定近代历史地段的概念：随着近代殖民主义者的大规模入侵，直接由西方国家将其建筑文化强行输入，而在中国某些城市或地区形成的具有外国风格或中西混合式特征的地段。地段包括由近代建筑所构成的物质实体和包容物质实体的外部空间环境，近代历史地段有真实的历史遗存——近代建筑占有绝对的比重，而且有较完整的环境风貌和深厚的近代历史文化沉淀，能够相对全面地表达城市或地区近代化的历史信息[1]。

我们可以认为，近代历史地段属于历史地段范围，只是历史地段体现了近代这一特定历史期的形态特征。因此，目前国内外关于历史地段的保护理论及其保护原则，对于近代历史地段保护都是适用的。只是由

---

[1] 李百浩，张勇强."近代历史地段"解读//张复合主编.中国近代建筑研究与保护（二）.北京：清华大学出版社，2001：490-491.

于近代历史的特殊性，城市近代历史地段不仅具有传统城市空间要素，还具备近代城市空间格局，具有"多区拼贴"和"多元混合"的空间形态特征。而且，在经过现代城市发展和改造之后，近代历史地段往往已经与现代城市空间结构混合在一起，边界并不明确。因而，如何从现有城区中区分近代历史地段，并且确定有价值的近代建筑加以重点保护，成为首要问题。

李传义先生在《近代城市文化遗产保护的理论与实践问题》一文中，较为系统地阐述近代历史地段确定的标准。他将中国近代历史街区划分为重点历史街区和一般性历史街区。重点历史街区是指最能代表近代城市发展历史或城市起源的历史街区，在城市近代化过程中最具有历史和建筑艺术特征的标志性街区和建筑群。一般性历史地段和建筑群则需具备三条标准：（1）地段内要有一定数量的近代历史遗存的真实的物质载体，包括建筑物、构筑物、水电消防、市政设施、道路、院墙、桥梁古树等。（2）地段内要有鲜明的西方建筑历史风貌特征；在规划建设上，引入了近代西方城市规划手法和建筑材料、结构技术和城市基础设施建设。（3）地段内近代建筑历史遗存有一定的规模[1]。

以李先生的标准为基础，我们可以对于城市近代历史地段的性质进行进一步确定：

（1）地段能代表城市近代发展历史，在城市近代化过程中起到重要作用。例如，许多近代通商口岸城市商埠区在城市近代化过程中起到重要带动作用；还有一些近代城市的滨水商业区，曾经发展成为近代城市中心区。

（2）地段具备近代城市风貌特征。近代城市风貌的基本特征是"混合"。西式建筑只是近代建筑的一部分，一些近代修建的早期现代建筑，如工厂、仓库，也具有特殊历史价值，值得保护。此外，近代修建的，具备明清地方建筑风格的建筑也不在少数。正是这些西式建筑、早期现代建筑以及传统地方建筑的混杂，构成了近代城市的"多元"特征。

（3）地段具有一定数量的近代历史遗存。这里的历史遗存，可以分

---

[1] 李传义. 近代城市文化遗产保护的理论与实践问题. 华中建筑，2003（05）.

为两类。一类是指具体的近代物质环境，由建筑物、构筑物、水电消防、市政设施、道路、院墙、桥梁古树等构成；另一类是非物质环境，例如一些仍然保留在近代建筑中的传统手工业。

此外，近代重点历史街区和一般性历史街区的根本区别可以由历史地段内近代建筑的数量和质量，以及历史地段在近代城市发展史中的历史地位来确定。

（二）岳阳近代历史地段的类型

《历史文化名城保护规划规范》中规定，保护历史地段是为了在整体上保持和延续名城特色与风貌，因此历史文化街区面积不宜过小。一个历史文化街区用地面积一般不小于1公顷[1]。由于城陵矶海关建筑大部分已经拆除，只剩下"上洋关"孤零零的一栋，周围的历史环境也已经被货场、住宅、铁路所破坏，因而不属于历史地段范围。城陵矶海关建筑的保护，可以以单个文物建筑保护来进行。

根据近代历史地段的概念，在岳阳近代城市空间形态要素中，能构成近代历史地段的包括旧城区滨水商业区和黄沙湾湖滨教会大学。由此，岳阳近代历史地段可以分为两种类型：近代教会学校区和近代滨水商业区。近代教会学校区包括黄沙湾近代教会大学建筑群以及周边的自然历史环境；近代滨水商业区包括韩家湾、塔前街、天岳山、鱼巷子、街河口等几条近代商业街。

二、近代教会学校区的保护措施

（一）近代教会学校区的历史价值

清末，岳阳自开商埠之后，各国教会势力逐渐深入岳阳，展开传教活动，陆续修建了教会学校、教会医院，以及教堂。但是至今仍然保留下来的，只有位于岳阳城郊黄沙湾的基督教湖滨大学建筑群（图7-14）。1902年，美国牧师海维礼奉美国基督教复初会批准，在岳阳城南十五华里的黄沙湾廉价购得荒山田地，筹建创办教会小学。此后，陆续扩建为湖滨中学、湖滨大学。1927年，湖滨大学停办。

---

[1] 历史文化名城保护规划规范. 北京：中国建筑工业出版社，2005.

图7-14 岳阳近代湖滨大学教会建筑群
(a) 教学楼；(b) 教堂；(c) 图书馆；(d) 办公楼；(e) 校长楼；(f) 教师住宅
(资料来源：自摄)

湖滨大学经过教会多年经营，形成以"湖光山色"的自然景观，"中西合璧"的学校建筑为特征的校园环境。湖滨大学占地200亩，另附农场用地3000亩。大学主体建筑群布置在湖滨丘陵山地上。山顶上地势较为平坦，布置主体建筑群，由南向北依次排列。南边为规模宏大的两层教学楼，面向西边的洞庭湖，视野开阔。中间为哥特式基督教堂，成为建筑群中心，也是学校活动中心。北边两栋体量较小的两层小楼，分别为图书馆和办公楼。北面西坡半山腰上，布置有两层的校长楼。校长楼掩蔽在半山树丛中，既幽静，又可以俯瞰洞庭湖。主体建筑群以南，山体东面山坡上建有七栋一层的教师住宅。小住宅面向东面小湖泊，形成独立住宅区。

湖滨大学校园规划有别于中国传统书院"院落式"布局，把西方"以教堂为中心"的整体布局结构和滨湖丘陵地形地貌结合起来，形成既符合西方教会学校传统，又顺应当地地形地貌的校园整体空间格局。此外，湖滨大学建筑群还体现了"中西融合"的建筑特征。建筑屋顶为湖南地方建筑风格，如教师住宅的歇山顶，办公楼屋角的起翘。建筑墙身为西式风格，如连续拱券的外廊，简化涡卷的柱头等。

以历史眼光来看，湖滨大学展示了近代岳阳受到西方文化殖民的历史，具有革命教育意义。同时，湖滨大学是近代西方建筑以"开埠"之机，传入中国内地滨水城市，顺应当地自然地理环境，与地方传统建筑结合的产物，对于中国近代建筑风格演变史研究有学术价值。

（二）近代教会学校区的保护现状

历经百年历史变迁，湖滨大学建筑群主体建筑群幸存下来。其得以保存的原因主要在于湖滨大学位于与市区有一定距离的黄沙湾，避免由于城市发展和建设带来的破坏。而且，湖滨大学建筑质量较好，可以长期使用。虽然湖滨大学建筑群大体完好，但从笔者现场调查来看，其保护状况还是值得担忧。

首先是近代教会建筑群的归属问题。湖滨大学现保存12栋近代建筑，它们分别属于两个单位。位于滨湖丘陵山顶和北面山坡的5栋学校主体建筑属于岳阳市职业技术学校；南面东坡的7栋教师住宅属于岳阳市聋哑学校。而即使这7栋小住宅，其中1栋也已经卖给私人。本来同属于一个整体的校园建筑群在归属上就被分成三部分。这显然不利于近代教会学校的整体保护。

其次，还存在对近代教会建筑的建设性破坏现象。原有南面山坡上的7栋教师住宅，其中卖给私人的一栋，建筑外廊已经用砖墙封闭，以符合中国人生活的使用习惯。另外6栋则经过重新装修，除中式屋顶和西式墙身显示出这批建筑的近代历史特征之外，新粉饰的涂料和配上的铁艺窗户却具有当前新开发别墅的风格。山顶上的学校主体建筑虽然没有遭遇被出售和重新粉饰的命运，但其建筑立面和内部空间格局在长期使用过程中，也遭到了不当改造。目前，山顶学校主体建筑中，大部分还有人居住。教堂也被当作食堂来使用。

最后，建筑的自然老化过程也威胁这批近代建筑。教会建筑群的楼龄普遍超过了70年，建筑主体结构需要重新加固。

就现状而言，这批仅存的近代教会学校建筑即使不被拆除，其保护和再利用目前也并没有统一进行，还需要通过划定近代历史街区来进行整体保护。

（三）近代教会学校区的保护措施

1. 保护目标

岳阳近代教会大学建筑群分散在岳阳城郊黄沙湾岳阳市职业技术学校和岳阳市聋哑学校内。对于岳阳近代教会大学建筑群保护而言，首先是建筑的归属问题。近代教会大学的历史价值不仅仅在于建筑单体，还在于其建筑群体之间的空间布局，以及建筑与周边自然环境之间的关系。因此，把近代教会大学建筑群的管理和使用权统一在一个单位内，有利于进行整体保护。目前，教会大学建筑群周边自然环境保存较好，仍然具备"湖光山色"的景观特征。对其的保护和开发可以以历史教育和旅游为目标。建筑群经过修缮之后，可以改为岳阳近代历史教育基地，并作为岳阳一个近代历史旅游景点对外开放，与岳阳城区以岳阳楼为主要景观的旅游路线连成一体，丰富岳阳城区的旅游层次。

2. 保护范围

历史地段保护范围的确定要根据地段内近代建筑分布情况来确定。既要避免低估历史建筑价值，保护不够的情况；也要根据近代建筑实际保存情况来确定合理的保护范围。近代教会学校目前仍然保留的近代建筑共有12栋，主体建筑群5栋分布在滨湖丘陵山顶上，另有一组7栋教师住宅分布在山的东南坡上。其保护范围不能仅仅局限于教会建筑所占用地，而应该包括周边的山体和坡地（图7-15）。

3. 保护内容

（1）教会学校建筑物的修缮

目前，教会教堂破损最为严重。建筑顶部在战争期间被炸毁，残留的建筑底层墙面的装饰都已经模糊不清。由于改为学校食堂使用，建筑

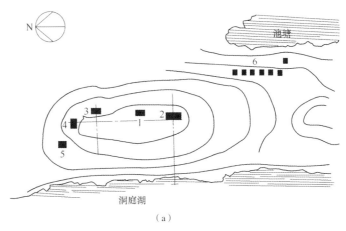

图7-15 近代黄沙湾湖滨大学建筑群
(a) 黄沙湾湖滨大学建筑群分布示意;(b) 黄沙湾湖滨大学建筑群保护范围示意
1—教堂;2—教学楼;3—图书馆;4—办公楼;5—校长楼;6—教师住宅
(资料来源:(a) 自绘;(b) 改绘自google earth航拍图)

外墙面还增设了洗碗池。教会二层主要教学楼也残破不堪,首层还居住着居民。其他建筑也存在改造不当情况,原有建筑立面窗户被堵塞,增建了室外楼梯等。所以,需要将目前居住在建筑物内的居民迁出,重新恢复原来的建筑立面和内部空间格局,体现"外廊式"的近代建筑风貌。

(2)建筑群体空间格局的恢复

湖滨大学建筑群的总体空间布局有明确功能分区。主要教学楼和教堂位于山顶，是主要活动区；图书馆和办公楼偏于山顶一侧，是安静区域；校长楼和教师住宅分别占据山体的西坡和东南坡，均面向水面，形成环境优雅的居住区。但从目前情况来看，这些建筑之间的空间被球场、其他建筑所分割，群体空间格局变得破碎。需要通过重新整理建筑群之间的道路联系，恢复"以教堂为中心"的整体空间格局。

（3）滨湖丘陵地形地貌的维护

近代教会学校区的保护价值不仅在于建筑物自身的历史和建筑价值，还在于"湖光山色"的自然环境特征。因而，对近代教会学校区的保护而言，建筑物所在的丘陵地形地貌，周边生长的树木，也应该属于保护内容。

三、近代滨水商业区的保护措施

（一）近代滨水商业区的历史价值

城南滨水商业区的发展记录了近代岳阳城市空间形态由传统的"城＋市"空间格局转变为以带状"滨水商业街区"为城市中心的历史过程。由于近代岳阳是军事重地，频繁受到战争破坏，城南滨水商业区往往成为破坏最严重的地区。南北军阀混战期间，南正街、竹荫街等繁华地段几次受到人为纵火和抢劫破坏，损失惨重。抗日战争期间，南正街、竹荫街一带又成了颓垣断壁，天岳山，塔前街的些许房屋，也都残破不堪。现在留存下来的近代滨水商业街虽然保留清末自开商埠之后形成的空间格局，但其建筑大都是抗日战争之后重建形成的。

滨水商业区街道两侧的建筑以木构二层商住建筑为主体，主要具备湘北地区民居建筑风格，局部受到西式建筑风格影响。滨水商业区不仅集中各种商业店铺，也是教会建筑集中区域，包括塔前街的基督教堂、普济医院、教会小学和中学，以及油榨岭的基督教会小学。可以说，城南滨水商业区展示了岳阳近代城市风貌特征。但遗憾的是，笔者在现场调研时发现，滨水商业区的近代教会建筑都已经陆续拆除。虽然原基督教堂所在地仍然是教会所有，但却耸立着一座红墙绿玻璃的现代教堂建筑。

岳阳近代滨水商业区记录了岳阳近代城市的经济、社会、文化生活,见证了近代城市转型的历史过程,是不可再生的历史文化资源。保存这些历史街区,就等于保存近代岳阳的历史。

(二)近代滨水商业区的保护现状

20世纪70年代以前,城南滨水商业区还一直是岳阳城市中心。但是70年代之后,随着铁路以东新区建设的展开,城市中心逐渐东移。80年代,巴陵大桥兴建使得旧城区与新区连成一片。东茅岭、巴陵西路一带发展成为新商业区。此后,城南滨水商业区逐渐衰落下来。目前,城南滨水地区仍然是小商贸市场集中的场所,但已经失去了以前的繁华。

新中国成立后,在城市发展过程中,滨水商业区的许多主要街道由于扩路,陆续拆除原来街道两边的建筑。虽然现在街道走向还大体保持着近代城市空间格局,但是街道景观已经被现代建筑所主导,失去近代街道面貌。如近代主要商业街南正街、竹荫街已经改造成为城市主要交通要道,街道两边是新建的5~6层多层建筑。滨水商业区整体商贸的衰落,使得街道功能也发生变化。梅溪桥现为副食品批发市场;鱼巷子转变为肉菜市场;其他街巷都是以居住为主,只是沿街的首层有些日杂店铺。

据笔者调查,仍然保留一些近代建筑的街道已经剩下不多的几条,包括街河口、油榨岭、羊叉街、塔前街、先锋路、韩家湾、吕仙亭(图7-16)。这些街巷一方面因为不是城市主要交通道路,从而避免被全面改造的命运,但也因此成为城市建设中不被关注的角落。街巷普遍存在着基础设施落后,视觉景观混乱,建筑年久失修,缺少绿化的现象。例如,还保留着大量近代建筑的塔前街,沿街建筑立面遮挡严重。四处乱飞的电线、店铺招牌以及晾晒的衣服使得建筑立面成为街道背景。近代建筑本身缺乏维护,墙身脱落严重。有一些建筑立面则以现代方式被改造,失去原来面貌。地段内的慈氏塔虽然是省级文物建筑,也被临时搭建的民居所围绕,成为晾晒衣服的对象。仅存的几条近代商业街呈现出由于商业衰落,而建筑破败的萧条景象。

在1996年编制的《岳阳市历史文化名城保护规划》中,滨水商业区属于岳阳楼历史文化保护区保护范围内。其中,以慈氏塔为中心,塔高三倍为半径的圆形地区;以吕仙亭为中心,周围50米的范围划为一级保

图7-16 岳阳近代滨水商业街
(a)街河口街景;(b)油榨岭街景;(c)羊叉街街景;(d)塔前街街景;
(e)塔前街建筑;(f)先锋路街景;(g)韩家湾入口;(h)吕仙亭街景
(资料来源:自摄)

护区。显然，其保护的出发点是以保护文物建筑为主，对于具有历史意义的近代商业街并未涉及。从目前街道保护现状来看，还需要根据地段具体情况，采取相应保护措施。

（三）近代滨水商业区的保护措施

1. 保护目标

滨水商业区是近代有所发展的古商业区。明清时期，城南滨水地区就是市场集中所在地。近代岳阳自开商埠之后，城南滨水地区逐渐发展成为繁华商业中心，并成为城市中心。新中国成立后，虽然随着城市东移北拓，商业中心转移到新区，这里仍然是城市商业网络的组成部分，居住着大量居民。岳阳近代滨水商业区可以定位为近代商业文化旅游区，与城北以古代城市景观为主题的岳阳楼景区连成一体，展示不同历史时期岳阳城市空间形态特征。

2. 保护范围

近代滨水商业区目前仍然保留有近代建筑的街道主要是街河口、油榨岭、羊叉街、塔前街、先锋路、韩家湾、吕仙亭。从城市总体空间布局来看，这些街道都位于南正街以南地区，彼此相连，大致属于一个区域内。近代滨水商业区保护范围可以包括这些街道，以及沿街建筑物所占用地（图7-17）。

图7-17 近代滨水商业街分布和保护范围
（a）近代滨水商业街的分布；（b）近代滨水商业街的保护范围
(资料来源：(a) 改绘自岳阳地图，(b) google earth 航拍图)

3. 保护内容

（1）道路空间格局的保护

对于近代历史地段来说，原有街道空间格局形成的近代城市肌理是保护的首要内容。岳阳近代滨水商业区道路走向弯曲曲折，是顺应滨水地形地貌自然形成的产物。南北向主要街道与湖岸线平行，是交通和商业要道；由主要街道衍生的次要街巷大都以东西向为主，向西延伸至洞庭湖边。因而，需要保护街道原有走向和空间尺度，以体现近代城市空间格局特征。

（2）沿街建筑物的清理和修缮

近代城市风貌特征主要通过街道两旁的建筑物来体现。目前，岳阳近代滨水商业区沿街建筑破损情况比较严重。有些建筑只剩下一层外皮；建筑与建筑之间的马头墙也被遮挡；原有建筑立面被重新粉刷改造的情况也不少。虽然建筑主体构架尚存，但原来建筑风貌不明显。而且这些近代建筑往往与新搭建的临时房屋混杂在一起。要体现近代滨水商业区历史风貌，需要对这些建筑物进行详细的分类和清理工作，并以历史照片和资料为基础，恢复建筑本来历史面貌。

（3）居住环境的改善

历史街道往往建筑密度高，市政基础设施比较差，缺乏绿化。岳阳近代滨水商业区的状况也大致如此。不仅沿街建筑屋宇相连，前后建筑之间也缺乏足够间距。由于地势低平，为了避免水淹，建筑首层平面有的高于街道平面，在街道与建筑之间设置局促的步级。历史街道的保护，要遵循"以人为本"的原则，可以在一些空地，适当进行绿化，增加消防设施，以改善当地居民居住环境。

（4）历史街道名称的保留

历史街道名称往往体现了街道形成时期的时代特征，反映街道历史上的功能。例如清乾隆年间形成的鱼巷子，其最初形成是由于集中贩卖洞庭湖水产的商贩而来。滨水商业区有些街巷有几百年的历史，其街道名称已经深入民心。如南正街虽然改为洞庭南路，但是某些沿街店铺还是采用历史上的地名。历史街道名称的保留，也是近代历史地段保护内容的一部分。

（5）沿街传统店铺的保留

城市历史文化的保存除物质空间形态保护外，还需要保存内在的文化传统。笔者调研发现，近代滨水商业区内仍然有一些传统行业，如酿酒业。这些酿酒店铺虽然规模不大，数量也不多，但展示了物质形态之外的人文景观。在近代滨水商业区的保护和开发中，类似的传统店铺也应该得以保留。

结　语

本书的基本研究内容是探讨近代岳阳在自开商埠刺激下，引发城市转型，并进而最终导致城市空间形态由中国传统农业社会型向近代工业社会型转变的历史过程。此外，以前面各章节的研究成果结合现场调研，对于岳阳近代城市历史保护策略提出政策建议。

本书主要研究内容的基本结论如下：

一、理论探讨：城市转型和空间转型的关系

从建筑规划学科的角度来研究近代城市史，与其他学科不同的是，研究切入点往往是物质空间形态。值得注意的是，虽然最终落脚点是空间形态的转变，但是为更深入理解和解释空间形态的转变现象，我们需要从深层作用机制——城市社会机制转变出发。因而，城市转型和空间转型的概念以及内在关系构成本课题研究的理论基础。

近代城市转型就是中国近代城市化、城市近代化的历史过程。近代城市转型研究是在"城市类型"概念基础上，研究中国传统城市体系向近代新型城市体系转变的过程。近代城市转型的形式、动力、结局，以及城市各方面转型是近代单个城市转型研究的主要内容。

近代城市空间转型是指城市空间形态的近代化，即城市空间形态由古代农业社会型向近代工业社会型转变。近代城市空间转型的一般特征是"多区拼贴"和"多元混合"。近代城市用地形态表现出"多区拼贴"特征，其实质是近代城市功能转变和进一步分化，导致城市用地空间的重组；近代城市建筑形态表现为"多元混合"特征，其实质是近代中西文化、传统和现代文化等多元文化交融在建筑形态上的表现。根据城市空间转型的驱动力和近代化的程度不同，可以将近代城市空间转型分为全面近代化型、局部近代化型、滞后近代化型三种类型；根据城市主导交通方式的不同，近代城市空间转型可以分为水运主导型、铁路主导

型、公路主导型、多种交通混合型四种类型；根据近代城市空间转型前的传统形态可分为村落集镇型、府州县城型、都城型三种类型。

1. 城市转型是空间转型的内在作用机制。广义概念的城市形态研究是建立在社会关系的构成范畴和社会过程的空间属性的基础上，强调城市形态的社会属性。城市空间形态的社会属性，说明城市空间转型本质上是城市空间形态对城市社会形态转变的适应过程。城市转型构成了空间转型的内在作用机制，空间转型是城市转型在物质空间形态层面表现出来的最终结果。

2. 城市转型主导空间转型。城市转型是空间转型的先导，城市职能、政治、经济、社会、文化各层面转变的综合作用，才导致城市空间形态的转变。城市转型和空间转型并非完全同步，有一定的前后关联性。并且，城市转型的范围和程度影响空间转型的范围和程度。

3. 空间转型影响城市转型。作为城市转型的有机组成部分，城市空间转型对城市政治、经济、社会、文化等其他层面的转变有一定的反作用，从而影响整体城市转型。

总而言之，城市转型和空间转型之间存在的相互作用关系，本质上反应的是社会机制与城市形态之间的互动关系。

二、实证研究：近代岳阳城市转型和空间转型

1. 转型前：历史背景和形态基础

目前关于岳阳城市空间形态的研究很缺乏，笔者整理了大量宋明清岳阳地方志资料，对近代岳阳城市转型前的城市发展和空间形态演变进行探讨。

洞庭湖和长江是影响岳阳长期历史发展的主要地理因素。因为江湖水系的沟通，岳阳与城陵矶、长江以北地区有着长期的历史联系。古代岳阳自三国时期鲁肃建巴丘城始，历经了巴陵县城、巴陵郡城、岳州府城的发展历程，由最初的军事据点，逐渐发展成为地区政治军事经济中心城市，在明清时期到达封建社会的完善时期。

明代之前，岳阳城池就具有"扁担州"的形态特征，受到风水思想的影响，并且呈现出以"湖、楼、塔、山"为特征的山水城市风貌。明

清时期，一方面因为洞庭湖面扩张而导致西城墙不断后退和城池规模的缩小，另一方面因为人口增长和商品经济发展，城市需要更多的空间。在多种因素作用下，城市"溢出"城墙向城南滨水地区呈带状生长，最终形成"城＋市"的空间形态。

2. 转型中：城市转型和空间转型的历史过程

（1）近代岳阳城市转型

城市转型是近代城市史研究领域的一个主要内容。在本书中，此部分内容既构成了研究主体的一部分，也是导致近代岳阳城市空间转型的内在机制。由于城市转型的相关内容很广泛，因而论文选取与城市空间密切相关的城市功能、城市社会结构、城市市政建设三个方面来探讨近代岳阳城市转型的过程。

岳阳是近代有"城堡"之称的湖南省第一个自开通商口岸城市。近代岳阳城市转型的历史脉络可以归纳为：自开商埠，因商而兴，从而引发城市由传统农业社会城市向现代工业社会城市转型的历史进程。

自开商埠以后，近代岳阳城市功能逐渐由传统的政治军事为主转向近代经济功能为主，城市经济主导功能得以强化，同时，岳阳还是长江中游港口城市、铁路交通城市，以及湘北地区文化中心，城市多功能得以进一步发展。

城市社会结构方面，虽然由于自开商埠，商品经济的发展促使近代岳阳城市人口增加，但是近代工业的缺乏，使得岳阳未能走上因工业化而城市化的道路，城市化程度较低。从城市人口构成来看，工商业人口增加表明城市社会结构开始向现代转型，而男女受教育程度的显著差异，以及从事商业人口中以地域和血缘为纽带集聚的现象，显示出岳阳城市社会结构的传统性。

城市市政建设方面，近代岳阳虽然在自开商埠之后，城市市政建设现代化有一定程度发展，市政设施由政府出于军事目的，商绅出于盈利目的而共同推动，但与长江沿岸其他城市相比较而言，其现代化步伐呈现出缓慢特征。建设资金的缺乏、近代不稳定的政治局势、频繁的战争破坏，以及较低的城市化水平是导致近代岳阳市政建设现代化缓慢的主要原因。

（2）近代岳阳空间转型

近代岳阳城市空间转型的演化轨迹，可以归纳为四个阶段。

清末自开商埠促使岳阳进入城市空间转型的初始期。期间，城陵矶商埠在清政府的主持下，以中西结合方式进行商埠建设。其建设和管理经验都为后来中国其他自开商埠提供借鉴。自开商埠后，西方教会势力逐步深入岳阳城区，并在旧城区购地建房，建造一批中西合璧的教会建筑，改变原有城市空间肌理，使得岳阳城市面貌呈现出一定殖民性。

1917年粤汉铁路的通车，重新划定岳阳城市空间形态的边界，使岳阳进入城市空间转型的演变期。粤汉铁路引导城市向东发展，改变城市沿湖单一因素扩张的形式。而自开商埠和粤汉铁路的双重影响，使得岳阳滨水商业区日益繁华起来。

1923年，岳阳效仿长沙，拆除城墙，此后城市空间从封闭走向开放，形成近代城市空间的结构性转变，城市空间转型进入形成期。日本侵占期间，日军根据军事防御目的，对岳阳城市空间秩序进行重新划分，打破这一时期城市空间形态原有发展脉络。

1945年抗日战争胜利后，岳阳进入城市空间转型的延续期。虽然这一时期，岳阳城市空间形态没有发生结构性变化，但是岳阳国民政府制订的《城区营建计划》展示出对于岳阳现代城市空间未来发展的构想，表明政府城市空间意识由传统向现代转型。

3. 转型后：城市转型和空间转型的综合特征

（1）近代岳阳城市转型的特征

近代岳阳城市转型表现出以下特征：

自开商埠，因商而兴：近代岳阳城市转型始于自开商埠，并进而因商而兴，促使岳阳城市功能、城市社会结构、城市市政建设的现代化。

城市转型动力以"内力"为主：虽然清末岳阳辟为自开通商口岸始于英国帝国主义的要求，但是其最终得以开放的主要原因还是在于清政府基于自身需要，自上而下的改革运动，以及湖南省革新之风的兴起。

先开放，后建设：由于清末湖南省封闭保守的社会环境，对于洋务强烈的抵抗意识，其对外开放比东南沿海城市晚三十多年。岳阳作为近代湖南省对外开放的第一个通商口岸，其城市建设现代化主要是由于设置商埠而带动。因此，可以说，近代岳阳是先开放为通商口岸，进而带动城市建设现代化。

城市现代化发展的缓慢和曲折：岳阳城市现代化是一个缓慢和曲折发展的过程。虽然岳阳由于自开商埠而获得难得的历史发展机遇，并且启动现代化进程。但它并没有像某些长江沿岸城市，由商业化而工业化，由工业化而城市化。直到新中国成立前，岳阳工业仍然以手工业为主。即使作为一个商业城市，其商贸发展也是几经波折。

总体而言，近代岳阳处于由传统社会向现代社会转型的过渡阶段，兼有传统社会和现代社会的特征。

（2）近代岳阳空间转型的特征

城市社会转型的过渡性，使得近代岳阳虽然初步具备工业社会城市的空间结构要素，但同时又在多个层面显现出传统城市空间特征，体现了处于历史过渡阶段城市空间发展演变的复杂性。

清末商埠的设置，使得城陵矶镇在政治管理体制和经济性质上有别于岳阳境内其他普通商业市镇，与岳州府城的政治经济军事联系更为紧密，并由此形成近代岳阳"一城一镇"的区域空间结构。近代岳阳城市用地规模在商业发展促动下，有所扩张。城市在现代水运和铁路的带动下，向南向东发展。近代岳阳从中国传统城市的"城+市"的用地结构，转变为初步具备近代城市各功能区的用地结构形态，包括城北旧城区、城南滨湖商业文化区、城东车站交通新区、城东梅溪桥新商业区。民国时期城墙的拆除，使得岳阳城市空间在垂直方向上趋向于简化，由四个层次简化为三个层次；商业的发展，人口在特定地段的集聚，使得城市空间水平均质度降低。近代岳阳城市空间以"跳跃式"和"带状生长"两种方式向外扩展。随着城市空间扩展，城市中心由北向南移动，在城南滨水商业区形成新城市中心。与近代中国城市空间结构的一般模式相比较，岳阳"多区拼贴"的空间特征并不明显，更具有地方性和传统性。抗日战争以前，作为传统商人团体组织的会馆和行会依然在岳阳城市经济、社会、文化生活中发挥中重要作用，同时会馆建筑及其前面的广场还是城市公共空间核心。近代岳阳宗教力量发生了转变，天主教、基督教等西方教派在兴旺发展的同时，中国传统宗教佛教和道教却由于信徒的日渐减少，而日渐衰落下来。教堂在岳阳市民的日常生活，以及特殊的战争时期都发挥作用。教堂成为岳阳城市新的公共活动空间，而寺庙道观却被改作他途，反映了近代社会意识形态的变更。近代岳阳社会各阶层住宅的空间分布，体现出阶层分化特征。受到当时社会经济文化条件的限制，近代岳阳居住建筑还是以传统建筑布局和风格为主，并没有发展出如上海里弄、汉口里分那样的融合中国传统建筑形式的新城市住宅。

虽然同样是自开商埠城市，但是宏观区位、商埠距离、政治军事、交通技术因素的差异，导致近代岳阳、济南、南宁城市空间转型有较大差异。近代济南城市空间转型属于全面近代化型、铁路主导型，城市空间"多区拼贴"和"多元混合"的近代化特征明显。岳阳和南宁城市空间转型属于局部近代化型、水运主导型，城市空间形态近代化特征较弱。

4. 空间转型的影响因素分析

近代岳阳城市空间转型是在近代岳阳城市转型的历史过程中，由建设环境、政治军事、经济技术、社会文化因素共同作用的结果。

（1）建设环境因素：凭借突出的地理交通优势，岳阳获得清末自开商埠的历史契机，进而走上"因商而兴"的城市近代化道路。城市地形地貌深入影响着城市建设方方面面，例如商埠选址、街道和建筑建设等。已有的人为环境也限制城市发展，近代自开商埠之后，岳阳城市在已有基础上向南继续带状生长，在很大程度上延续明清时期形成的城市空间肌理。

（2）政治军事因素：当权者的政治思想意识，通过具体的政令、措施、规划影响城市发展和城市建设，最终塑造出不同的城市空间形态特征。而岳阳的军事地位使得它在近代饱受战争的摧残，战争对岳阳近代城市发展产生重要影响。

（3）经济技术因素：自开商埠提高了岳阳在湖南省和长江中游的经济地位。除经济区位的变化外，近代岳阳城市工商业发展还受到社会经济环境的影响。经济结构方面，岳阳传统自然经济被迫解体，商品经济得以发展，服务娱乐业的兴起；但与商业相比，岳阳工业发展相当缓慢。随着岳阳城市职能中经济功能的增强，城市土地价格逐渐体现市场需求,近代岳阳土地使用体现了地价这一经济因素的作用。现代交通技术革新通过带动城市经济发展,也促进了城市空间形态变化。

(4)社会文化因素:由于近代岳阳战争频繁,政局不稳,政府职能趋于弱化,突显了经济组织——商会的作用。商人在积极参与城市空间建设和管理的过程中,逐渐成为社会中坚力量。外来文化对于岳阳城市空间面貌的影响主要体现在一些建筑立面上,近代岳阳城市空间形态的"拼贴"特征不明显,更趋向于在以传统建筑风貌为基调的基础上,进行局部"混合"。

近代岳阳城市空间转型以"影响因素——重大历史事件(影响因素)——城市空间形态"的动力作用机制进行:近代岳阳城市转型的历史过程中,各影响因素共同作用,引发一系列重大历史事件。重大历史事件通过直接和间接两个层面,引发城市空间转型。在这一历史过程中,各影响因素的作用在时间上、作用力上是不等效的。

三、政策建议:岳阳近代城市历史的保护策略

新中国成立以来,在政治经济和地理环境双重因素作用下,岳阳突破近代城市空间格局,由近代"一城一镇"带状结构发展成为现代"带状组团"结构。在岳阳现代城市空间转型过程中,城市历史保护也经历了一个逐步完善的过程。但是,从城市历史保护现状来看,存在着"重古代、轻近代"等问题。

以前面各章研究为基础,结合现场调研结果,通过对岳阳近代城市空间形态要素的梳理,提炼出能代表岳阳近代城市空间转型历史的形态要素,包括城陵矶海关建筑、铁路线以西的旧城区、黄沙湾湖滨教会大学;并提出提高近代城市历史的保护意识、设立管理机构、编制规定和规划、保护近代城市空间结构等政策建议。

在岳阳近代历史地段的概念界定和类型划分的基础上,以近代教会学校区和近代滨水商业区为例,对岳阳近代历史地段保护措施进行初步探讨。提出将近代教会学校区发展成为岳阳近代历史教育基地,将近代滨水商业区发展为近代商业文化旅游区,并初步确定两个地段的保护范围和保护内容。

附 录

附录1：近代岳阳城市建设编年表（1895~1949年）

时间	类别	名称或事项	地点	备注
光绪二十三年（1897）	通信	岳州电报分局	岳阳县城	长沙至武昌有线电报线路，岳州有线电报之始
光绪二十三年（1897）	宗教	天主教教堂	岳阳县城	天主教传教士安熙光进入岳州传教，在城内购房建教堂
光绪二十四年（1898）	交通	岳州首次通行轮船	城陵矶	湘鄂绅士举办"湘鄂善后轮船局"之轮船在城陵矶上下货，为岳州通行轮船之始
光绪二十四年（1898）	通信	城陵矶电报分局	城陵矶	
光绪二十四年（1898）	教育	南学会岳阳分会	岳阳县城	南学会兼容自然科学和社会科学
光绪二十四年（1898）	商业	戴同兴南货号	岳阳天岳山	以经营酱业为主，建有一片面积为500平方米、前店后坊式的大型酱园。内设一整套酱腌业和食品糕点业制作工艺作坊。民国3年至7年（1914—1918年）鼎盛时期，店员多达七十余人
光绪二十五年（1899）	商业	岳州海关	城陵矶	岳州海关正式开关，先后在城陵矶、岳城西门、观音洲3处设分卡征税
光绪二十五年（1899）	通信	岳州邮政总局	城陵矶	岳州邮政总局领导长沙、湘潭、常德3个邮局
光绪二十五年（1899）	商业	岳州开埠	城陵矶	
光绪二十五年（1899）	通信	城陵矶邮政分局	城陵矶	
光绪二十五年（1899）	通信	岳州城邮政支局	岳阳县城	
光绪二十六年（1900）	商业	湖南洋务局	岳阳县城	湖南设立洋务局，洋务局行辕设岳州
光绪二十六年（1900）	宗教	福音堂	岳阳县城慈氏塔	美国基督教会复初总会传教士海维礼建
光绪二十六年（1900）	娱乐	咏霓戏园	岳阳县城金家岭	陈汉溪等开办，可坐500多人，砖木结构，汽灯照明，京剧院，兼设妓院。岳州第一家戏园。1917年，该园毁于火患

续表

时间	类别	名称或事项	地点	备注
光绪二十七年（1901）	教育	文明印刷店	岳阳县城竹荫街	
光绪二十七年（1901）	教育	贞信女校	岳阳县城乾明寺街	海维礼夫人海光中创办
光绪二十七年（1901）	商业	岳州海关建筑群	城陵矶	包括海关公事房、税务司公馆、帮办公馆、理船厅、验货人及签子手住所、海关验货码头及验货座船等建筑物，费纹银四万余两。城陵矶海关建筑为省内首次采用"券廊式"设计
光绪二十八年（1902）	市政	修筑南正街	岳阳县城	巴陵知县倡议捐资，疏通阴沟，修筑了南正街，宽6米，麻石路面
光绪二十八年（1902）	通信	岳州经长沙至湘潭开通旱班邮路		湖南最早的一条干线旱路邮班
光绪二十八年（1902）	工业	湖南炼矿公司总厂		湖南炼矿公司在岳州城建立总厂，延聘国外工程师提炼各种矿砂
光绪二十八年（1902）	教育	黄沙湾教会小学	城郊黄沙湾	海维礼在湖滨黄沙湾创办教会小学，32年（1906）扩建为湖滨中学，1910年改为湖滨大学
光绪二十八年（1902）	医疗	普济医院	岳阳县城塔前街	海维礼又在福音堂附近设立普济医院
光绪二十九年（1903）	教育	岳州府中学堂	岳阳县城	李定勋、方荣谷等发起，此为岳州最早的公立中学，后改名湖南第三联合中学、岳郡联立中学
光绪三十年（1904）	市政	城陵矶水文站	城陵矶	城陵矶海关设立水文站
光绪三十年（1904）	工业	李树记碾米作坊	岳阳县城洞庭庙	李树记碾米作坊，采用机械碾米，年产大米2000担
光绪三十年（1904）	通信	岳州至湘西干线旱班邮路开通		成立岳州、长沙两邮界。岳州邮界并辖贵州副邮界，并开通岳州至湘西干线旱班邮路
光绪三十一年（1905）	宗教	中华基督教全国总会湖南大会湘北区会	岳阳县城	华籍牧师向文登等在城区成立"中华基督教全国总会湖南大会湘北区会"，岳阳堂会下设城陵矶、湖滨等4个支会
光绪三十一年（1905）	教育	岳州府中学	岳阳县城	清政府下令废科举，岳阳、华容、平江、临湘4县联合创办
光绪三十二年（1906）	商业	汉冶萍煤运道城陵矶煤栈	城陵矶	正式开始储煤，第一个在港区建起货场。建有煤栈和煤货场，配有专人经营，兼供应过往船只的燃煤。煤栈于河坡设有一简易码头，俗称"炭码头"。城陵矶成了汉冶萍煤运道的一个中转港
光绪三十二年（1906）	教育	县劝学所	岳阳县城	
光绪三十二年（1906）	教育	高等小学堂	岳阳城郊金鹗山	岳阳第一所高等小学堂
光绪三十二年（1906）	教育	县立中学堂	岳阳县城考棚	改县城考鹏为校舍

续表

时间	类别	名称或事项	地点	备注
光绪三十二年（1906）	宗教	天主教教堂	岳阳县城黄土坡	新建
光绪三十二年（1906）	商业	景长春百货店	岳阳县城	城区第一家私营百货商店，为岳阳市境经营舶来百货商品时间最早、规模最大的私营商店
光绪三十二年（1906）	商业	长江商船公会岳州分会		
光绪三十三年（1907）	通信	岳州邮局沿洞庭湖及沅水道开办邮路		并在今贵州省贵阳、镇远等创办分局，设有8局4处，邮寄代办所6处
光绪三十三年（1907）	通信	岳州至常德水路邮班开通		
光绪三十三年（1907）	商业	英美烟草公司巴陵县经销处	岳阳县城	李吉利百货店代理
光绪三十四年（1908）	市政	岳州海关筑界墙	城陵矶	
光绪三十四年（1908）	商业	陈复兴锅瓷店	岳阳县城南正街	长沙商人陈炳南开设，为岳阳市境首家兼营元钉，铁丝等五金商品的铺店
光绪三十四年（1908）	通信	岳州邮界扩至四川，上连重庆，下接广西，以达广州		
宣统元年（1909）	通信	岳州邮界移驻常德		
宣统元年（1909）	商业	成立县商会		会员600人，会长吴济衷
宣统元年（1909）	工业	立生制造厂	岳阳县城竹荫街	曹氏创办，用手工生产6个品种肥皂，年产60箱
宣统元年（1909）	市政	气象测候所	城陵矶	上海徐家汇观象台在城陵矶海关建气象测候所，境内始有气象观测记录，1938年因战争中断
宣统二年（1910）	宗教	城陵矶福音堂	城陵矶横街	美国基督教复初会牧师张世秀修建福音堂。其后，又开办福音堂小学
宣统二年（1910）	教育	湖滨大学	岳阳城郊黄沙湾	美国基督教会复初会员海维礼夫妇改湖滨盘湖书院为湖滨大学，并附设中、小学部。1927年停办，1928年秋合并于华中大学
宣统三年（1911）	教育	求新学校	岳阳县城塔前街	普济医院在福音堂创办"求新学校"，培训护士，民国19年（1930）经全国护士学会备案改为"护士学校"
宣统三年（1911）	通信	岳州副邮界撤销		成立常德副邮界
民国1年（1912）	教育	女子学校	岳阳县城	在县城门口街创办女子学校，并附设职业班
民国1年（1912）	风灾	城陵矶北风大作	城陵矶	倒屋伤人无数
民国2年（1913）	商业	湖南省银行岳州支店	岳阳县城	办理货币发行和兑换业务

续表

时间	类别	名称或事项	地点	备注
民国2年（1913）	商业	岳州商业银行	岳阳县城	官商刘文龙筹集股资创办，后于1915年停办
民国2年（1913）	工业	纱袜厂	岳阳县城	岳阳县城李东陵从外地购回手摇织袜机13部，年产纱袜1300打
民国2年（1913）	商业	交通银行湖南分行岳阳支店	岳阳县城	
民国3年（1914）	商业	东海电灯公司	岳阳县城	岳阳城区开始电力照明，由湖北汉阳徐子建、徐声俊合资开办"东海电灯公司"，供应城区竹荫街、南正街、天岳山、梅溪桥一带照明用电，装有电灯百余盏，路灯十余盏，兼销照明器材
民国3年（1914）	娱乐	岳阳商办舞台	岳阳县城天王庙	岳阳商会会长周鸣鹤以商会名义，将天王庙改建成戏院，取名"岳阳商办舞台"
民国3年（1914）	通信	开设岳阳县至南州干线早班邮路		
民国3年（1914）	通信	岳阳至华容的隔日少班邮路开通		
民国4年（1915）	教育	乾益男校和坤贞女校	岳阳县城	天主教司铎西班牙人凤德高创办，1924年两校合并改为崇贞小学，翌年停办
民国5年（1916）	交通	长沙至岳阳军用路破土动工		岳阳第一条近代公路
民国6年（1917）	市政	县警察所颁发布告指定关王庙、玉清观、城隍庙及县立高等小学前坪为菜场	岳阳县城	遭菜夫反对，引起一场罢市风波。经军队出面干涉，商会调停，规定菜夫须进市场，如挑菜穿街过巷买卖，须挑入居户家中，不得在街旁摆摊设卖
民国6年（1917）	交通	人力车		岳阳城区开始有私人经营铁轮人力车30辆，来住于四城之间，后又有人购置橡皮轮车6辆与之竞业
民国6年（1917）	交通	粤汉铁路武昌段至岳州段通车		岳阳车站、城陵矶车站建成。1936年，岳州车站改名为岳阳车站
民国6年（1917）	工业	岳阳机车厂	岳阳县城	检修小型蒸汽机车
民国6年（1917）	宗教	中国红十字会岳阳分会	岳阳县城福音堂	美国基督教传教士韩理生创办
民国6年（1917）	通信	岳州府一等邮局	岳阳县城	将驻城陵矶岳州府一等邮局改设岳阳县城内，城陵矶改为邮务支局
民国6年（1917）	通信	开设岳州至湘阴县夜兼程快班邮路		
民国6年（1917）	火灾	县城西门外汴河园火灾	岳阳县城西门外	烧毁民宅137家，烧死5人
民国6年（1917）	兵灾	北军南军相继在岳阳县城纵火抢劫	岳阳县城	北起吊桥街、南至天岳山下街、东起竹荫街、西至街河口中街的多数铺面付之一炬，商业损失惨重
民国7年（1918）	兵灾	北军焚烧岳阳城	岳阳县城	

续表

时间	类别	名称或事项	地点	备注
民国7年（1918）	交通	粤汉铁路武昌至长沙段通车		自武汉、长沙入境的卷烟多由水运改为车运
民国8年（1919）	市政	县警察所在县城南正街等较繁华处设置木制岗棚3处，并规定县城居民建房必须到警察所申报，发给执照后方可动工，对违章者予以取缔	岳阳县城	
民国8年（1919）	市政	新墙人曹月初承揽城内粪便与环境卫生管理权限		
民国8年（1919）	通信	岳阳邮局正式利用火车运输邮件		
民国8年（1919）	通信	岳阳增设无线电通信		
民国8年（1919）	工业	岳阳贫民工厂	岳阳县城	平地乡高国俊创办，生产各种花格呢布。1939年停办
民国8年（1919）	商业	戺记南货店	岳阳县城街河口	兼营德国产"狮马牌"合成颜料，化工商品开始进入岳阳市场
民国9年（1920）	通信	岳阳开设至临湘旱班邮路		
民国9年（1920）	工业	益民樟脑厂	岳阳新墙镇	湘潭邑绅胡安陶、马松山创办，用樟木提取樟油、樟脑
民国9年（1920）	风景	岳阳县知事鲁荡平整修岳阳楼	岳阳县城	撰有《重修岳阳楼记》
民国9年（1920）	商业	英商英美烟公司岳阳分公司	岳阳县城南正街	经销哈德门香烟
民国9年（1920）	交通	粤汉铁路湘鄂线武昌至株洲段通车		
民国9年（1920）	商业	城陵矶海关正式设立巡江事务段	城陵矶	并建有附属工厂，专司设备修理，附设水泥结构面的斜坡码头，方便绞船上岸修理与放船下河
民国10年（1921）	居住	岳阳商会会长陈小平自建一栋深宅大院	岳阳县城梅溪桥	院后并建有两层的八角亭，亭前花坛围绕，绿树常青，虽无胜景，雅淡适宜
民国10年（1921）	工业	救贫工厂	岳阳县城县政府前	岳阳县政府向民间募捐光洋6000元创办，招收一些贫苦青年作竹藤木器，工人最多时达114人
民国10年（1921）	兵灾	吴佩孚兵舰炮击岳阳	岳阳县城	福音堂中弹2枚未爆炸，铁路桥中弹1枚将桥炸断，共炸死、淹死500余人
民国10年（1921）	交通	境内首次出现汽车		湖北汉口利通公司法国商人郭珊，带一辆四座小汽车来湘试路，途经境内，为境内首次出现的汽车
民国11年（1922）	教育	工人夜校	岳阳县城广东大院	郭亮等人办

续表

时间	类别	名称或事项	地点	备注
民国11年（1922）	教育	岳阳文化书社	岳阳县城观音阁	刘光谦等人发起成立，销售进步书刊，传播先进思想和文化知识，服务农工
民国11年（1922）	教育	平民补习夜校	岳阳县城	岳阳文化书社配合县劝学所在县城开办3所平民补习夜校
民国12年（1923）	市政	由于街道偏窄，警察局对市面旧设棚阁、低矮招牌进行拆除，并规定不准当街摆设摊担	岳阳县城	
民国12年（1923）	市政	岳阳县署以财政入不敷出，效法长沙，拆城墙卖砖以度维艰，并征得县议会同意，出示公布	岳阳县城	城邑商贾缙绅，士民百姓，争相购买，以建私宅，共收入砖款银圆1515元，古城墙仅岳阳楼和半边街尚存少许
民国12年（1923）	商业	毛华盛绸缎匹头号	岳阳县城天岳山	毛艺圃、郭仪兮合股开设，是当时岳阳县境资金最雄厚的布店
民国12年（1923）	通信	岳阳至华容始用委办轮船运邮		
民国13年（1924）	风景	拟筹款重修岳阳楼	岳阳县城	葛应龙（时任两湖警备司令部军务处长）拟筹款重修岳阳楼，未果
民国14年（1925）	商业	汉口美孚石油公司转运站	城陵矶	
民国14年（1925）	教育	岳灵小学	岳阳县城竹荫街	美国基督教圣公会在竹荫街创办岳灵小学
民国14年（1925）	商业	飞鸿印刷厂	岳阳县城棚厂街	资金320元，职工3人，3号石印机1部，小型铅印机1部，县内铅印之始
民国15年（1926）	商业	汉口美孚公司城陵矶储油栈	城陵矶	设有油厂安置机油桶等，还建有房屋五栋。城陵矶占地最多、经营时间最长、固定资产最大的一家储油栈。1929年，城陵矶油栈增建一个可储1万吨重质柴油的油池
民国15年（1926）	交通	岳阳首次驶入海轮	城陵矶	"印度令箭"号海轮装载煤油到达城陵矶，是为第一艘到达岳阳的海轮
民国15年（1926）	通信	长沙至岳阳驻军的长途电话开通		为岳阳长途电话之始
民国16年（1927）	风景	拟筹款补葺岳阳楼	岳阳县城	北伐军第八军旅长张国威与国民党岳阳县党部拟筹款补葺岳阳楼，后无着落
民国16年（1927）	交通	开通岳州至新堤干线早班邮路		1931年5月，改为轮船邮路
民国16年（1927）	商业	收回岳州海关	城陵矶	
民国16年（1927）	通信	城陵矶邮局置办邮船	城陵矶	开行湖北新堤，是为第一条以城陵矶为始发港的轮船航线
民国17年（1928）	慈善	岳阳县救济院	岳阳县城翰林街	县政府将"普济院"、"保节院"、"育婴堂"合并，定名为"岳阳县救济院"

续表

时间	类别	名称或事项	地点	备注
民国18年（1929）	风景	县政府规定，每年3月12日，举行植树仪式	岳阳县城	
民国18年（1929）	市政	修筑火车附近的先锋马路	岳阳县城	
民国18年（1929）	市政	县公安局始建消防组	岳阳县城	指挥工商民团自办消防组织
民国19年（1930）	商业	岳州海关当局将内班迁移汉口，附设于江汉关办公，巡江司也迁移宜昌海关办公。仅留外班中国人员在城陵矶照管	城陵矶	从此，进出口贸易逐年下降
民国19年（1930）	娱乐	长沙电影商人首次在岳阳县城中心公园放映无声影片	岳阳县城	《三笑姻缘》、《七剑十三侠》等
民国19年（1930）	娱乐	岳阳湖光电影院	岳阳县城	首映影片《三笑姻缘》
民国19年（1930）	农业	省在君山开办茶业试验场	岳阳君山	次年，设北港分场
民国20年（1931）	水灾	夏，淫雨兼旬，湖水陡涨。岳阳城区街河口、梅溪桥等处水深数尺	岳阳县城	积水盈盈，浣田一片汪洋，倒塌屋宇无数，淹没禾苗计十一万三千余亩，灾民四十二万七千余人，转徙流离惨不忍言
民国21年（1932）	慈善	天主教育婴堂	岳阳县城塔前街	天主教湘北教区举办。1934至1938年，收185人；1945年至1949年，收189人
民国21年（1932）	军事	修筑防御工事	岳阳城郊	附城金鸭山及八区黄公庙红口一带，防御工事均已完成，黄岸市杨林街罗内新墙黄伏太一带，修筑碉楼，新墙一处业已完成
民国21年（1932）	交通	修建洞庭马路	岳阳县城	国民党驻防旅长兼警备司令段珩，筹集光洋5000元修建，全路自吊桥至北门全长1200米，宽9米
民国21年（1932）	风景	重修岳阳楼	岳阳县城	10月10日，国民党湖南省政府拨款1.2万银圆，地方募捐1.8万银圆，由驻防旅长段珩主持，正式动工大修岳阳楼。1934年2月17日，举行落成典礼
民国21年（1932）	交通	成立4家轮船公司	城陵矶	岳阳商运拖轮股份有限公司城陵矶分公司，驻岳湘鄂拖轮公司城陵矶分公司，岳阳保商拖轮股份有限公司城陵矶分公司，岳阳永兴拖轮公司城陵矶分公司
民国21年（1932）	通信	岳阳、城陵矶同时设立电报支局	岳阳县城城陵矶	1934年，城陵矶改为报话营业处
民国22年（1933）	通信	岳阳利用电报线路，开通长途电话		
民国22年（1933）	交通	岳阳到华容航道首次航行小火轮		

续表

时间	类别	名称或事项	地点	备注
民国22年（1933）	风景	岳阳县苗圃	岳阳县城中山公园	面积50亩
民国22年（1933）	工业	大昌米厂购置柴油引擎碾米机一部	岳阳县城	岳阳县始有机器碾米
民国23年（1934）	商业	湖南湘岸准盐民船转运股份有限公司盐仓	岳阳县城竹荫街	
民国23年（1934）	工业	街河口文丰泰米厂	岳阳县城街河口	资本额6600元，职工37人，年产白米3600石，产值2.16万元，柴油引擎及碾米机各一台
民国23年（1934）	工业	恒康米厂	岳阳县城天岳山	资本额4500元，职工25人，年产白米6000石，产值3.6万元，柴油引擎及碾米机各一台
民国23年（1934）	风景	岳阳县设林务专员	岳阳县城	首任专员胡眉僧
民国24年（1935）	市政	中华民国陆军测量局航空测量队		岳阳航测1:1万地形图，开境内应用遥感技术之先
民国24年（1935）	通信	岳阳成立长途电话局	岳阳县城	正式开放长途电话业务
民国25年（1936）	交通防灾	湖南省水灾善后委员会拨款整治洞庭湖		
民国25年（1936）	交通	粤汉铁路武昌至广州全线通车		
民国26年（1937）	通信	上海开通至岳阳无线电话		为岳阳无线电话之始
民国26年（1937）	农业	仓廒建设完善		岳阳县有仓廒117个，其中县仓廒23个，乡镇仓廒93个，义仓廒1个。民国29年，1938，岳阳县县仓5处
民国26年（1937）	商业	裁撤厘金和常关		
民国26年（1937）	交通	前省政府秘书周容、县参议曾芷凡提议于韩家湾修建公益港，呈请湖南省政府建设厅交通部批准在案	岳阳县城	后因为经济原因，并没有实施
民国26年（1937）	军事	在城区九华山一带，修筑了少量的简易防空洞	岳阳城郊	
民国27年（1938）	商业	湖南省银行在岳阳县设立办事处	岳阳县城	7月，省银行机构南撤
民国27年（1938）	兵灾	中国军队撤离时焚烧岳阳县城	岳阳县城	焚烧了南正街、街河口、天岳山、茶巷子等地
民国27年（1938）	兵灾	日机大肆轰炸岳阳县城	岳阳县城	炸毁城区房屋300多栋，死伤居民800余人

续表

时间	类别	名称或事项	地点	备注
民国27年（1938）	市政	日军在城区划分军事区、日华区与难民区	岳阳县城	
民国27年（1938）	商业	日军在城内开设湖南洋行	岳阳县城	
民国27年（1938）	通信	岳阳至新墙等地的乡村电话开通		
民国27年（1938）	通信	岳阳无线电话通信之始		湖南省无线电总台在岳阳第一行政督察区设岳阳第一区台，正式通报
民国27年（1938）	通信	架设岳阳至平江长途电话线路；岳阳关王桥至长沙长途电话线路		为适应抗日战争需要
民国28年（1939）	商业	日伪武汉交通股份有限公司		与日军卷土重来的戴生昌轮船局重新霸占了自宜昌以下的长江航运
民国29年（1940）	教育	新民小学、日新一校、二校；学道岭中学一所	岳阳县城	日伪政权创办，强迫学生学习日文
民国29年（1940）	通信	湖北省日伪邮政管理局组设岳阳日伪邮政局	岳阳县城	
民国29年（1940）	教育	新民小学、日新一校、二校；学道岭中学一所	岳阳县城	日伪政权创办，强迫学生学习日文
民国29年（1940）	通信	湖北省日伪邮政管理局组设岳阳日伪邮政局	岳阳县城	
民国29年（1940）	市政	岳阳县制订《岳阳城区建筑须知》共19条	岳阳县城	
民国31年（1942）	兵灾	侵华日军将美孚公司城陵矶油栈所有设施全部拆走	城陵矶	
民国31年（1942）	商业	取消岳州海关		
民国31年（1942）	商业	日本中江实业银行岳阳办事处	岳阳县城	行址设汉口
民国32年（1943）	商业	城区商民迫于日军压力，组织岳州商会，管理城区商业	岳阳县城	
民国32年（1943）	通信	岳阳县电信局		
民国33年（1944）	交通	日军抓夫抢修自武昌经临湘、岳阳到长沙的便道		
民国33年（1944）	通信	岳阳县关王桥设立邮政代办所	岳阳县关王桥	

续表

时间	类别	名称或事项	地点	备注
民国34年（1945）	商业	湖南省银行岳阳办事处恢复	岳阳县城	
民国34年（1945）	教育	国民中心小学校	岳阳县城武庙旧址	全镇9个保各设一所国民小学校
民国34年（1945）	通信	岳阳电信局成立	岳阳县城	
民国35年（1946）	市政	岳阳县城《城区营建计划》	岳阳县城	岳阳县制订了《城区营建计划》。同时成立"县城区街道修筑委员会"，制订《组织简则》及《办事细则》，制订了城镇紧急措施，并申请省政府及中国农民银行贷款1亿元（法币），作城市修建资金。修复后的街道，能通行汽车的有洞庭路、南正街、羊叉街、先锋路
民国35年（1946）	市政	岳阳县颁发了《建筑管理规则》	岳阳县城	
民国35年（1946）	交通	粤汉铁路武昌至广州全县贯通		
民国35年（1946）	通信	岳阳城内电话之始	岳阳县城	城区5家商号集资架设电话杆线，接入电信局长途总机通话，是为城内电话之始
民国35年（1946）	通信	城陵矶设立邮政代办所	城陵矶	
民国35年（1946）	商业	中国农民银行岳阳办事处		岳阳第一家国家银行
民国35年（1946）	火灾	韩家湾大火	岳阳县城韩家湾	烧毁房屋100余栋，受灾难民876人
民国35年（1946）	交通	修筑交通门码头	岳阳县城	战后，岳阳成为湖南救济物资的集散地，为了满足起卸救济物资的需要，在交通门河边开辟码头一处
民国35年（1946）	交通	岳阳县政府向省政府递交《建修岳阳韩家湾船埠计划书》	岳阳县城	
民国35年（1946）	市政	岳阳县政府颁布《岳阳县城主街道两旁商店门市标准图》	岳阳县城	岳阳近代第一个，也是唯一一个建筑图则
民国36年（1947）	市政	为了减少火灾隐患，县政府令警察局、县商会、城厢镇公所将城区所有茅棚一律拆除，并恢复储水设备	岳阳县城	
民国36年（1947）	交通	重建岳阳车站站房	岳阳县城	复兴营造公司
民国36年（1947）	军事	岳阳营建委员会设计组在吕仙亭召开会议，讨论岳阳城厢守备阵地构成案	岳阳县城	决定在吕仙亭、金鸭山、马号三处利用旧有工事碉堡，加以修缮。九华山、砂嘴两处另行构筑新型排碉。太子庙、九龙堤、沙嘴北端，嘴上各构筑班碉一个。并分配具体修筑任务，附有排碉和班碉设计图纸和说明

续表

时间	类别	名称或事项	地点	备注
民国36年（1947）	火灾	下街河口	岳阳县城	烧毁房屋140间
民国36年（1947）	教育	岳阳民众教育馆	岳阳县城	
民国36年（1947）	火灾	乾明寺、金家岭失火	岳阳县城	烧毁房屋83间
民国36年（1947）	火灾	洞庭路大火	岳阳县城	烧毁房屋182栋，受灾难民1757人
民国36年（1947）	通信	岳阳与常德开放临时无线电路通话		
民国36年（1947）	市政	公布《岳阳城区市民违反清洁卫生处分办法》	岳阳县城	
民国36年（1947）	商业	湖南省银行岳阳办事处升格为支行	岳阳县城	
民国36年（1947）	教育	省立十一中	岳阳县城北门	
民国36年（1947）	工业	超群卷烟厂	岳阳县城街河口	颜继良等10股东集资开办，年产量约1400余箱，年产值30余万银圆，为境内规模首家最大的私营机制卷烟厂
民国37年（1948）	工业	建华卷烟厂	岳阳县城洞庭北路	曹国均邀集10名股东集资开办，因严重亏损，于1949年8月自行关闭
民国37年（1948）	风景	县政府举行植树典礼及扩大造林运动大会		会后往九华山植树
民国37年（1948）	风灾	岳阳县城发生特大风灾	岳阳县城	该日暴风雨，自上午七时半，怒吼至下午三时，岳阳城区被卷倒房屋2862间
民国37年（1948）	交通	湘、鄂、粤三省政府欲联合在此联合修筑码头	城陵矶	但议而不决，最终没有实现
民国38年（1949）	娱乐	岳阳大戏院	岳阳县城金家岭	分内外台。后台并列共用，根据天气冷暖，内外台轮换演出。并且首创电灯照明
1949年	水灾	洞庭湖水猛涨，岳阳城区水淹4街（梅溪桥、芋头田、竹荫街、街河口），街巷行舟	岳阳县城	沿湖38个堤垸溃决，受灾面积达21.80万亩；无家可归的灾民5.5万余人

说明：分类包括工业、商业、交通、教育、农业、通讯、慈善、居住、风景、医疗、宗教、娱乐、军事、灾难（风灾、火灾、兵灾）。

资料来源：民国《湖南政治年鉴》各期；民国《岳阳县政》各期；《岳阳方志》各期；《岳阳文史资料》各期；湖南省档案馆；岳阳市档案馆；《岳阳市城乡建设志》；《岳阳市建筑志》；《岳阳县志》；《岳阳市南区志》；《岳阳市人口志》；《岳阳楼志》；《岳阳市交通志》；《岳阳市金融志》；《岳阳市文化志》；《岳阳市工会志》；《岳阳市科学技术志》；《岳阳市劳动志》；《岳阳市日用工业品贸易志》；《岳阳市烟草志》；《岳阳市粮油志》；《岳阳市邮电志》；《岳阳县粮食志》；《城陵矶港史》；《近代湖南资本主义发展与辛亥革命》

附录2：明清岳阳街巷

1. 明万历年岳阳街巷：

街道：城内外街道共十八条，东口（县东），十字（县西），新（县南），塔前（县西），县前，县学前，君山门，南门，外长，便河堤长，县后，府前长，司前，北门长，岳阳门外，府学前，城隍庙前，上门长。

（资料来源：明万历湖广总志．城池）

2. 明洪武四年（1371年）岳阳城垣街道名录

方位	街巷名称
东隅	布政分司，前街承宣坊，卫前街威武坊，朝阳门内外街，府学前街泮宫坊，文奎坊，文壁坊
南隅	府前长街解元坊，状元坊，进士坊，丛桂坊，森桂坊，土门长街澄清坊，肃政坊，岁绣坊，进士坊，翟秀坊，奎章坊，进士第坊，大司寇坊，大冢宰坊，大司徒坊，南门长街承恩坊，文英坊
西隅	西门内街解元坊，岳阳门外街，岳阳胜暨坊
北隅	府城隍庙前街，北门长街，广丰仓后街，岳阳马驿前街折桂坊

资料来源：岳阳市城乡建设志，第185页

3. 清康熙年岳阳街巷

城内外共二十五条街

方位	街巷名称
城内七条	府前、府学前、府后、黄土坡、衢前、衢后、广丰仓后街
城外十八条	北门外、南门外、东门外、街河口、天岳前、天岳后、税稞司、穆家塘、县学前、大塔前、小塔前、白鹤寺前、安济桥、观音阁、汴河桥、圆通寺后、梅思桥、许真君祠街
城外六条巷	全家巷、猪市巷、君山门巷、界字湾巷、杨柳巷、鄢家冲巷

资料来源：清康熙《巴陵县志》

4. 清乾隆年岳阳街巷

城内街凡八		巷凡一十四	
府前街	在府治前直至西门南通柴家岭东通巴山巷西通岳阳楼为十字街	兵马司巷	在府治后横通北门
府西街	在府治西直至北门	宪司巷	在府前坡东横通火药局
铁炉街	在宪司巷南直通卫前街	报马巷	在卫前街南直通颜家巷
卫前街	在卫署前横自麻家坡西通巴山巷	巴山巷	在巴山庙前横通府前十字街

续表

城内街凡八		巷凡一十四	
县东街	在县署左直至火神庙通东门	麻家坡巷	在城东北隅直通县东街
县前街	在县署前横至北司	双井巷	在麻家坡南直通颜家巷
学前街	在府学前横通道岭巷	萧家巷	在双井巷南直通县前街
柴家岭街	在南门内斜通府前十字街	颜家巷	在卫前街南横通府前十字街
		准提巷	在黄土坡西横通府前十字街
		天皇巷	在黄土坡西斜通柴家岭
		护国寺巷	在黄土坡西斜通柴家岭
		祈家巷	在守府署右横通柴家岭
		道岭巷	在北司右斜通柴家岭
		驿马巷	在学前街西横通南门

城外街凡八		巷凡七	
东门街	在东门外	茶巷	
南门十字街		鱼巷	
大街东		猪市巷	
大街西		全家巷	
塘前街		君山巷	
街河口		黑路巷	
旧县前	俱在南门外	杨柳巷	俱在南门外
北门街	在北门外		

资料来源：清乾隆十一年岳州府志

5. 清嘉庆年岳阳街巷

城内街：共九条		城内巷：共十二条	
府前街	在府治前直出小西门	兵马司巷	在府治后横通北门
府西街	在府治西直出北门	宪司巷	在府前坡东横通火药局
铁炉街	在宪司巷前直通卫前街	报马巷	在卫前街南直通颜家巷
卫前街	在卫署前西通大西门	巴山巷	今为大西门直通城外西十字街
县东街	在县署左横出东门直通火神庙	麻家坡巷	在城东北隅直通县东街
学道岭街	在府学右出南门	双井巷	在麻家坡南直通颜家巷
县前街	在县署前通北司	颜家巷	在卫前街南通柴家岭后移城筑塞
学前街	在府学前通道岭街出南门	萧家巷	在双井巷南通县前街
考棚街	在考棚右通南门	准提庵巷	在黄土坡西通柴家岭后移城筑塞
		护国寺巷	在黄土坡西通柴家岭后移城筑塞
		祈家巷	在守府署右通柴家岭后移城筑塞
		驿马巷	在学前街西通道岭巷出南门

城外街：共十五条		城外巷：共十二条	
西十字街	在西门外北通小西门南通柴家岭东通大西门西通岳阳楼	天皇巷	在西门外通柴家岭
柴家岭街	在西门外直至土门街通南门	茶巷	在南门外又名猪市巷通观音阁
土门街	在南门外直通吊桥	鱼巷	在南门外通南岳坡里人捐修石道广竟巷长一百五十一丈有奇
吊桥街	在南门外直通南十字街	油榨岭巷	在南门外横通塔前街
南十字街	在南门外西通街河口南通天岳山街东通旧县前街北通吊桥街	金家岭巷	在南门外天岳山街东
天岳山街	在南门外十字街南	全家巷	在南门外塔前街东后名选妃巷
街河口	在南门外河岸	君山巷	在南门外塔前街西
旧县前街	即竹荫街，在水师营署前	黑路巷	在南门外营盘街西
梅师桥街	在南门外通太子庙湖	杨柳巷	在南门外营盘街西
观音阁街	在南门外通茶巷	三教坊巷	在南门外通玉霄宫
塔前街	在南门外天岳山南通营盘街	乾明寺巷	在南门外塔前街东通县学宫常平仓
营盘街	在南门外塔前街南通吕仙亭	慈氏寺巷	在南门外塔前街西
景口坊街	在北门外通仓廒为兑粮地		
里仁坊街	在北门外滨河里人任起龙捐修石路广竟街长八十九丈有奇		
东门街	在东门外直通双路口		

资料来源：清嘉庆县志

附录3：清末岳州《会议开埠章程二十五项》

（光绪二十五年九月二十八日）

一、自岳州城陵埠红山头起，至岳州南门外街口大街止，为挂号驳船往来免抽厘金船行准界。惟自七里山起，至街河口止，两岸土地不在准界内。

二、自城陵埠红山头起，至七里山北止，为停船为界。

三、自城陵埠红山头起，至城陵埠月蟾洲止，为上下货物之界

四、划定之通商场地分三段：以红山头至刘公庙为北段，以刘公庙至华民保障止为中段，以月蟾洲独立之洲为南段。

五、红山角口平地，准开散舱煤油池，月蟾洲准开造装箱煤油栈。

六、划定通商场，界内之地分为三等出租；上等租价每年每亩银圆一百大元、中等地租每年每亩银圆八十大元，下等地租每年每亩银圆五十大元。

七、通商场界内之地，所有应完钱粮，无分上中下三等。该地每年每亩完银圆三大元，按年于西历正月内一并先完清楚，不另缴别项。

八、租地办法照拍卖之法拍租，先缴准价，准价多者租与。

九、每户租地不得逾十亩，倘或必须大地，应照章禀明而行。

十、每地一亩以七千二百六十英方尺为准。

十一、租地以三十年为期，期满须换契续租；其续租仍以三十年为限，租银不加，钱粮可与各国领事官酌加，如到期满不换契，或一年租银及钱粮未缴清者，则该商所领之租契即行注销。产业归中国；如续租至后三十年，连前三十年合共六十年，限满将租契注销，产业归中国。

十二、买地挪房及迁移坟墓等，概归岳、常、澧道作主，外人不得干预。

十三、在通商场界内租地，凡所租地内葬有坟墓，均圈留不租，不能强之迁移；其有自愿迁移者，听民间自便。

十四、通商场内，不准搭盖草屋并下等板屋。凡欲起造房屋，须由巡捕验明无碍，方准兴工。至于火药、炸药等物，概不准收藏、夹带、运送。违者查出，各照自国律例惩办。

十五、码头费应由关照已完正税百两抽收二成。

十六、埠内遇有特动紧要工程，当按租户租地多寡派捐，一切事宜，归三处会商办理：1. 监督与税司；2. 各国领事官；3. 由众租户公举公正商董一人。

十七、巡捕衙业经先于划定界内用已买民房暂为修整设立，稍缓再议建造。

十八、华洋商人贩运土货，请领内地三联报单，必须妥具保结。注明该货确系运往外洋，令缴三倍税银存押。倘该商往他口贩卖，及逾期不运出洋，将存押税银充公，以一般解交厘局；其不注明运往外洋者，概不给发三联报单。

十九、内港行驶轮船章程，取益防损之处，另由该卡委员与税务司妥酌办理。

二十、洋关开关日期，准定于光绪二十五年中历十月十一日，即西历1899年十一月十三号礼拜一吉时开办。

二十一、税务司乘造洋关经费，共计足纹银四万两正。开关日先拨一万两，明年正月底拨一万两，四月底拨一万两，七月底拨一万两。均依华历，其银以库平为准。计造洋关公事房、税务司公馆、洋关帮办公馆、理船厅公馆、验货人及扦子手住所、洋关验货码头及验货座船等，一应在内，工竣造册送道，以便报销。

二十二、洋商租地契，归税务司代刊。

二十三、通商埠内各国商业工艺，皆可照章租地、建造屋宇、栈房。但洋商租地，必须禀明该国领事官；华商租地，必须禀明岳州关税务司，先备租地准价；并备自禀明之日起至西历年底止应完之钱粮，由岳州关工程局请领准租印单，华、洋商呈请税务司、领事官照送监督将银收币，印发租契。洋商租契三本，均请领事官划押，一送领事署，一存关署，一给该商；华商只发税契一本，由税务司交与该商执收。

二十四、各国商民在通商埠内侨寓，中国地方官自当照约保护。所有巡捕衙事宜，由监督会商税务司设立管理。至约束洋商章程，由监督照会各国领事官酌定。

二十五、各商应缴之租银钱粮，按年由税务司向租户照数代收，送交监督收讫，给回该官收银之印单粮串，凡本年内之租银并次年之钱粮，均每逢西历正月内一律完清。

豫章，马士税务司，蔡乃煌，张鸿顺，翟秉枢，胡杨祖

注：此章程，引自《俞廉三遗集》，卷一百；呈总督张之洞后，电示张鸿顺与税务司复商，已将第五项删去。"

（资料来源：城陵矶港史，第36页—第39页。）

附录4：岳阳近现代历次城市规划

时间	编制单位及规划名称	规划主要内容及其意义
1946	岳阳县国民政府编制《城区营建计划》	1. 设计原则：岳阳为湘省门户，自古军家所必争之地，又以位于洞庭湖之东岸，扼湖水入江之咽喉，粤汉铁路经过于此，公路可通长沙通城，水陆交通均极便利，其北十五华里处有城陵矶为岳阳重镇，将来如能疏浚河道，筑一港湾可舶商船兵舰，当与吴淞镇江同其重要。城内有岳阳楼、吕仙亭、鲁肃墓等名胜，城西湖心君山上有虞妃寺墓、柳井等古迹，湖光荡漾，风景绮丽，可供中外人士游憩。迁就地形高低建筑城市，修葺名胜古迹，建设公园，工业商业自可蒸蒸日上。 2. 分区计划：（1）商业区：洞庭路至吕仙亭，及先锋路、观音阁、梅溪桥沿路一带，约占全面积百分之五十。（2）住宅区：吕仙亭东南地带，约占全面积百分之十五。（3）工业区：岳阳楼以北，视工业之发展，可向北拓辟，未估计在城市面积内。（4）公用地：鲁肃墓、文庙一带，用以建筑公园、机关、博物馆、图书馆、学校、医院、忠烈祠等，约占全面积百分之二十。（5）绿面积：包括草地坟墓古迹等，约占全面积百分之十五。 3. 街道计划和街道更名：原有街巷位置暂不变更，街道等级分为主街道、支街道、小巷、滨湖公路及环城马路。 历史意义：岳阳历史上第一个城市规划
1954~1955	岳阳县计划委员会编制《岳阳城区建设初步规划草案》、《岳阳城镇建设十年规划草案》	—
1956	岳阳县计委成立临时规划办公室，编制《岳阳城镇建设规划》	1. 规划县城区五年内由6.74平方公里，发展到10平方公里，12年内扩大到45平方公里。 2. 人口由5.8万人发展到10万人，12年内发展到18万人。 3. 城区分五个功能区：牛皮山、九华山、城陵矶、冷水铺为工业区，湖滨为仓库运输区，汴河园为中心区，其他为商业区和住宅区。 历史意义：规划对以后岳阳城市建设和旧城改造起到参考作用
1965	省建筑设计院编制岳阳《十年城市建设规划》	1. 确定铁路以东为新市区，城陵矶、冷水铺、七里山、九华山为工业区，湖滨为风景旅游区。 2. 城市规模计划在五年内，由6.74平方公里扩大到10平方公里，人口由5.3万人，发展到10万人。 历史意义：规划为岳阳市的长远发展指明了方向，并为市区建立组群式空间结构打下了基础。至此，岳阳城市骨架基本确定
1976	南京大学地理系规划班师生编制《岳阳市城市总体规划》	1. 规划市区面积扩大到23平方公里，城区人口23万人。 2. 工业区增加云溪、路口铺。 3. 城市性质定为："湘北重镇，水陆交通枢纽，以石油化工工业为主体的工业城市。" 1978年，国务院批准岳阳市为风景旅游城市，将风景旅游事业纳入城市总体规划。 历史意义：规划比前几次有较大突破

续表

时间	编制单位及规划名称	规划主要内容及其意义
1979~1982	湖南省建委规划工作组编制《岳阳城市总体规划》	1. 城市性质：湘北石油化工、轻纺工业基地、对外贸易港口和风景旅游城市。 2. 城市规模：人口近期（1985年）23万人，远期（1990年）控制在30万人，建成区面积扩大为52平方公里。 3. 城市布局：工业区：云溪、路口、七里山（包括冷水铺）、城陵矶、城北及枫桥湖、城南至湖滨等6处。风景旅游区：岳阳楼、君山、南湖、洞庭湖。城市中心：火车站以北为市中心，为地、市机关和商业、服务、文化经济中心。文化教育区：集中在四化建以南。仓库区：城陵矶、三角线、马壕。港口区：从韩家湾至街河口、城陵矶至擂鼓台为港口作业区，街河口至岳阳楼为对外交通航运区。 4. 城市道路：南北主干道为南湖路、德胜路、长江路、滨湖路；次干道为城东路、洞庭路、东环路。东西主干道为巴陵大道、湘北大道、金鹗路、海关路、枫桥湖路；次干道为青年路、环城北路、江陵路、南环路、站前路。并规划在城陵矶、云溪和城区建立3座立交桥。 历史意义：市场经济下的城市规划
1984~1986	岳阳市规划处编制《岳阳城市总体规划》	1. 城市发展方向：综合治理洞庭湖，建设湖南北大门。以城陵矶对外贸易港口为中心，建设航运、铁路、公路、航空等互相联系的交通枢纽，建设成为湖南经济对外发展和北进的基地和门户。发展石油化工工业，建成中南石油化工基地。发展以粮、棉、渔等农副产品为原料的轻纺食品工业基地，发挥岳阳湖光山色的优势，融合文物古迹，突出文化特色，建成全国旅游城市之一。大力发展文教科研事业，提高全市人民文化科技水平。加强各项城市设施建设，适应经济发展需要。 2. 城市规模：近期（1990年），城区总人口50万人，建成区30万人，城区建设用地45平方公里；远期（2000年），城区总人口70万人，建成区50万人，城区建设用地75平方公里。 3. 城市布局：沿长江口以南，洞庭湖东岸至湖滨，形成以中心城区为核心的带状组团式"城镇群"体系，按"一城四镇，大分散，小集中"的结构布局，建成1个中心区、4个工业镇。即岳阳中心城区，云溪、路口、陆城、湖滨镇。在中心城区与城郊工业镇之间，以大片农田、绿地、山林、水面隔开，保持"山、水、田、园与城市交相辉映"的良好空间。 4. 对外交通：航运：划分为四大港区，即城陵矶港区、岳阳港区、松杨湖港区、陆城港区。铁路：将岳阳客运站迁至枫桥湖，重建新站，原客货混合站改为货运站。公路：将107国道线截弯取直，降坡展线、改线，建成国家一级标准公路。航空：利用陆城机场旧址，新建为二级民用机场。 5. 城市道路：以方格网为主，干道按功能分生活性、交通性和综合性三类道路，并在城区设置足够停车场。 6. 风景园林：建设一线（三国历史旅游路线岳阳段）、七区（古城游览区、君山风景区、南湖风景区、芭蕉湖风景区、汨罗江风景区、铁山风景区、大云山风景区）、五个公园（岳阳楼历史文化名园、金鹗公园、东风湖水上公园、湖滨游览公园、岳阳动物园）。同时，改造旧城，保护文物。 历史意义：首次提出"一城四镇"的空间布局构想

续表

时间	编制单位及规划名称	规划主要内容及其意义
1994~1996	《岳阳城市总体规划》	1. 城市性质:"国家历史文化名城和重点风景旅游城市;是湖南省的北大门、重要的工业基地和唯一的长江对外口岸;将发展成为长江中游地区现代化的中心城市之一"。 2. 城市规模:人口规模:近期(2005年),城市人口规模为60万人;远期(2015年),城市人口规模为95万人。用地规模:近期65平方公里,城市人口人均建设用地110平方米;远期95平方公里,城市人口人均建设用地100平方米。 3. 城市布局:岳阳市城区规划区的范围为:岳阳楼区、云溪区、君山区的柳林和林阁佬、君山公园规划区;岳阳县康王、筻口机场、麻塘、新开规划区。总面积845平方公里。按照"一中心四组团"进行规划布局。即中心城区,云溪—松杨湖—道仁矶组团;路口—陆城组团;柳林—林阁佬—君山区组团;筻口机场组团。中心城区用地发展方向为东扩南延。规划进一步明确了城市"带状组团式","一中心四组团"的空间布局:"沿长江、洞庭湖东岸,形成以中心城区为核心的多组团山、水、田园相间的总体空间布局。" 4. 对外交通:铁路:沙岳铁路经道仁矶至云溪接轨。调整城陵矶港区、松杨湖工业港区、疏港铁路专用运输网络,设置云溪—松杨湖工业港区—城陵矶港区—北站的疏港铁路专用环线。公路:京珠高速公路从城市东郊的乌江、龙湾、西塘穿过,与城市的连接线在乌江接口,经长岭头与奇西路、金鹗路、巴陵路、通海北路相连接;拓宽市区内的107国道,形成城市各组团间的快速通道;配合1804线及洞庭大桥建设,南移1804线君山区段线,使之与柳林城市建设相协调;沙岳公路经道仁矶从云溪与107国道接口。航空港:选址在城市东郊的筻口镇,按一级机场规划,首期按二级机场建设。港口:完善韩家湾千吨级城市生活物资供应港区,完善城陵矶五千吨级外贸港区建设,开发松杨湖深水工业港区,保留完善七里山港区专用码头。 历史意义:在总体规划的指导下,先后完成云溪分区规划、君山分区规划、城陵矶分区规划和湖滨分区规划。首次编制了《岳阳市历史文化名城保护规划》

资料来源:《岳阳市区规划》,《岳阳市南区志》,《岳阳市城乡建设志》。

图表目录

图1-1　岳阳地理位置示意图（资料来源：《择居：永恒的文明之路——湖南岳阳城市发展剖析》）

表1-1　中国传统城市和近代城市基本功能要素比较（资料来源：自制）

表1-2　近代中国城市"多元混合"的建筑形态（资料来源：自制）

图1-2　近代中国城市"多元混合"的建筑形态（资料来源：《中国近代建筑史话》）

图1-3　近代上海（全面近代化型）（资料来源：《中国近代建筑史话》）

图1-4　近代广州（全面近代化型）（资料来源：《中国近代建筑史话》）

图1-5　近代芜湖（局部近代化型）（资料来源：《中国近代建筑史话》）

图1-6　近代常熟（滞后近代化型）（资料来源：《现代城市设计理论与方法》）

图1-7　近代芜湖（水运主导型）（资料来源：《现代城市设计理论与方法》）

图1-8　近代哈尔滨（铁路主导型）（资料来源：《中国近代建筑史话》）

图1-9　近代汉口（多种交通混合型）（资料来源：《中国近代建筑史话》）

图1-10　论文研究框架（资料来源：自制）

图2-1　清代岳州府地理位置图（资料来源：岳阳市档案馆）

表2-1　岳阳、城陵矶建制沿革一览表（资料来源：据何光岳. 岳阳地区地名建置沿革考（内部资料）. 岳阳市档案馆. 1990；邓建龙. 千年古城话岳阳. 北京：华文出版社. 2003；岳阳市南区志；城陵矶港史整理）

表2-2　古代岳阳城市发展阶段一览表（资料来源：自制）

图2-2　中国古代风水观念中的城址（资料来源：《城市空间发展论》）

图2-3　四灵与五行方位图（资料来源：《城市空间发展论》）

图2-4　清代岳州府城剪刀池（资料来源：清嘉庆《巴陵县志》）

图2-5　古代岳阳城"水进城退"示意图（资料来源：自绘）

表2-3　洞庭湖区部分县洪涝频次（资料来源：《环洞庭湖经济圈建设研究》，第144页，对原表有删减）

表2-4　明清时期岳州府城城墙修筑一览表（资料来源：自制）

图2-6　清乾隆—嘉庆年间岳州府城图（资料来源：（a）清乾隆《岳州府志》；（b）清嘉庆《巴陵县志》）

图2-7　清代岳州府城城南关厢地区（资料来源：清光绪《巴陵县志》）

表2-5　清嘉庆二十一年（1816年）岳州府境内人口分布（资料来源：清《湖南通志》）

表2-6　清代岳州府城街巷数量（资料来源：据清康熙《巴陵县志》、清乾隆十一年《岳州府志》、清嘉庆《巴陵县志》、清同治《巴陵县志》、清光绪《巴陵县志》整理）

图2-8　清宣统年间岳州府城图（资料来源：《清宣统湖南乡土地理教科书》）

图2-9　民国时期岳阳街巷（资料来源：岳阳市档案馆）

表2-7　岳阳楼修建历史（资料来源：据何林福《岳阳楼史话》附录整理）

表2-8　岳阳楼建筑形态演变（资料来源：自制）

图2-10　唐代岳阳楼模型（资料来源：引自http://blog.sina.com.cn/）

图2-11　宋画《岳阳楼图》（资料来源：左海.宋画《岳阳楼图》释.美术，1961，61）

图2-12　夏永的扇面画《岳阳楼图》（资料来源：何林福.从历代《岳阳楼图》看岳阳楼建筑形制的演变.岳阳职业技术学院学报，2006：49）

图2-13　夏永的非扇面画《岳阳楼图》(资料来源：何林福.从历代《岳阳楼图》看岳阳楼建筑形制的演变.岳阳职业技术学院学报，2006：50)

图2-14　安正文的界画《岳阳楼图》（资料来源：何林福.从历代《岳阳楼图》看岳阳楼建筑形制的演变.岳阳职业技术学院学报，2006：50）

图2-15　龚贤的《岳阳楼图》（资料来源：何林福.从历代《岳阳楼图》看岳阳楼建筑形制的演变.岳阳职业技术学院学报，2006：51）

图2-16　当代岳阳楼实物照片（资料来源：引自http://baike.baidu.com/）

图3-1　民国时期往来岳阳的船只（资料来源：《千年古城话岳阳》）

图3-2　民国时期岳郡联中（资料来源：《千年古城话岳阳》）

图3-3　1946年岳阳县城常住人口年龄构成（数据来源："湖南省岳阳县三十五年度保甲户口统计报告表"，现藏于岳阳市档案馆）

图3-4　1946年岳阳县城十二岁以上常住人口教育程度构成（数据来源："湖南省岳阳县三十五年度保甲户口统计报告表"，现藏于岳阳市档案馆）

图3-5　1946年岳阳县城城市人口职业构成（数据来源："湖南省岳阳县三十五年度保甲户口统计报告表"，现藏于岳阳市档案馆）

表3-1　近代长江沿江城市现代设施传播时间比较（资料来源：据"主要现代技术在长江沿江主要城市传播时间对比表"（引自《长江沿江城市与中国近代化》，张仲礼等主编，上海人民出版社，2002：760）修改，增加了岳阳的数据）

表3-2　清末民国岳阳县政府机构的演变（资料来源：据《岳阳县志》、《岳阳市南区志》、《岳阳市文史资料》(第八辑)整理）

图3-6　中山公园内的鲁肃墓（资料来源：《岳阳文史第十二辑：岁月留痕》）

图3-7　民国时期岳阳城区内的水井（资料来源：《千年古城话岳阳》）

图4-1　近代岳阳海关建筑（资料来源：(a)据"城陵矶港中心区主要交通设施平面图"改绘；(b)、(c)岳阳市档案馆）

表4-1　部分近代岳阳教会建筑一览表（资料来源：1.邓建龙主编.岳阳市南区志.

北京：中国文史出版社．1993.420，426-427，434，466，559-564．
2.《岳阳市城乡建设志》编撰委员会．岳阳市城乡建设志．1991，258-259．
3. 姜浩．城陵矶私立东陵小学有关材料//岳阳市委员会文史资料研究委员会编．岳阳文史．第四辑．1985，103-104．

图4-2　近代岳阳教会建筑（资料来源：(a)《岳阳市建筑志》；(b)、(d)《岳阳文史第十二辑：岁月留痕》；(c)《千年古城话岳阳》）

表4-2　岳州开关进口商品经销一览表（资料来源：改编自"岳州开关进口商品经销一览表"，岳阳文史第四，第154-155页）

图4-3　滨水商业街巷（资料来源：《千年古城话岳阳》）

图4-4　民国时期城陵矶街巷（资料来源：岳阳市档案馆）

图4-5　岳阳城墙（资料来源：《千年古城话岳阳》）

图4-6　梅溪桥街（资料来源：《千年古城话岳阳》）

图4-7　民国35年岳阳"城区营建计划"规划图（资料来源：《岳阳市城乡建设志》）

表4-3　近代岳阳城市空间转型的历史阶段（资料来源：自制）

图4-8　近代岳阳城市空间转型阶段图（资料来源：自绘）

图4-9　近代城陵矶镇发展演变（资料来源：自绘）

图5-1　近代岳阳"一城一镇"的区域空间结构（资料来源：自绘）

表5-1　湖南省主要城市面积（数据来源：《湖南省志建设志》第23页至第29页）

图5-2　近代长沙、常德、湘潭、岳阳用地规模（资料来源：岳阳市档案馆）

图5-3　西门岳阳楼外密集的建筑（资料来源：《千年古城话岳阳》）

图5-4　临街商铺建筑（资料来源：《千年古城话岳阳》）

图5-5　近代岳阳城市功能分区（资料来源：自绘）

图5-6　小乔墓（资料来源：《岳阳文史第十二辑》）

图5-7　鲁肃墓（资料来源：《岳阳文史第十二辑》）

图5-8　近代岳阳教会建筑分析（资料来源：自绘）

图5-9　低矮的普通城市住宅（资料来源：《千年古城话岳阳》）

图5-10　高大的文庙建筑（资料来源：《岳阳文史第十二辑：岁月留痕》）

图5-11　位于湖滨高地的岳阳楼（资料来源：《千年古城话岳阳》）

图5-12　慈氏塔（资料来源：《千年古城话岳阳》）

图5-13　面宽小、进深大的临街建筑布局（资料来源：岳阳市档案馆）

图5-14　西班牙工程师马塔的"带状城市"（资料来源：《城市空间发展论》）

图5-15　近代岳阳城市中心的转移：从城北岳阳楼一带移到城南商业区（资料来源：自绘）

图5-16　明清中国城市空间结构模式（资料来源：《城市空间发展论》）

图5-17　近代中国城市空间结构模式（资料来源：《中国城市发展与建设史》）

图5-18　麦吉东南亚港口城市空间结构模式（资料来源：《城市空间发展论》）

图5-19　近代岳阳城市空间结构的模式（资料来源：自绘）

图5-20　近代岳阳商业会馆分布（资料来源：自绘）
表5-2　民国时期岳阳商业会馆（资料来源：岳阳南区志，第538页）
表5-3　民国时期岳阳部分行业、行会（资料来源：岳阳南区志，第539页）
图5-21　黄土坡天主教堂内部（资料来源：岳阳市档案馆）
图5-22　黄土坡天主教堂大门（资料来源：岳阳市档案馆）
图5-23　黄土坡天主教堂举行仪式（资料来源：岳阳市档案馆）
表5-4　民国时期岳阳寺庙道观（资料来源：岳阳市南区志，第552-557页）
图5-24　吕仙亭（资料来源：《千年古城话岳阳》）
图5-25　近代岳阳湖岸候民住宅（资料来源：《千年古城话岳阳》）
图5-26　近代岳阳城郊住宅（资料来源：《千年古城话岳阳》）
表5-5　近代岳阳、济南、南宁可比性分析（资料来源：自制）
表5-6　近代岳阳、济南、南宁城市空间转型特征比较（资料来源：自制）
图5-27　近代济南"双中心"空间格局（资料来源：《中国近代建筑史话》）
图5-28　近代南宁"一城一区"空间格局（资料来源：引自http://www.gxnews.com.cn）
图5-29　近代济南商埠区和旧城区风貌（资料来源：《中国近代建筑史话》）
图5-30　近代南宁旧城区街景（资料来源：引自http://blog.nnsky.com/blog_view_64657.html）
表5-7　近代岳阳、济南、南宁城市空间转型因素分析（资料来源：自制）
图6-1　被水淹没的下街河口街（资料来源：《千年古城话岳阳》）
图6-2　位于地势较高地段的沿街建筑（资料来源：自摄）
图6-3　清光绪永济堤图（资料来源：清光绪《巴陵县志》）
图6-4　日本侵占时期岳阳城区的空间划分（资料来源：自绘）
图6-5　日本侵占时期"殖民"意识对岳阳城南商业区的影响（资料来源：自绘）
图6-6　民国35年岳阳《城区营建计划》（资料来源：《岳阳市城乡建设志》）
图6-7　岳阳县城主街道两旁商店门市标准图（资料来源：岳阳市档案馆）
表6-1　清末太平天国战争期间岳阳被摧毁的部分建筑（资料来源：清同治《巴陵县志》）
图6-8　近代湖南省商业格局的变化（资料来源：自绘）
图6-9　以汉口为中心的长江中游商业圈（资料来源：自绘）
表6-2　民国时期部分汉口资本家在岳阳县城开设洋行（资料来源：据《外商在岳阳的经营情况》，岳阳文史．第一辑资料整理）
表6-3　新中国成立初期岳阳城区企业（资料来源：改制自《岳阳南区志》第344页表格）
图6-10　新中国成立初期岳阳城区工厂企业分布（资料来源：自绘）
图6-11　民国后期岳阳城区土地价格分布（资料来源：自绘）
表6-4　民国后期岳阳城市土地价格分布（资料来源："岳阳县城厢标准地价等级

图表目录

表",藏于岳阳市档案馆)

图6-12　洞庭湖上的帆船运输(资料来源:《千年古城话岳阳》)

图6-13　近代岳阳城区码头分布(资料来源:自绘)

图6-14　岳阳商会提出的船埠选址(资料来源:岳阳市档案馆)

图6-15　城陵矶海关关房(资料来源:(a)笔者自摄;(b)、(c)、(f)岳阳市档案馆;(d)《岳阳市建筑志》)

表6-5　近代岳阳城市空间转型影响因素作用机制综合分析表(资料来源:自制)

图6-16　清末岳阳自开商埠对城市空间形态的影响(资料来源:自绘)

表6-6　近代岳阳城市空间转型各时期影响因素构成(资料来源:自绘)

图7-1　岳阳城市总体规划(1956)(资料来源:《岳阳市城乡建设志》)

图7-2　岳阳城市总体规划(1986)(资料来源:《岳阳市城乡建设志》)

图7-3　岳阳城市总体规划(1996)(资料来源:《岳阳市城市总体规划(1996~2015)》)

表7-1　岳阳现代城市空间发展阶段(资料来源:自制)

图7-4　岳阳现代城市建筑形态(资料来源:(a)、(b)引自岳阳政府网站;(c)、(d)自摄)

图7-5　现代岳阳城市空间形态(资料来源:《岳阳市城市总体规划(1996~2015)》)

图7-6　岳阳市历史文化保护区(资料来源:《岳阳市城市总体规划(1996~2015)》)

图7-7　岳阳市历史街区保护规则(资料来源:《岳阳市历史文化名城保护规划(2001)》)

图7-8　沿湖风光带(岳阳楼—慈氏塔段)规划(资料来源:引自http://bbs.yueyang.cn/)

图7-9　岳阳楼核心景区规划(资料来源:引自http://bbs.yueyang.cn/)

图7-10　城陵矶"上洋关"(资料来源:(a)改绘自岳阳地图;(b)自摄;(c)改绘自google earth航拍图)

图7-11　铁路线以西的旧城区(资料来源:改绘自google earth航拍图)

图7-12　岳阳旧城区近代历史空间形态要素(资料来源:改绘自google earth航拍图)

图7-13　黄沙湾湖滨教会大学位置(资料来源:改绘自google earth航拍图)

表7-2　"历史地段"概念的发展(资料来源:《威尼斯宪章》、《华盛顿宪章》、2005年《历史文化名城保护规划规范》)

图7-14　岳阳近代湖滨大学教会建筑群(资料来源:自摄)

图7-15　近代黄沙湾湖滨大学建筑群(资料来源:(a)自绘;(b)改绘自google earth航拍图)

图7-16　岳阳近代滨水商业街(资料来源:自摄)

图7-17　近代滨水商业街分布和保护范围(资料来源:(a)改绘自岳阳地图,(b)google earth航拍图)

参考文献

一、宋明清时期的古籍文献

（宋）马子严撰．岳阳甲志一卷．藏于长沙中山图书馆．

（宋）张声道撰．岳阳乙志一卷．藏于长沙中山图书馆．

（宋）佚名．岳州图经．藏于长沙中山图书馆．

（宋）范致明撰，吴琯校对．岳阳风土记．藏于长沙中山图书馆．

（宋）巴陵志．藏于长沙中山图书馆．

（明）［隆庆］岳州府志十八卷．藏于华南师范大学图书馆

（明）［万历］湖广通志．藏于长沙中山图书馆

（清）［康熙］巴陵县志．藏于长沙中山图书馆

（清）［康熙］湖广通志．藏于长沙中山图书馆

（清）［雍正］湖广通志．藏于长沙中山图书馆

（清）李遇时修，杨柱朝纂，李寿瀚重修，黄秀续纂．［乾隆元年］岳州府志二十四卷．藏于长沙中山图书馆．

（清）［乾隆十一年］岳州府志．藏于华南师范大学图书馆．

（清）［乾隆］湖南通志一百七十四卷首一卷（一）第二一六册（四库全书存目）．藏于广州中山图书馆．

（清）［同治］巴陵县志．藏于华南师范大学图书馆．

（清）陈玉垣，庄绳武修，唐伊盛等纂．嘉庆巴陵县志．藏于长沙中山图书馆．

（清）［光绪］巴陵县志．藏于岳阳市档案馆．

（清）［光绪］湖南粤汉铁路章程草案．藏于长沙中山图书馆．

（清）辜天佑编著．宣统湖南乡土地理教科书．藏于长沙中山图书馆．

（清）湖南险要总论一卷．藏于长沙中山图书馆．

二、民国时期的档案、文献

傅角今．湖南地理志．民国二十二年一月．武昌亚新地学社．藏于长沙中山图书馆．

湖南政治年鉴．民国二十一年（1932）．藏于长沙中山图书馆．

湖南年鉴．民国二十四年．藏于长沙中山图书馆．

湖南年鉴．民国二十五年．藏于长沙中山图书馆．

湖南省建设厅编．湖南建设概要．民国26年（1937年）铅印本．藏于长沙中山

图书馆.

  岳阳县政府第二次会议汇刊. 民国25年5月. 藏于湖南省档案馆.

  岳阳县拟筑韩家湾船埠计划书. 湖南省政府建设厅设计测量队. 建修岳阳韩家湾船埠计划书. 藏于湖南省档案馆.

  湖南全省乡土地理. 新化谢国度. 蓝田启明书局发行. 民国三十二年一月初版. 藏于长沙中山图书馆.

  岳阳县市区计划图说明书、组织简则、岳阳县市区建筑物营造须知、岳阳县城区街道修筑委员会组织简则、岳阳县城区街道修筑委员会办事细则、岳阳县办理城镇紧急措施一览表、湖南省政府公鉴三十五年二月（35）府建四营字第一九二号丑养代电既附件. 藏于湖南省档案馆.

  岳阳县政1946年第3, 4期, 1947年第5, 6, 7期, 岳阳县政府秘书室, 4本, 月刊, 藏于长沙中山图书馆.

  岳阳县三十五年度保甲户口统计报告表. 藏于岳阳市档案馆.

  岳阳县乡镇保甲户口一览表. 民国三十七年十二月. 藏于岳阳市档案馆.

  民国三十五年三月岳阳县驻地等级保甲数一览表. 藏于岳阳市档案馆.

  岳阳县政府建设议案. 藏于岳阳市档案馆.

  县警察局议决取缔侵占官道案文. 民国十三年一月. 藏于岳阳市档案馆.

  岳阳县商会修街道代电. 民国三十五年七月. 藏于岳阳市档案馆.

  岳阳县房屋情形调查文件. 藏于岳阳市档案馆.

  岳阳县城厢标准地价等级表. 藏于岳阳市档案馆.

  岳阳县街道卫生. 民国三十八年四月. 藏于岳阳市档案馆.

  岳阳城厢守备阵地如何构成案. 民国三十六年十一月. 藏于岳阳市档案馆.

  民国三十六年四月南正街门面缓改造. 藏于岳阳市档案馆.

  增修公共厕所和建设菜市场. 藏于岳阳市档案馆.

  民国三十六年四月关于南正街房屋建筑式样. 藏于岳阳市档案馆.

  岳阳县城主街道两旁商店门市标准图. 民国三十五年十一月岳阳县政府. 藏于岳阳市档案馆.

  修建会馆. 藏于岳阳市档案馆.

  岳阳县城防工事，附图. 藏于岳阳市档案馆.

  民国三十六年元月至三月岳阳县政府工作报告之建设项目. 藏于岳阳市档案馆.

  民国三十五年岳阳县政府工作报告之建设项目. 藏于岳阳市档案馆.

  主街两旁商店门面标准图, 附图. 藏于岳阳市档案馆.

  客栈经营. 藏于岳阳市档案馆.

  警察局：市容整理. 藏于岳阳市档案馆.

  整修城区街道沟渠. 藏于岳阳市档案馆.

  验收先锋路、吕仙亭路. 藏于岳阳市档案馆.

  城厢段户图部分. 藏于岳阳市档案馆.

岳阳县城区街道修筑委员会通告. 藏于岳阳市档案馆.

阻塞交通. 藏于岳阳市档案馆.

房屋贷款. 藏于岳阳市档案馆.

三十七年七月建设项目. 藏于岳阳市档案馆.

岳阳参议会第一界第八次会议之建设. 藏于岳阳市档案馆.

岳阳参议会第一界第五次会议之建设. 藏于岳阳市档案馆.

岳阳参议会第一界第四次会议之建设, 发还房屋, 侵占房屋, 维护私产, 茶巷子房屋, 强拆民房, 拆毁茅屋, 屠商铺面. 藏于岳阳市档案馆.

建筑管理规则. 藏于岳阳市档案馆.

收复区土地权利清理办法. 藏于岳阳市档案馆.

交通维护办法. 藏于岳阳市档案馆.

湖南省各县市交通管理规则. 藏于岳阳市档案馆.

岳阳市城区清洁卫生办法. 藏于岳阳市档案馆.

岳阳县城区计划说明书. 藏于湖南省档案馆.

湖南省政府公鉴三十五年二月（35）府建四营字第一九二号丑养代电既附件. 藏于湖南省档案馆.

警察局议决取缔侵占官道案文. 藏于岳阳市档案馆.

（民国）湖南通志稿. 藏于长沙中山图书馆.

（英）金约翰辑, 傅兰雅口译, 王德均笔述, 蔡锡龄校对. 长江图说. 刊行于1874年. 藏于长沙中山图书馆.

为以工贷赈疏潜河湾以利船舶而惠灾黎事. 藏于湖南省档案馆.

萧县长. 12月20日. 藏于湖南省档案馆.

岳城开港意见书. 藏于湖南省档案馆.

三、新中国成立后编写的民国时期文史资料（大部分据当事人回忆写成）

邓建龙主编. 岳阳市南区文史. 第一辑. 1992. 藏于长沙中山图书馆.

岳阳政协岳阳市委文史资料研究委员会编. 岳阳文史第二辑. 藏于岳阳市图书馆.

岳阳政协岳阳市委文史资料研究委员会编. 岳阳文史. 第三辑. 1985. 藏于长沙中山图书馆.

中国人民政治协商会议湖南省岳阳市委员会文史资料研究委员会编. 岳阳文史. 第四辑. 1985. 藏于长沙中山图书馆.

岳阳政协岳阳市委文史资料研究委员会编. 岳阳市文史资料. 第五辑. 藏于长沙中山图书馆.

岳阳政协岳阳市委文史资料研究委员会编. 岳阳市文史资料. 第六辑. 藏于长

沙中山图书馆．

岳阳政协岳阳市委文史资料研究委员会编．岳阳文史资料．第七辑：岳阳解放专辑．1989．藏于长沙中山图书馆．

岳阳政协岳阳市委文史资料研究委员会编．岳阳市文史资料．第八辑．藏于长沙中山图书馆．

岳阳政协岳阳市委文史资料研究委员会编．岳阳文史．第九辑．1996．藏于长沙中山图书馆．

岳阳政协岳阳市委文史资料研究委员会编．岳阳文史．第十二辑．岁月留痕：岳阳老照片．藏于长沙中山图书馆．

湖南历史资料（第十辑）．长沙：湖南人民出版社．1980．

四、新中国成立后编写的岳阳地方志

岳阳县地方志编纂委员会编．岳阳县志．长沙：湖南出版社，1997．

邓建龙主编．岳阳市南区志．北京：中国文史出版社，1993．

何培金主编．岳阳市情要览．长沙：湖南人民出版社，1988．

唐华元主编．岳阳纪略．长沙：湖南大学出版社，1988．

巴陵胜状．长沙：湖南美术出版社，1985．

岳阳市地方志办公室编．岳阳市情要览．长沙：湖南人民出版社，1988．

岳阳市档案馆编．岳阳发展简史．北京：华文出版社，2004．

中国人民政治协商会议湖南省岳阳市委员会文史资料研究委员会编．古城岳阳（内部资料）．1984．

《岳阳市城乡建设志》编纂委员会编纂．岳阳市城乡建设志．北京：中国城市出版社，1991．

岳阳市建筑志编纂委员会编．岳阳市建筑志．1989．

甘检培主编．岳阳市人口志．北京：中国人口出版社，1994．

岳阳市市志办．城陵矶港史．

岳阳市交通委员会编．岳阳市交通志．北京：人民交通出版社，1992.12

岳阳军分区军事志编纂委员会．岳阳市军事志．岳阳晚报出版．2000

岳阳市工商志．

岳阳楼重修史事考略．

湖南省志建设志．

岳阳市建设委员会编撰办公室．当代岳阳城市建设（1949—1985）．1986．

岳阳市城市总体规划．

五、国内外著作

何光岳．岳阳历史上的自然灾害．

何光岳编注．岳阳地区历史上的自然灾害（初稿）．1974．

邓建龙．千年古城话岳阳．北京：华文出版社，2003．

陈湘源著．岳阳说古．长沙：岳麓书社，1998．

何光岳著．三湘掌故．长沙：湖南教育出版社，2000．

何光岳．岳阳地区地名建置沿革考：夏～公元一九八五年．岳阳市档案馆编著．1990．

周石山著．岳州长沙自主开埠与湖南近代经济．长沙：湖南人民出版社，2001．

岳阳市档案馆编著．岳阳市档案馆指南．北京：中国档案出版社，1994．

杨天宏．口岸开放与社会变革——近代中国自开商埠研究．北京：中华书局，2002．

张仲礼，熊月之，沈祖炜主编．长江沿江城市与中国近代化．上海：上海人民出版社，2002．

张朋园．中国现代化的区域研究——湖南省．（台湾）中央研究院近代史研究所．1983．

陈湘源．漫话岳阳名胜．北京：华夏出版社．

胡俊．中国城市：模式与演进．北京：中国建筑工业出版社，1995．

管子·乘马

周礼·考工记

隗瀛涛．中国近代不同类型城市综合研究．重庆：四川大学，1998．

李玉．长沙的近代化启动．长沙：湖南教育出版社，2000．

刘泱泱．近代湖南社会变迁．长沙：湖南人民出版社，1994．

段进．城市空间发展论，南京：江苏科学技术出版社，1999．

庄德林，张京祥编著．中国城市发展与建设史．南京：东南大学出版社，2002．

中国历史文化名城词典（三版）．上海：上海辞书出版社，2000．

杨慎初主编．湖南传统建筑．长沙：湖南教育出版社，1993．

张复合主编．中国近代建筑研究与保护（二）．北京：清华大学出版社，2001．

施坚雅．中华帝国晚期的城市．叶光庭等译．北京：中华书局，2000．

（美）凯文·林奇．城市形态．北京：华夏出版社，2002．

（美）刘易斯·芒福德．城市发展史．北京：中国建筑工业出版社，1989．

武进．中国城市形态．南京：江苏科学技术出版社，1990．

皮明庥主编．近代武汉城市史．北京：中国社会科学出版社，1993．

贺业钜．中国古代城市规划史．北京：中国建筑工业出版社，1996．

王景慧，阮仪三，王林编著．历史文化名城保护理论与规划．上海：同济大学出版社，1999．

董鉴泓主编．城市规划历史与理论研究．上海：同济大学出版社，1999．

郑祖安．百年上海城．上海：学林出版社，1999．

马正林编著．中国城市历史地理．济南：山东教育出版社，1999．

王晴佳著. 西方的历史观念——从古希腊到现代. 上海：华东师范大学出版社，2002.

布罗代尔，吴模信译. 菲利普二世时代的地中海和地中海世界. 北京：商务印书馆，1998.

L. 贝纳沃罗著，薛钟灵等译. 世界城市史. 北京：科学出版社，2000.

伊利尔·沙里宁. 城市它的发展、衰败与未来. 北京：中国建筑工业出版社，1988.

葛剑熊. 历史学是什么. 北京：北京大学出版社，2002.

鞬伯赞主编. 中外历史年表（公元前4500～1918年）. 北京：中华书局，1985.

定宜庄. 有关近年中国明清与近代城市史研究的几个问题//（日）中村圭尔，辛德勇编. 中日古代城市研究. 北京：中国社会科学出版社，2004.

六、博士、硕士论文

田兵权. 中国近代城市转型问题初探. 西安：西北大学，2004.

刘晖. 长沙近现代城市发展演进研究. 广州：华南理工大学，2000.

郭建. 中国近代城市规划范型的历史研究（1843～1949）——以中国人的城市规划活动为中心. 武汉：武汉理工大学，2003.

张春阳. 肇庆古城研究. 广州：华南理工大学，1991.

郑力鹏. 福州城市发展史研究. 广州：华南理工大学，1991.

吴晓松. 东北地区近代城市的类型及其发展阶段.

李百浩. 日本在中国占领地的城市规划.

七、期刊

周子峰. 二十世纪中西学界的中国近代通商口岸研究述评. http://www.nuist.edu.cn/.

何一民，曾进. 中国近代城市史研究的进展、存在问题与展望. 中华文化论坛，2000（4）：65-69.

董鉴泓. 对研究中国城市建设史的一些思考. 规划师. 2000（2）.

何一民. 21世纪中国近代城市史研究展望. 史学研究. 2002（3）.

张践. 晚清自开商埠述论. 近代史研究，1994（5）.

王笛. 罗威廉著《救世：陈宏谋与十八世纪中国的精英意识》. 历史研究，2002（1）.

何一民. 20世纪后期中国近代城市史研究的理论探索. 西南交通大学学报（社会科学版），2000（01）.

李百浩，韩秀. 如何研究中国近代城市规划史. 城市规划，2000（12）.

谷凯. 城市形态的理论与方法——探索全面与理性的研究框架. 城市规划，

2001（12）.

郑莘，林琳. 1990年以来国内城市形态研究述评. 城市规划，2002（7）.

葛剑雄. 分清"上海"的四个概念. 文汇报. 2004年2月8日. 第8版. 学林.

吴庆洲. 中国古代城市选址与建设的历史经验与借鉴. 城市规划，2000.

龙彬. 墨翟及其城市防御思想研究. 重庆建筑大学学报. 1998（3）.

马敏. 有关中国近代社会转型的几点思考. 天津社会科学，1997（4）.

宁书贤. 岳州开埠始末.

李百浩等. 武汉近代城市规划小史. 规划师，2002（5）.

古城墙的拆除与城区道路的改建. http://www.csonline.com.cn.

王军. 北京城墙的拆除. 读书文摘. 2004（02）.

高文瑞，吴迪. 古都会馆春秋.

李勇. 儒佛会通与现代新儒家、人间佛教的形成. 社会科学战线，1998（4）.

李传义. 近代城市文化遗产保护的理论与实践问题. 华中建筑，2003（05）.

张小林. 粤汉铁路湘鄂线修筑略记.

岳阳方志88年第一、二期.

岳阳古今89年第一、二、三期.

岳阳市地方志编纂委员会办公室编. 岳阳方志. 1987.

湖南省岳阳市地方志编纂委员会主办. 岳阳古今.

后　记

本书是我在华南理工大学建筑学院完成的博士论文。回首漫长的求学之路，磕磕绊绊，太多的人给予过关心和无私的帮助，谨以此致谢。

感谢导师华南理工大学肖大威教授的悉心指导。博士论文写作期间，肖师严谨的治学态度使论文得以不断完善。感谢华南理工大学何镜堂院士、吴硕贤院士、吴庆洲教授在开题阶段的宝贵意见；吴硕贤院士、吴庆洲教授刘管平教授、邓其生教授、潘忠诚总工在论文后期的指点使得本书最终得以完善。感谢刘东洋博士由始至终的帮助，在我困扰时指点迷津，并不厌其烦地回答诸多问题。

感谢岳阳地方史研究专家陈湘源先生、邓建龙先生、岳阳市民盟宣传部李望生部长在论文调研期间的帮助；感谢李望生部长和邓建龙先生纠正论文中的史料错误，以及陈湘源先生提供的宝贵资料。感谢岳阳市档案馆陈琼女士，长沙中山图书馆、湖南省档案馆为本书提供了大量珍贵的历史文献资料。

感谢华南理工大学冯江博士、万谦博士、肖旻博士、刘晖博士、林哲博士、谷云黎博士、魏成博士和周毅刚博士后对论文的研究和写作方法提供大量有益建议；感谢陈军、刘源、陈昌勇、许吉航、方小山、何丽、龙蓄水等学友的鼓励和支持。特别感谢许吉航师兄在我补充调研期间提供的帮助，使得调研得以顺利进行。

最后，感谢我的父母亲人，他们长期的默默支持，使我得以无后顾之忧，最终完成论文，修完学业。亲人的宽容和付出总是无以回报，祝你们永远健康快乐！

特别感谢华南理工大学吴庆洲教授为本书的再版写序。感谢研究生齐艳同学在本书的再版过程中所做的工作，使本书稿得以出版，与读者见面。